ESSAI

sur la

CONSTRUCTION NAVALE

DES PEUPLES EXTRA-EUROPÉENS

ou

COLLECTION

DES NAVIRES ET PIROGUES

construits par les habitants

DE L'ASIE, DE LA MALAISIE, DU GRAND OCÉAN ET DE L'AMÉRIQUE

recueillie par

PAR M. PARIS, CAPITAINE DE CORVETTE

pendant les voyages autour du monde

DE L'ASTROLABE, LA FAVORITE ET L'ARTÉMISE

PUBLIÉ PAR ORDRE DU ROI

sous les auspices de M. le Ministre de la Marine.

———⊶✦⊷———

PARIS

ARTHUS BERTRAND, LIBRAIRE,

ÉDITEUR DES NOUVELLES ANNALES DES VOYAGES,

RUE HAUTEFEUILLE, 23.

———

IMPRIMERIE BOUCHARD-HUZARD.

ESSAI

SUR LA

CONSTRUCTION NAVALE

DES PEUPLES EXTRA-EUROPÉENS

COLLECTION

DES NAVIRES ET PIROGUES

CONSTRUITS PAR LES HABITANTS

DE L'ASIE, DE LA MALAISIE, DU GRAND OCÉAN ET DE L'AMÉRIQUE

PAR M. PARIS, CAPITAINE DE CORVETTE

PENDANT LES VOYAGES AUTOUR DU MONDE

DE L'ASTROLABE, LA FAVORITE ET L'ARTÉMISE

PUBLIÉ PAR ORDRE DU ROI

sous les auspices de M. le Ministre de la Marine.

PARIS

ARTHUS BERTRAND, LIBRAIRE,

ÉDITEUR DES NOUVELLES ANNALES DES VOYAGES,

RUE HAUTEFEUILLE, 23

IMPRIMERIE BOUCHARD-HUZARD

PRÉFACE.

PRÉFACE.

Il est rare qu'une série d'observations que personne n'a encore songé à recueillir soit commencée d'après un plan régulier, et pour arriver à la compléter il faut une suite de circonstances favorables qui se présente rarement. J'ai été assez heureux pour les rencontrer, en faisant partie de plusieurs expéditions qui parcoururent le monde dans toutes les directions, et pendant lesquelles je remarquai dès le principe une lacune dans les relations des voyageurs : ils semblent, en effet, avoir dédaigné ce qui tient à notre art chez les peuples sauvages, où cependant il est souvent digne de remarque, et, au lieu de plans exacts de leurs pirogues, ils n'en donnent que des descriptions vagues. J'ai donc cherché à réparer cet oubli en mesurant toutes celles des pays que parcoururent M. Dumont d'Urville sur l'Astrolabe, et M. Laplace, d'abord sur la corvette la Favorite, puis à bord de la frégate l'Artémise; et augmentant dans chaque port ma collection, quoique persuadé qu'elle ne verrait jamais le jour, je parvins à réunir tous les genres de construction étrangers à l'Europe. L'intérêt qu'inspira la dernière campagne de l'Artémise, pendant laquelle l'amiral Laplace avait passé en quelque sorte une revue du monde, fit désirer qu'il en décrivît l'état actuel, et mes albums furent demandés au ministère de la marine, pour en extraire quelques dessins destinés à sa relation : ils y furent aperçus par M. le baron Tupinier, qui dirigeait encore si habilement la vaste administration des

ports ; il voulut bien y arrêter son attention, et, désirant conserver à l'avenir des constructions que les annales des marins ne doivent pas laisser perdre, il en fit décider la publication.
Mais, peu habitué à écrire, je fus bientôt effrayé de la tâche qui m'était imposée : ce n'était
pas le travail qu'entraînait la réduction d'échelle de 800 figures différentes répandues sur près
de 300 planches qui m'arrêtait, mais l'impossibilité d'en rendre les descriptions intéressantes.
Parler longuement des peuples qui construisent ces navires était s'écarter tout à fait du sujet,
tandis que s'y conformer étroitement pour décrire l'une après l'autre 250 pirogues eût de
prime abord repoussé quiconque eût ouvert une pareille nomenclature. C'est cependant dans
cette voie aride qu'il a fallu toujours me tenir, car elle seule approchait du but de l'ouvrage
que le ministre de la marine daignait faire publier. La monotonie étant donc inévitable, je
n'ai dû m'attacher qu'à la clarté et surtout à l'extrême exactitude : aussi cet ouvrage n'est-il pas
fait pour être lu avec suite, mais seulement pour être consulté par ceux qui veulent étudier
les navires extra-européens, et les personnes qui s'occupent de la navigation par la vapeur
y verront, par exemple, avec intérêt l'usage de placer le maximum de largeur près de
l'arrière, tandis que l'inspection de la voile chinoise produira de curieuses réflexions
chez tout marin qui en comparera les avantages aux inconvénients de notre méthode
de prendre des ris. Puissent les documents que j'offre ici attirer l'attention d'esprits
observateurs qui, démêlant au milieu de leur variété ce qu'ils ont d'utile, arriveront à
doter notre marine de quelques inventions nouvelles! Je m'estimerai heureux d'avoir pu,
par ce travail, conserver le souvenir de constructions qui bientôt ne seront plus, ou être
indirectement utile à la grande famille que les marins doivent former en temps de paix
pour s'instruire et s'entr'aider.

ESSAI

SUR

LA CONSTRUCTION NAVALE

CHEZ LES

PEUPLES EXTRA-EUROPÉENS.

Le désir de se hasarder sur la mer semble inné chez les habitants des côtes, aussi presque tous sont parvenus, à force de persévérance et d'audace, à faire, de l'élément qui leur parut longtemps une barrière infranchissable, le lien des peuples et un moyen de communication prompt et facile entre les contrées les plus éloignées.

Ils n'osèrent pas d'abord s'éloigner du rivage, mais bientôt, entraînés par l'esprit aventureux ordinaire aux populations maritimes, les plus hardis perdirent la terre de vue. Leurs récits, les pays reconnus dans de premières excursions, ou dont l'existence n'était révélée que par des malheureux amenés par la tempête, éveillèrent la curiosité de leurs compatriotes, qui s'empressèrent de suivre leurs traces. Les peuples éloignés se connurent, et agrandirent mutuellement la sphère des connaissances géographiques ; ils se communiquèrent leurs inventions, échangèrent les ressources de leur sol, s'instruisirent même en se faisant la guerre, et les plus avancés dans l'art de naviguer parvinrent enfin à connaître et à mettre en rapport toutes les parties du globe.

Dès que les trajets devinrent plus longs, de nouveaux dangers, et surtout de nouvelles exigences, se présentèrent et forcèrent à perfectionner les navires pour les rendre capables d'affronter des mers aussi inconnues que l'avenir. Mais combien de dangers il fallut courir avant d'arriver à quelque résultat satisfaisant, et combien d'explorateurs périrent dans les premières tentatives! On ne sut se diriger avec quelque certitude que lorsque l'astronomie fut connue et que la boussole eut donné les moyens de tracer une route, de déterminer la position des lieux récemment découverts et de pouvoir y retourner ensuite.

Quant au navire, il fallait, pour le rendre meilleur, attendre le perfectionnement des diverses industries qui, presque toutes, contribuent à satisfaire les exigences auxquelles il est soumis dès qu'il abandonne la terre. Ce n'est qu'en modifiant sans cesse, en ajoutant ce que de nouvelles inventions permettaient d'appliquer, qu'on est parvenu à la construction navale actuelle qui réunit des qualités admirables. On peut même dire que le génie de l'homme a fait du vaisseau un être animé qui parcourt toutes les périodes de la vie; car il se meut, attaque et résiste, souffre et meurt de vieillesse ou d'accident violent. C'est le plus beau chef-d'œuvre de l'esprit humain : aucun monument, aucune invention n'égalent son merveilleux ensemble; et, quoique devenu vulgaire, comme tout ce que l'on voit journellement, il n'en mérite pas moins l'admiration que l'on prodigue si facilement à d'autres objets.

Chez les peuples même les plus sauvages, ce qui a rapport à la navigation dénote un degré d'intelligence que souvent on chercherait en vain dans la manière dont ils bâtissent leurs habitations ou subviennent à leurs premiers besoins : cela se conçoit aisément, car de misérables aliments et de pauvres cabanes leur suffisent, tandis que, pour affronter les dangers de la mer d'où ils tirent leur subsistance, il leur faut des embarcations solides et capables de résister aux mauvais temps.

Cette perfection, nécessaire à toute construction maritime, rend étonnante l'indifférence avec laquelle chaque siècle a laissé perdre le souvenir d'objets dont il aurait pu être fier. Nous sommes dans l'ignorance la plus complète sur la marine de peuples et de temps dont nous connaissons avec détails les costumes, les armes et les ustensiles les plus communs; les galères à plusieurs rangs de rames sont des problèmes que chacun résout à sa manière, et les formes ainsi que les dimensions des navires de saint Louis et de Christophe Colomb nous sont à peu près inconnues. L'oubli de ces anciens vaisseaux ne peut s'expliquer que par l'espèce de mépris où les ont fait tomber ceux qui leur ont succédé, et par la durée très-limitée des matériaux qui les composent. Les améliorations, étant venues lentement et sans briller de ces éclats de génie qui servent, pour ainsi dire, à marquer les diverses époques des beaux-arts, ont été successivement effacées par le temps. En marine, les novateurs les plus sages ne peuvent faire adopter leurs idées qu'avec peine, non moins à cause du danger des expériences que de la coopération nécessaire de beaucoup d'autres arts, et telle idée jadis rejetée peut devenir utile plus tard, par cela seul qu'elle est mieux exécutée. Il a fallu bien du temps et des essais avant de se décider à abandonner les navires mus par la force des hommes pour ceux que poussent des voiles, et il en faudra peut-être autant pour adopter définitivement les bâtiments à vapeur, qui rappellent les anciennes galères, leur moteur étant aussi en eux-mêmes et ne pouvant agir que pendant une durée limitée.

La variété des essais, tendant à des buts presque identiques, a, pour ainsi dire, laissé des traces dans leurs divers résultats; on le remarque en Europe, où les plus fortes différences existent entre les caboteurs. Souvent les bâtiments d'endroits très-voisins, fréquentant les mêmes parages, ayant les uns et les autres de bonnes qualités, montrent pourtant de grandes dissemblances dans leur forme ou dans leur voilure: sur les lieux, et manœuvrés par les habitants, ils sont toujours ce qu'on peut trouver de mieux, principe que l'on doit étendre à tous les pays : le sloop, le dogre des mers parsemées de bancs, le chasse-marée breton, les navires latins diffèrent tous, et cependant sont très-bons chez eux; cette observation devient plus sensible encore pour les bateaux de pêche. Cette perfection, attachée à la localité, prouve qu'il y eut de bonnes idées dans les inventions premières, et montre pourquoi ces constructions restent à peu près les mêmes depuis des siècles. Il n'y a que la navigation générale qui, devant satisfaire à tout, ait modifié ses navires et soit parvenue peu à peu à l'uniformité : ainsi nos vaisseaux et leurs canots, malgré leurs qualités, rencontrent à chaque pas des constructions qui les surpassent dans leur spécialité.

Dans les pays privés de nos grands moyens d'exécution, on voit des différences aussi tranchées; chacun a dû, avant tout, adapter ses inventions à ses ressources, et y est parvenu par des procédés ingénieux qui méritent l'attention. Leurs bateaux ont tous un type très-marqué, c'est d'être simples et parfaitement assortis aux lieux et aux besoins : les Européens n'y ont souvent apporté aucun changement et ont quelquefois fini par en faire eux-mêmes usage, quoique ces canots nécessitent dans leur emploi cette force et cette agilité unies à la patience, ce coup d'œil instinctif et sûr que la civilisation diminue beaucoup. Quelques peuples font suivre une ligne presque convexe à la quille ou la font concave; d'autres l'enfoncent plus dans l'eau devant que derrière, ou placent le maximum de largeur près de l'avant, quelquefois au milieu ou enfin vers l'arrière; et, malgré des différences aussi notables, les vitesses restent à peu près les mêmes. Ces méthodes contradictoires sont pourtant raisonnées; car nous avons pris pour modèles de nos meilleures carènes les poissons, toujours plus larges près de la tête, et les Chinois, par exemple, se sont aussi basés sur la nature en copiant les palmipèdes, qui ont leur plus grande largeur en arrière et sont ainsi disposés par des raisons que nous ignorons. Ils ont été spécieux en choisissant de pareils types, puisque les oiseaux aquatiques sont le plus souvent plongés, comme les vaisseaux, dans deux milieux différents, l'air et l'eau, tandis que les poissons ne le sont que dans un seul. Ce peuple bizarre, qui semble avoir pris le contre-pied de tout ce qui se fait à l'autre extrémité du continent, a encore copié la nature en cherchant à produire le plus d'impulsion possible sur l'arrière, au lieu d'agir comme par traction en appliquant la force à l'avant : c'est ce qui l'a conduit à faire usage de très-fortes godilles afin d'imiter la position des pattes des palmipèdes, position qui doit être très-importante pour la natation, puisqu'il en résulte pour ces oiseaux une grande difficulté à marcher sur terre, et même une impossibilité complète pour ceux qui nagent le mieux. Ces observations si simples, utilisées déjà en Chine, trouveront peut-être un jour des applications heureuses pour les bâtiments à vapeur, qui, mus par une force à eux, ne venant pas du dehors comme celle du vent, sont exactement dans les conditions des oiseaux aquatiques et pourront gagner à se rapprocher des formes qui leur sont assignées.

Tous les bateaux, à l'exception de quelques petites pirogues, sont formés de plusieurs pièces dont l'assemblage demande souvent beaucoup d'art, surtout chez les peuples où le fer est inconnu ou tellement rare qu'on ne peut l'employer à la construction; ils ont recours à des coutures dont l'exécution est remarquable, mais qui durent peu et ne permettent pas l'emploi du calfatage. Cette privation du métal utile auquel nous devons notre industrie s'est encore plus fait sentir pour fixer les gouvernails, et a donné lieu à plusieurs systèmes, parmi lesquels on remarque celui du gouvernail latéral, qui paraît avoir été autrefois usité en Europe. Il en est de même pour les ancres, presque partout faites en bois, et ce manque de moyens de se fixer est une chose très-importante pour les navires un peu forts, qui ne peuvent y suppléer qu'en les multipliant; on fut aussi réduit chez nous à cette manière de s'amarrer, avant que l'art de forger eût fait assez de progrès pour qu'on osât confier à une seule ancre la masse d'un vaisseau.

Si les formes et les détails des navires varient, les voiles employées à les mouvoir ont encore plus de différences entre elles, quoiqu'elles offrent des types généraux: ainsi presque aucun peuple n'a de moyens d'en réduire accidentellement la surface. Les ris paraissent être une invention européenne; on y supplée, ailleurs, par des voiles de différentes grandeurs, suivant la force du vent, ce qui laisse le navire sans moteur et sans appui pendant l'intervalle du changement. Dans tous les pays où la navigation est restée imparfaite, il faut donner aux voiles des dimensions considérables, parce qu'il n'y en a qu'une à chaque mât, et ce système, longtemps usité, fut sans doute une des causes qui s'opposèrent à l'agrandissement des navires. L'idée de voiles superposées, permettant d'employer un moteur toujours puissant, mais toujours proportionné, est assez récente; elle donne la facilité de disposer et de régler à volonté une vaste voilure avec un petit nombre d'hommes. En Chine, la réduction de surface est rendue très-facile par un procédé particulier, excellent pour les petits navires, mais inapplicable aux grands; des machines y sont employées avec art, et le treuil s'y trouve partout. Mais l'Arabie et l'Inde, où cependant de grands travaux dénotent des connaissances mécaniques étendues, ne voient jamais leurs marins s'en servir et n'ont adopté la poulie que pour élever leurs voiles et leurs ancres.

En d'autres pays dont les habitants sont tout à fait sauvages, on trouve des idées remarquables pour obtenir de la stabilité. C'est là qu'on voit le balancier, artifice ingénieux par lequel un poids extérieur, maintenu à distance par des leviers, résiste à l'effort de la voile et permet d'augmenter sa surface dans une proportion très-forte; tandis que la pirogue ne pourrait pas même flotter seule et chavirerait sans le secours de son balancier. Cette idée heureuse, répandue dans tout le grand Océan, où elle est modifiée suivant les archipels, se retrouve chez les Malais, jusqu'à Ceylan, et sur la côte de Malabar. Les peuples de ces contrées lui doivent de pouvoir employer des pirogues très-étroites et pourtant stables, qui, n'ayant que peu d'eau à séparer dans leur course et pouvant ainsi supporter l'effort de grandes voiles, sont emportées avec une rapidité qui étonna les premiers Européens qui les virent. Elles franchissent de grands espaces, tant le balancier donne de sécurité quand il est bien manœuvré; mais il a l'inconvénient de prendre beaucoup de place, d'exiger une grande aptitude et l'attention la plus soutenue.

Les peuples malais diffèrent de ceux de l'Océanie dans l'emploi du balancier en ce qu'ils en mettent un de chaque côté, ce que nous nommerons *balancier double*; l'autre sera appelé *balancier simple*. Chacun d'eux a ses avantages : le premier sert dans des mers unies et calmes, au milieu des innombrables îles du grand archipel d'Asie; le second supporte plus de voilure, suit mieux les mouvements d'une mer agitée, fatigue moins et permet de parcourir les espaces souvent assez grands qui séparent les îles de la mer du Sud. Il est très-propre à l'usage de la voile, tandis que l'autre est meilleur pour la marche à l'aviron ou à la pagaie; aussi les Malais l'ont-ils appliqué à leurs navires de guerre mus par deux et trois rangs de rames.

On rencontre, sur les côtes de l'Amérique septentrionale, un genre tout particulier de bateaux : ils sont en peaux de bêtes amphibies dont l'homme prend toutes les allures, faisant corps avec sa pirogue et figurant un animal de nouvelle forme; malgré leur petitesse, ils peuvent affronter de grosses mers et vont même à la pêche de la baleine.

Ces particularités ont dû frapper les marins capables de les bien apprécier; cependant aucun n'a eu l'idée de rapporter en Europe des données exactes sur ces essais de la navigation : peut-être les ont-ils dédaignés, et ce n'est guère que dans Cook, Anson et Duperrey que l'on trouve des plans corrects. Quelques autres navigateurs se sont contentés de vues qui ne donnent ni dimensions ni détails, mais seulement le corps des navires. Ainsi M. Edye, maître charpentier de l'arsenal de Trinquemalé, a publié, dans les *Transactions de la Société asiatique*, de bons relevés de plusieurs constructions arabes et indiennes, et ces plans, joints à d'autres recueillis dans divers voyages, ont été très-utiles pour remplir quelques lacunes dans cet *Essai sur les constructions*. Il a été rendu aussi complet que possible en donnant les voilures et beaucoup de particularités curieuses, négligées antérieurement, sans lesquelles il n'eût pas été possible de construire des modèles aussi parfaits que ceux qui ont été exécutés pour le musée naval, d'après cet ouvrage.

On s'est attaché à ne rien omettre dans ce traité : toutes les dimensions, prises d'abord avec soin, avaient été portées sur des plans construits à bord de l'*Astrolabe*, de la *Favorite* et de l'*Artémise*, aux échelles de 0^m,02, 0^m,03 et 0^m,04, qui ont été réduites à celles qu'on a adoptées. L'une est de 0^m,01 pour les plus grands navires de ces mers, et l'autre de 0^m,02 pour les petites pirogues. Cette différence n'empêche point d'apprécier les rapports des constructions entre elles, puisque celles qui, par leur nature, peuvent être comparées sont à la même échelle.

L'ordre adopté, tout en suivant les positions géographiques, groupe entre eux les différents genres de navires, et fait passer naturellement de l'un à l'autre, puisque chaque pays a son type : il commence par l'Afrique et décrit ensuite ce qu'on rencontre sur les côtes méridionales de l'Asie, de la Chine, de la Malaisie, de presque tout le grand Océan, et enfin de quelques points de l'Amérique; il complète à peu près la connaissance des constructions navales étrangères à l'Europe. Déjà beaucoup commencent à se modifier par la présence de navires meilleurs, et même à disparaître en quelques lieux par la facilité d'acheter des canots européens; aussi le temps approche où il deviendra difficile de retrouver les pirogues des naturels, et elles auront le sort de leurs habitations et de leurs divinités, déjà bien altérées, dont la plupart n'existent plus que dans les dessins des voyageurs.

AFRIQUE.

Les peuples de l'Afrique, auxquels la paresse semble avoir été donnée pour seul plaisir, sont restés engourdis sous leur ciel brûlant, sans rien produire et sans tirer parti d'une terre assez fertile en quelques endroits. Sobres par suite de leur climat, n'ayant besoin ni de vêtements ni d'habitations, ils se nourrissent de ce que la nature accorde sans travail, et n'ont pas l'énergie de cultiver ce qui pourrait satisfaire leurs goûts : à peine savent-ils fabriquer des armes, et cette industrie, la première de toutes, leur est apportée par les descendants des Arabes. Il n'est donc pas étonnant que la navigation soit restée chez eux dans une nullité complète : leurs pirogues ne sont que des arbres creusés; elles sont dénuées de toutes les additions ingénieuses usitées partout ailleurs, et ne peuvent être employées que dans les rivières ou dans les baies de leurs côtes.

Aux embouchures des fleuves qui se jettent dans le golfe de Guinée, on voit des pirogues assez grandes, longues, légères et insubmersibles, sans aucune partie de fer. Les nègres déploient beaucoup d'adresse aux passages des barres et manœuvrent bien avec la pagaie, mais ils emploient rarement la voile, parce que ces bateaux sont trop étroits : leur forme irrégulière dépend de l'arbre dans lequel on les a taillés, et les voyageurs ne les ont pas jugés dignes d'attention; nous n'avons pu trouver de document dans aucune relation, et nous sommes réduit, pour cette vaste étendue de côtes, à ne donner que celui de la petite île de Gorée, près du Sénégal. (*Pl.* 1, *fig.* 1, 2 et 3.)

Le corps, formé d'une seule pièce, est élancé aux extrémités et grossièrement arrondi; pour ne pas conserver de nœuds dans son épaisseur, on les contourne, ce qui forme des saillies ou des creux. Chaque côté est exhaussé par une fargue fixe au corps avec des amarrages plats qui percent l'un et l'autre et embrassent une couche d'étoupes recouverte, en dehors et en dedans, par des cordes. Vers l'avant, les deux planches se lient à une troisième transversale, appuyée sur une autre, mise à plat, qui bouche la partie saillante : la voile est toujours fort petite et sans forme déterminée.

La côte orientale de l'Afrique, et surtout l'île de Madagascar, ont des baies où l'on fait usage de pirogues assez grandes, dont l'une, vue aux Seychelles, a pu être mesurée. (*Pl.* 1, *fig.* 4 et 5.) Elle est aussi d'une seule pièce, et, afin de pouvoir conserver partout au bois l'épaisseur convenable, les Madégasses emploient un moyen aussi simple que sûr : après lui avoir donné la forme qu'elle doit avoir et terminé tout l'extérieur, ils font de très-petits trous, placés à 0^m,1 ou 0^m,1 les uns des autres, dont la profondeur égale l'épaisseur que doit avoir la pirogue; ils y enfoncent des chevilles d'une couleur sombre, et coupent le bois dans l'intérieur en creusant avec confiance, certains que les taches qu'elles font les avertiront quand ils seront à l'épaisseur voulue. Par ce moyen, ils obtiennent un résultat beaucoup plus exact qu'avec des mesures; ils peuvent hardiment construire de grandes pirogues, minces et fortifiées par des courbes en quelques endroits, et principalement aux extrémités, où le bois est coupé à contre-fil. Ces pirogues marchent très-bien à la pagaie, et, par leur légèreté, sont propres à parcourir les récifs de Madagascar ou des Seychelles; leur durée est assez grande et n'est pas diminuée par les chevilles laissées dans le bois. A Mahé, on se sert de pirogues plus petites (*fig.* 9 et 10) pour naviguer en dedans des récifs; et d'autres plus fortes (*fig.* 6, 7 et 8), qui portent rarement des voiles, sont employées au transport des marchandises. Ces dernières, quoique d'une seule pièce, sont souvent très-larges, tant les forêts de Mahé fournissent de beaux arbres; quelques courbes suffisent pour maintenir le bois et le faire résister aux chocs : elles supportent de grandes charges, durent longtemps sans aucune réparation; aussi, dans ces contrées, sont-elles préférées aux canots européens, dont les pièces, facilement désunies, demandent des soins continuels.

ARABIE.

Le reste des côtes de l'Afrique étant tout à fait sans intérêt et les naturels n'employant que les constructions des Arabes, nous sommes amené au détroit de Bab-el-Mandeb (porte de la destruction ou de la mort), dont le nom effrayant dénote les dangers encourus jadis par ceux qui osèrent le franchir, et prouve que là, comme aux colonnes d'Hercule, les premiers navigateurs furent longtemps arrêtés. Près de cet étroit passage est situé Moka, dont les minarets et les murs blancs s'étendent sur une plage monotone et se détachent sur les montagnes de l'intérieur. Une brise fraîche descend du fond de la mer Rouge; sur la surface écumeuse de la rade sautillent de petits bateaux qu'on dirait abandonnés sans guides aux caprices du vent, car leur voile en lambeaux est mal disposée, et le groupe d'Arabes accroupis à l'intérieur reste immobile et semble une masse inerte. Personne ne gouverne; et, si de temps à autre on ne voyait un bras jeter de l'eau sur la voile, on ne soupçonnerait pas qu'il y ait des hommes dans ces bateaux ni qu'ils suivent une route donnée.

Ces pirogues sont membrées à l'européenne; les bordages ont 0^m,045 d'épaisseur, celui du haut a 0^m,03, et un clou, rivé en dedans, les réunit à la fois aux membres et à la quille, qui est creuse (*pl.* 3, *fig.* 4) et laisse un libre passage à l'eau. Le creux existe aussi à l'étambot et à l'étrave, mais il est moins prononcé, et il cesse vers le haut, où ces deux pièces prennent la forme représentée *fig.* 5. Les bordages sont grossièrement joints, mal calfatés et rarement peints; une natte attachée aux côtés garnit le fond, et l'arrière seul a une partie pontée, sur laquelle, lorsque par hasard il fait calme, se tient l'homme qui gouverne avec une pagaie (*fig.* 6).

Le mât repose au fond, dans la rainure de la quille; il est retenu, du côté d'où vient le vent, par une corde rattachée sur elle-même, espèce de longue estrope passant dans les deux trous *a* et *b* (*fig.* 1 et 2) et embrassant le mât; cette corde se change suivant le vent. La voile, formée d'une grosse étoffe de coton rayé, est mal réunie à une ralingue; son point d'amure est toujours attaché à l'avant, et ses angles supérieurs sont supportés, l'un par le mât, l'autre par un arc-boutant, sorte de livarde qui s'appuie au fond de la pirogue et qui est enlevée lorsque la brise est trop fraîche : la voile se trouve alors réduite à un petit triangle placé tout à fait à l'avant, et l'on comprend difficilement comment, ainsi et sans gouvernail, le bateau peut suivre sa route. Les Arabes n'y parviennent qu'en se groupant près du mât, s'ils veulent tenir le plus près : alors l'arrière se relève, reçoit l'impulsion du vent, le choc des lames, et le petit bateau, soumis à cet effet ainsi qu'à celui de sa voile qui le fait arriver, change à chaque instant de direction et, malgré ces saccades continuelles, tient assez bien le plus près, tout en s'en écartant de quatre à cinq quarts. Lorsque ceux qui le montent veulent courir largue, ils se placent de l'arrière, et c'est par le fait, en changeant par la position de leur poids la différence du tirant d'eau, qu'ils se dirigent. Ils peuvent ainsi naviguer avec des vents qui rendraient imprudent l'usage des canots européens, et ne sont pas plus arrêtés par la mer que des radeaux de 5 mètres sur 3, formés de branches tortues et portant une voile semblable à celle des bateaux de pêche : ils sont presque constamment immergés, ce qui leur donne de loin un aspect singulier, l'homme qui gouverne paraissant tout à fait séparé de la voile.

MASCATE.

La côte qui s'étend à l'est du détroit de Bab-el-Mandeb a toujours été peu connue des Européens : bien qu'appartenant à l'Arabie Heureuse, elle est aride, et l'on y rencontre à peine quelques villages, dénués, pour la plupart, de ce qui peut être utile à des marins, et que fréquentent seulement des Arabes attirés par la pêche abondante qu'ils y trouvent. C'est donc plus au nord, vers Mascate, que viennent se concentrer les produits de tous les pays voisins : cette ville, située au milieu de montagnes brûlantes, est cachée au fond d'une petite anse, où elle semble un repaire de pirates : elle est dominée par plusieurs forts dont l'aspect pittoresque dénote l'origine portugaise, et qui ne sont plus défendus que par quelques canons délabrés, hors d'état de protéger le port, dont la position fait la principale force.

A l'abri de ces rochers couronnés de tours sont groupés les navires, dont le nombre et la grandeur annoncent un commerce actif. En effet, Mascate, grâce à sa situation, a toujours joué un rôle important, surtout à l'époque où les Arabes, tranquilles possesseurs des mers de l'Inde, suivaient la route du golfe Persique et des terres de l'Asie. Ils étaient alors les seuls intermédiaires entre l'Orient et l'Occident, avaient des comptoirs près de la Chine, et, par leurs caravanes, faisaient connaître aux peuples de l'Europe les précieuses productions de ces contrées, alors que ceux-ci ne se risquaient même pas jusqu'aux terres de l'Afrique connues des Romains. Ce fut là le beau temps de l'Arabie : les arts et les sciences y fleurirent, et quand ses habitants, poussés par le fanatisme religieux, parurent un instant en Espagne, ils y semèrent les germes de tout ce qui a été depuis poussé si loin. Ils apportèrent, entre autres choses, les premiers principes de plusieurs sciences exactes indispensables à la navigation, et l'analogie de nos anciens vaisseaux avec les leurs fait aussi supposer qu'ils fournirent des modèles de construction navale. Ce sont, de part et d'autre, des poupes élevées, où est concentrée toute la force militaire, qui contrastent avec des proues basses très-élancées, et, d'après les documents qui nous restent, notre ancienne voilure ne comportait qu'une seule voile par mât, comme celle qui est encore en usage chez eux ; mais leurs idées sur ce sujet, s'ils nous en donnèrent réellement, eurent le sort de toutes celles que nous leur avions empruntées et furent bientôt dépassées. Après d'aussi beaux élans, ils retombèrent dans cet état de stabilité qui semble être naturel aux nations de l'Asie, et, de leur propre aveu, ils n'ont presque rien changé à leurs premiers navires.

Ils défendirent avec vaillance le monopole du commerce oriental, qu'ils regardaient comme leur propriété, et Mascate se distingua dans cette lutte animée par l'intérêt et le fanatisme. Son grand commerce et sa position avantageuse avaient depuis longtemps excité l'envie des Portugais, déjà établis dans l'Inde : commandés par Albuquerque, ils vinrent l'attaquer, s'en emparèrent, car rien alors ne pouvait leur résister, et ils couvrirent ses rochers arides de nombreuses fortifications disposées en batteries élevées suivant la coutume de cette époque. Mais la réunion du Portugal à la couronne d'Espagne fit, bientôt après, négliger les établissements de l'Inde, et, environ un siècle plus tard, Mascate revint aux Arabes, qui en sont restés maîtres malgré quelques dernières luttes. Les Portugais perdirent successivement tous leurs établissements du golfe Persique, et leur puissance n'étant remplacée par aucune autre, celle des Arabes se releva, leur marine s'accrut, et ils armèrent des navires de trente et même de cinquante canons, unissant presque toujours la piraterie au trafic, et construits aussi bien pour la guerre que pour le commerce, auquel la paix les réduit actuellement.

Ces navires, toujours en usage, sont les Baggalas, connus aussi dans l'Inde sous le nom de Dows; ils fréquentent les côtes de l'Asie depuis le fond de la mer Rouge jusqu'à Ceylan, qu'ils ne franchissent plus que rarement, et ils composaient jadis l'armée navale que le sultan Tippoo-Saïb avait rassemblée à Onore : les Arabes qui les montent, habitués au retour périodique des moussons, n'exécutent, en général, qu'un voyage par an; ils emportent des chevaux, des dattes, une espèce de thon qui, séché, se nomme *tasar,* dont la pêche occupe, sur cette côte, plus de dix mille marins, et ils rapportent du riz, différents produits de l'Europe et des bois de construction, dont leur pays est totalement dénué; souvent même ils font construire leurs navires sur la côte de Malabar et surtout à Cochin, où beaucoup de leurs compatriotes résident et s'adonnent au commerce.

Les Arabes sont, en général, bons marins; ils naviguent très-bien dans leurs mers et font rarement naufrage, malgré leur ignorance apparente. Ils sont sobres, patients, plus lestes que leur aspect grave ne le fait supposer; ils savent supporter la fatigue, et entendent bien le commerce; malgré cela, ils sont rarement employés par les Européens, aux caprices desquels ils ne peuvent faire plier leur fierté. Ils s'embarquent en grand nombre; jamais le bâtiment et encore moins la cargaison n'appartiennent au même propriétaire; chacun suit sa marchandise et fait lui-même ses affaires : leurs navires sont de vraies caravanes dans lesquelles tous les matelots ont un intérêt.

L'aspect des Baggalas est bizarre (*pl.* 3); leur avant, bas, très-élancé, n'est point orné, tandis que l'arrière, très-élevé, est couvert de sculptures dans le goût arabe et européen; elles sont peintes en noir et en blanc, ainsi que le reste du navire sur lequel sont tracées jusqu'à deux rangées de sabords, bien qu'il n'y ait réellement de place que pour douze ou quatorze canons de chaque côté du pont. Quelquefois le corps est enduit d'une de ces compositions huileuses que les marins nomment galipots. La dunette, très-élevée, est souvent plus oblique que sur la *fig.* 7 (*pl.* 2), et peut porter aussi de petits canons; son pourtour est décoré de pavois rouges en signe de réjouissance; elle est ouverte sur l'avant, et laisse entre des colonnettes ou des chambres latérales un espace libre où sont placés la boussole et l'homme qui gouverne. Quelques Baggalas ont adopté notre roue, mais la plupart n'emploient qu'une très-longue barre; la fusée du gouvernail, toujours droite, pénètre dans le navire en perçant la voûte, qui est basse et oblique; les ferrures et tous les accessoires sont disposés comme chez nous.

La forme des parties immergées est loin d'être aussi grossière que le ferait présumer l'extérieur : on le voit par les sections de la *fig.* 9, dont la ressemblance avec celles de nos meilleures constructions est remarquable. Le maître-couple est presque celui de nos frégates, aussi ces navires marchent très-bien et ne sont inférieurs aux nôtres que par la manière dont ils se comportent sur mer; ils seraient peu propres à naviguer dans nos parages, et, comme ils ne prennent que de très-faibles cargaisons, ce n'est que grâce à l'extrême économie des Arabes qu'ils peuvent servir pour le commerce.

La membrure est trop semblable à la nôtre, en forme comme en grosseur, pour avoir été portée sur les plans (*fig.* 7, 8 et 9, *pl.* 2) empruntés en grande partie aux travaux de M. Edye, auquel un long séjour dans l'Inde a permis d'exécuter des relevés plus exacts que ne le peuvent faire des voyageurs. Le Baggala qu'ils représentent est d'une grandeur au-dessous de la moyenne, et nous en avons vu à Mascate ayant 11",50 de bau et 6",25 de creux (de la carlingue au pont, près du grand mât), dimensions presque doubles de celles de la *fig.* 7. Il en existait de plus forts encore, dont le port devait approcher de 400 tonneaux, tandis qu'en général il n'est que de 200 à 250. Le bordage est assemblé à plat, cloué et gournablé; l'extérieur de la carène est couvert d'un mélange d'huile de coco et de *damar,* sorte de résine; par-dessus cette première couche, appelée *galgal,* est placé un soufflage de planches minces (0m,03 ou 0m,04 d'épaisseur) recouvertes du même enduit, qu'il faut renouveler tous les ans, à cause des vers, si nuisibles dans les mers de l'Inde. L'intérieur est vaigré, excepté dans les parties supérieures, où les intervalles laissés entre les planches sont quelquefois garnis de nattes. En général, tous les détails de charpentage des Arabes, exécutés avec soin et précision, ont une très-grande analogie avec les nôtres; ils ne calfatent guère qu'avec du coton, et assurent qu'il ne faut presque jamais retoucher les coutures, qui durent autant que le navire, c'est-à-dire quelquefois près d'un siècle, car ces constructions sont faites d'un bois de la côte de Malabar, appelé *teck*, qui ne se pourrit jamais.

Le pont, bordé comme le nôtre, est souvent recouvert de panneaux mobiles garnis, en dessous, d'un rebord, ou portant sur des traverses qui les tiennent élevés de près de 0m,10 et laissent, en dessous, un libre passage à l'eau: cette méthode de le préserver de l'influence du soleil et de le tenir toujours sec est aussi employée par les Chinois. Vers l'avant, déjà très-bas, on est étonné de le voir s'abaisser de 0m,70 jusqu'à environ 4 mètres de distance de l'étrave, et y former comme un réservoir d'où l'eau ne s'écoule que lentement par des trous latéraux. Nous n'avons pu avoir aucun renseignement sur cette disposition singulière qui se retrouve dans plusieurs parties de l'Inde et de la Malaisie.

Les Arabes n'ont point de cabestan et lèvent les ancres avec une caliorne; ils n'emploient pas toujours nos bittes, mais les remplacent par un fort bau placé au tiers de la distance de l'avant au grand mât: le câble se tourne autour de cette traverse; il est très-petit, ainsi que les ancres, et la faiblesse de ces moyens d'amarrage ne s'explique que par l'extrême légèreté du gréement. Les câbles et tous les cordages, formés de bourre d'écorce de coco ou des fibres d'un bananier appelé *abaca*, proviennent de la côte de Malabar.

Au lieu de nos écubiers, les Baggalas ont un rouleau placé dans la partie saillante de l'étrave même, dont la *fig.* 10 montre la disposition, et souvent un second, g, est cloué du côté opposé. Le câble porte toujours sur ces rouleaux; aussi l'étrave, déjà si élancée, se trouve-t-elle exposée à de violentes secousses, et est-elle très-forte et solidement liée au navire par des courbes. Il n'existe aucune disposition analogue à nos bossoirs, et, à la mer, il faut mettre les ancres sur le pont.

Les Baggalas ont deux mâts, dont le plus grand, d'une seule pièce de teck, a jusqu'à 0m,75 de diamètre; sa longueur totale est égale à celle du navire pour ceux de moyenne grandeur, mais moindre pour les grands, à bord desquels il est vertical, tandis que les petits inclinent leurs mâts vers l'avant jusqu'à environ 8° ou 10°. Le second mât, parallèle au grand, est à moitié distance vers l'arrière; il perce l'avant de la dunette et ne descend que jusqu'au pont ou à l'entre-pont à bord des plus grands navires.

La manière dont le grand mât est fixé, étant aussi usitée sur les côtes de l'Inde, mérite quelques détails: presque au ras du pont ou le dépassant de 0m,10 est placé un bau très-fort c, de 0m,50 et même de 0m,70 carrés de section, solidement lié au navire par des courbes horizontales et verticales; quelquefois il s'en trouve un second, d'une dimension moindre, situé au tiers de la profondeur, comme *pl.* 12, *fig.* 6. Le mât placé sur l'arrière appuie sur une échancrure peu profonde pratiquée dans le bau, et n'est consolidé par aucun taquet latéral; il est lié, par plusieurs forts amarrages, à une pièce de bois dont le diamètre est la moitié ou les deux tiers du sien, et qui, située sur l'avant du bau, entre dans la même carlingue. C'est par son union avec cette pièce que le mât est maintenu; et cette méthode singulière ne peut avoir d'autre avantage que de diminuer les difficultés de l'opération de mâter en évitant l'emploi de nos bigues. Chez les Arabes, il s'introduit obliquement dans un long panneau en forme de trapèze, comme on le voit en a, b, c (*pl.* 5, *fig.* 2); les côtés sont garnis d'hiloires servant à guider le mât qui, d'abord un peu élevé au moyen de celui de l'arrière, est amené à sa position verticale par les itagues et les drisses de la vergue fixée à l'avant. Cette facilité d'opérer permet de démâter dès que le séjour du navire doit être prolongé, et de couvrir de nattes et de feuilles de palmier ces pièces de bois que leur dimension rend très-précieuses. Une grande auge, posée en travers sur le panneau, sert à jeter dehors l'eau que montent des hommes placés dans un espace libre derrière le mât, où ils forment une chaîne avec des seaux, les pompes n'étant pas employées à bord même des grands Baggalas.

Le gréement se compose de quatre ou six haubans à palans, semblables à ceux des Chebecs : les deux de l'avant ont leurs longues pantoires enveloppées de linge pour les préserver des frottements ; tous sont crochés à des boucles extérieures et disposés suivant le besoin. Ces moyens de maintenir la mâture sont bien faibles, aussi les Arabes conviennent-ils qu'elle joue et fouette souvent d'une manière effrayante.

· La vergue a presque toujours la longueur totale du navire ; elle est en deux pièces liées ensemble, et souvent une troisième est placée à l'extrémité supérieure de manière à toujours se relever pour donner plus de tension à la voile (voir *pl.* 10, *fig.* 7, l'extrémité de la vergue) ; elle est soulevée par deux fortes itagues qui passent dans des clans à la tête du mât et auxquelles est fixée une poulie de trois, quatre et même cinq réas. Une corde passée sur tous ces rouleaux vient très en arrière pour mieux soutenir le mât dans les clans d'un gros bloc de bois *c*, qui, perçant le pont, descend souvent jusqu'à la carlingue en *e*, et lui est lié pour être plus solide ; la partie supérieure de ce bloc est amoindrie et percée d'un cabillot auquel se tourne la drisse. La vergue est maintenue au mât par une forte drosse à palan garnie de pommes, les Arabes ne se servant jamais de racage ; cet appareil puissant est nécessaire pour supporter le poids et les secousses de la vergue, à laquelle est jointe une voile immense qui exige, pour la hisser, les efforts réunis d'un équipage de plus de cent cinquante hommes : encore ce travail est-il long et fatigant.

Les voiles sont en coton et leur forme est celle d'un trapèze dont le côté avant est la moitié de celui de l'arrière ; la partie inférieure de la plus grande va depuis l'étrave jusqu'à 4 ou 5 mètres de la dunette ; l'amure et l'écoute sont toujours simples. Aucun moyen n'est employé pour maîtriser la voile ou en diminuer la surface : elle n'a ni cargue, ni ris, et souvent, au dire même des Arabes, elle est effrayante dans le mauvais temps. Ils sont réduits à en avoir, pour les grands vents, deux plus petites de la forme de celles de nos Chasse-marée ; ils leur font une vergue avec une des pièces de bois qui sont sur le pont, et dont ils se servent aussi pour orienter la grande voile vent arrière, en portant son point d'amure en dehors. Enfin ils mettent sur l'étrave leur foc dont le bâton-volant s'attache à l'avant ainsi qu'à la traverse du câble, et ils le hissent au mât lorsque le temps est trop mauvais. Les virements de bord, qui s'exécutent toujours vent arrière, sont surtout très-pénibles, et il est difficile de gambiller la vergue, quoiqu'elle ait un bras et des palans de moustache : quand il faut l'amener, le navire reste sans voiles jusqu'à ce qu'une plus petite soit établie.

Tous ces inconvénients ont amené à transformer plusieurs Baggalas en bricks ou en trois-mâts à mâtereau gréés comme les nôtres ; ils en diffèrent seulement en ce que le beaupré se trouve remplacé par le grand élancement de l'étrave, qui porte à son extrémité un chouq vertical pour le bâton de foc et l'étai du petit mât de hune ; cette disposition a fait adopter nos écubiers et nos bossoirs. Ainsi gréés, ces navires marchent bien et n'exigent qu'un faible équipage ; mais, pour la guerre, ce système serait abandonné, les Arabes préférant alors leur voilure, qu'ils assurent donner plus de marche et permettre de faire route à 45 degrés du vent. Ils gagnent ainsi les croiseurs anglais, qu'ils ont souvent osé attaquer, malgré l'imperfection de leur artillerie, et, comme ils ne font qu'une guerre de surprise, il leur est facile de devenir presque invisibles en descendant la voile et en collant le gréement contre le mât. « Personne, nous disait un Arabe, ne peut distinguer une perche de bois sur la surface de la mer, et nous voyons sans être vus. »

DUNGIYAH (1).

On croit que ces navires, qui passent pour être les pus anciens des mers de l'Inde, remontent au temps de

---

(1) Ce navire est nommé Baggala ou Budgerow dans la collection de M. Edye ; mais nous nous sommes assuré, à Mascate, que son véritable nom est Dungiyah.

l'expédition d'Alexandre; leur aspect (*pl.* 4) porte à penser qu'ils sont depuis restés les mêmes, et l'on ne comprend pas comment ils peuvent être encore en usage. On les rencontre sur les côtes du golfe Persique, de l'Arabie et de Bombay; mais ils appartiennent spécialement au golfe de Cutch. Ils arrivent souvent par troupes dans le port de Mascate, célébrant par des salves de pierriers, des banderoles et des pavois l'heureuse fin d'un voyage que leur imperfection aurait pu rendre dangereux, quoiqu'ils ne naviguent jamais que favorisés par la mousson.

Leur arrière, d'une hauteur exagérée, porte une dunette à deux ponts, plus inclinés encore que ceux de la *fig.* 11 (*pl.* 2), au point qu'il est quelquefois difficile d'y marcher. Il est peint en noir, orné de sculptures et percé de quelques sabords, dont souvent la largeur est à peine suffisante pour passer de longs pierriers ou de mauvais canons. La dunette, très-étroite sur l'arrière, forme une haute fenêtre par laquelle s'introduit la barre du gouvernail; sur l'avant, elle est également ouverte, et les ponts sont soutenus par des colonnettes tournées, surmontées de petites arcades sculptées à jour comme les balcons arabes.

La construction de ces navires est aussi lourde que grossière : les membres rares et très-gros sont doublés, mais mal joints, et quelquefois même ne sont pas équarris; une serre-bauquière les réunit et supporte trois ou quatre barrots qui, n'étant pas recouverts de planches, ne servent qu'à la liaison. Le bordage irrégulier s'engage aux extrémités dans les râblures d'étrave et d'étambot qui sont couvertes par une latte clouée; il n'y a point de vaigrage, et il n'existe de chaque côté que deux virures de bordage intérieur.

Les parties inférieures sont pourtant assez belles (*fig.* 13, *pl.* 2) et se rapprochent des nôtres, sauf le rapport de la longueur à la largeur, qui, étant comme 3 est à 1, peut être regardé comme un des plus forts qui existent. Le maître-bau est plus voisin de l'arrière que de l'avant, tandis que dans les Baggalas cette position n'est qu'apparente. L'étrave et l'étambot ont quelquefois plus d'inclinaison que sur la *fig.* 11; celui-ci est prolongé par un faux étambot maintenu par des lattes dont la disposition, rarement semblable à celle que nous avons représentée, se rapproche de celle du Garoo-kuh décrit plus loin (page 13).

Sur l'avant de la dunette finissent les ponts et, à bien dire, la partie solide du navire, dont le bois ne s'élève plus qu'à 1 mètre au-dessus de l'eau et même, en charge, à 0^m,50. Le haut de cette partie est terminé par une forte planche horizontale dans laquelle entrent les têtes des membres; elle est percée de trous rectangulaires où s'implantent des piquets soutenant un empaillage qui les entoure. Cette espèce de chaume est formé de feuilles de palmier superposées horizontalement et maintenues par de petites lattes verticales unies par trois autres horizontales qui, liées à de semblables à l'intérieur, serrent et maintiennent cette paille. Une quatrième latte supérieure passe par-dessus quelques barrots volants qui lui sont attachés ainsi qu'à l'empaillage et fortifient le tout, ils portent des planches mobiles pour communiquer avec l'avant; un barrot plus fort *i* sert à fixer le câble ou l'amure de la voile.

Les Dungiyahs n'ont généralement qu'un mât, quelquefois plus long que le navire; il est fixé à la manière arabe à un bau inférieur *h*, ce qui lui donne très-peu de pied; aussi la grande différence des leviers devant beaucoup fatiguer le point d'appui *h*, le mât est encore lié à un barrot supérieur *h'*, qui n'est supporté que par le système d'empaillage. Le gréement est semblable à celui des Baggalas, mais beaucoup plus grossier : les six haubans à palans, au lieu d'être crochés à des boucles, tiennent par une cheville à une estrope passée sous la latte supérieure de l'empaillage : les itagues de la vergue ont une drisse en quatre ou cinq garants passés dans un bloc fixé à un bau inférieur sous l'avant de la dunette.

La voile a moins d'envergure et de bordure que celle des Baggalas (*pl.* 9), parce que la vergue n'est jamais aussi longue que le navire, et aussi parce qu'elle est plus inclinée. L'amure est fixée à une perche percée au bout, qui, poussée en avant, lui fait dépasser l'étrave et plisse la toile encore plus qu'à bord des Baggalas; cette pièce de bois sert à orienter la voile dans toutes les directions, et elle se fixe sur les barrots par des attaches; cette méthode est usitée par tous les navires et tous les bateaux de pêche arabes (*pl.* 7). La voile, ainsi poussée, a son écoute par le travers du mât, et cette nécessité d'avoir toute la toile vers l'avant vient de la très-grande largeur du navire. Les Dungiyahs n'ont pas non plus de moyen de diminuer la surface de la voile, et ils en ont une plus petite pour le mauvais temps. Jamais ils n'emploient de foc; quelques-uns ont un petit mât sur l'avant de la dunette, comme les Baggalas. Leur arrière est surmonté de longues gaules portant des pavillons et de grosses girouettes en bois : ils remplacent les chaloupes par de petites pirogues d'une seule pièce de bois, nommées Hoors.

Les Dungiyahs naviguent mal, fatiguent beaucoup et cassent plus souvent leurs mâts que les Baggalas; à leur bord, il est très-difficile de préserver la cargaison, quoiqu'elle soit couverte de feuilles de palmier et qu'un treillage intérieur garni de nattes empêche les objets embarqués de porter sur la membrure. L'eau entre toujours par l'empaillage; on la vide dans une auge d'où elle s'écoule à l'extérieur, en mêlant une teinte verdâtre à la couleur grise, un peu rosée, qu'ont les feuilles de palmier quand elles sont vieilles. Le corps est peint en noir, excepté la carène, qui est blanche. Leur marche n'est pas aussi mauvaise qu'on serait porté à le croire; mais, comme ils sont tous vieux et qu'on n'en construit plus de nouveaux, ils ne tarderont pas à disparaître tout à fait.

GAROO-KUH.

Les Garoo-kuhs, beaucoup plus petits que les deux navires dont il vient d'être question, et dont quelques-uns ne sont que de grands bateaux de pêche, fréquentent le golfe Persique; ils étendent leur navigation jusque sur la côte de Malabar. Leur longueur varie de 15 à 30 mètres, et ils sont remarquables par leur quille, qui n'est que le tiers de la longueur totale. L'étrave, très-oblique, augmente de largeur, mais non d'épaisseur, en s'approchant de l'avant; elle a une râblure recouverte d'une latte avec une arête saillante au milieu (*pl.* 5, *fig.* 1). A bord des plus grands, l'étrave est surmontée d'une planche mince et arrondie (*pl.* 6), espèce d'ornement auquel on ajoute des colliers de petites coquilles blanches. Le bordage est assemblé comme nous le verrons dans l'Inde (page 18), ou à plat comme le nôtre. La membrure est légère, doublée, bien ajustée et disposée à l'européenne : celle du Garoo-kuh représenté *pl.* 6 a des couples épais de $0^m,07$ et larges de $0^m,09$ (les deux parties prises ensemble); ils sont éloignés de $0^m,17$. Le bau du mât a $0^m,12$ sur $0^m,15$ et les autres $0^m,085$ carrés, ils sont espacés de $0^m,80$. La serre-bauquière a $0^m,20$ de largeur sur $0^m,12$ d'épaisseur; la quille est épaisse de $0^m,055$ ainsi que l'étrave à la râblure, tandis qu'au taille-mer elle n'a que $0^m,04$. La membrure n'est recouverte de vaigrage qu'à bord des plus grands, et, le plus souvent, il n'y a dans l'intérieur que quelques bordages espacés.

Le faux étambot de ces navires, usité seulement chez les Arabes, est formé d'une planche verticale très-mince reposant sur le prolongement de la quille et appuyant contre l'étambot; une petite latte semblable à celle de la râblure d'étrave couvre chaque côté de la fente. Celui des grands Garoo-kuhs se relève et s'étend vers l'avant, où il est entaillé (*pl.* 6) et orné de coquilles blanches. Il n'est maintenu que par de longues courbes horizontales *cc* (*fig.* 1 et 2, *pl.* 5), chevillées d'abord sur le navire et ensuite ensemble, qui le dépassent vers l'arrière et sont taillées en biseau, laissant entre elles un espace évidé dans lequel est engagé le gouvernail; celui-ci, ainsi soutenu latéralement et collé par des amarrages contre le faux étambot, descend beaucoup au-dessous de la quille, dont l'extrémité est généralement au ras de l'eau. Ces moyens d'adhésion seraient très-faibles avec une barre ordinaire; mais, pour soutenir les attaches, on en met une *d*, qui s'étend vers l'arrière et sur laquelle sont fixées deux cordes *l d* et *l d*, nouées ensuite aux extrémités extérieures de deux leviers à bras égaux *l l*, tournant au bout de supports courbes qui, d'abord fixés sur le pont et contre la muraille, s'étendent ensuite en dehors (*fig.* 3 et 4). Un palan, placé au bout intérieur de chacun des leviers *l l*, sert à donner le mouvement, et plus l'homme qui gouverne, en tirant sur l'un ou sur l'autre, fait d'efforts pour augmenter l'angle du gouvernail, plus il tend à le faire adhérer contre le faux étambot. L'avantage de cette disposition est contre-balancé par la petitesse des angles qu'elle fait obtenir et par le peu d'extension de la surface du safran; en outre, quand on vient à culer, cette méthode n'a aucun effet pour redresser le gouvernail, et il est en danger d'être tout à fait démonté, accident peu important, il est vrai, à cause de la facilité avec laquelle on le remet en place, tout ce qui sert à le maintenir étant au-dessus de l'eau.

L'arrière des grands Garoo-kuhs est surmonté d'une cabane de largeur très-inégale, à cause du prompt rétrécissement du navire ; elle est ouverte aux deux extrémités, ornée de colonnettes, et son pont est quelquefois plus bas que celui du bâtiment. Elle a toujours deux petites fenêtres latérales (*pl.* 6) dans lesquelles passent les leviers du gouvernail, dont les palans viennent en dedans et permettent à l'homme qui gouverne d'être à couvert et en vue de la boussole, presque toujours placée près du bloc de la drisse *p*. A bord des petits Garoo-kuhs et de tous les caboteurs arabes, on ne trouve que la charpente de cette cabane sur laquelle s'étend une tente (*pl.* 5, *fig.* 1 et 2), et qui est terminée sur l'avant par une forte pièce de bois horizontale n'ayant guère d'autre but que de supporter la vergue lorsqu'elle est amenée.

Ces bateaux ont de belles formes, mais ne sont pas aussi creux que les Baggalas. Leur maître-bau, situé au milieu de la partie immergée, se trouve beaucoup moins rapproché de l'arrière que ne le fait croire le plan, et cela vient de l'élancement exagéré de l'étrave. Ils sont généralement inclinés vers l'avant, dont l'extrémité est presque au ras de l'eau, tandis que l'arrière est très-relevé ; aussi est-il probable que, en charge, la quille, loin d'être horizontale, tend à s'enfoncer vers l'avant. Ils marchent bien et portent beaucoup de voiles : l'un d'eux (*pl.* 6), dans le détroit d'Ormus, conserva toute sa voilure par un vent qui fit serrer les perroquets de la frégate l'Artémise ; il ne perdit en vitesse que lorsqu'il y eut de la mer, et, alors même, ses mouvements étaient moins durs que ses formes ne l'auraient fait penser.

Ils ne portent que de faibles cargaisons, et sont plus propres à la grande pêche qu'au commerce : leur construction est souvent soignée, même dans les détails ; leurs bordages, quoique très-larges, sont bien appliqués. Le franc-bord ne s'élève que de 0^m,20 ou 0^m,30 au-dessus du pont et supporte de larges fargues, très-évasées vers l'avant, qui viennent se clouer à une planche oblique, d'une forme triangulaire, reposant par un angle sur l'étrave. Ils sont tous peints en noir, à l'exception de ceux d'une faible dimension et d'une construction grossière, pontés seulement aux extrémités, dont le bois reste à nu.

La mâture des Garoo-kuhs est disposée comme celle des Baggalas, et l'usage du panneau à hiloires *a*, *b*, *c* a été indiqué ; leur gréement et leur voilure n'en diffèrent qu'en ce qu'ils n'ont jamais de focs, et que les plus grands seuls ont un mât de l'arrière (*pl.* 6). On trouve encore sur les côtes d'Arabie quelques caboteurs qui ressemblent trop à ceux que nous venons de décrire pour qu'il ait été utile d'en faire des relevés particuliers.

BÉDEN-SAFAR.

Ce n'est qu'à Mascate que l'on trouve ces bateaux, servant à la pêche du thon. Ils ont de 12 à 18 mètres de long et sont remarquables par leur fond plat et leurs deux quilles *q q*, qui s'écartent en suivant les courbes indiquées par des lignes ponctuées (*pl.* 5, *fig.* 4). Ces quilles ont, en section, une forme triangulaire, et le côté intérieur est vertical (*fig.* 5 et 6) ; elles servent à joindre la planche du fond à celles de côté. Le bordage du flanc s'applique sur le haut de la quille taillée obliquement à cet effet ; celui du fond repose sur le bord du premier, en le doublant assez pour être aussi percé par une cheville à tête carrée, rivée en dedans, qui joint ces trois pièces (*fig.* 6). Quelquefois les deux quilles se réunissent à un mètre de distance des extrémités et n'en forment plus qu'une seule en deux pièces, dont les côtés sont taillés verticalement, et sont toujours prolongés pour porter une fausse étrave *e* et un faux étambot *e*. Ils sont maintenus l'un et l'autre par des courbes *cc'*, et les séparations sont couvertes, de chaque côté, de lattes à arêtes saillantes, clouées ou tenues par des crampes.

Le gouvernail est semblable à celui des Garoo-kuhs ; seulement l'amarrage inférieur *c'* est quelquefois remplacé par une corde attachée au gouvernail, qui le tient collé contre le faux étambot, en venant se roidir à l'avant des montants de la tente, comme on peut le voir pour le Béden-seyad (*pl.* 8, *fig.* 1). Cette méthode a pour but de démonter facilement le gouvernail lorsqu'on arrive sur de petits fonds, la corde le tenant alors suspendu sur le côté (*pl.* 7).

Les bordages sont parallèles à la quille, et, à cause de la grande largeur du bateau, ils viennent se terminer en pointe au-dessous d'un bordage supérieur très-large et plus épais que les autres : ils sont joints aux couples par de longs clous rivés en dedans. Les membres, simples, mais nombreux et assez forts, s'enfoncent dans une planche supérieure, saillante des deux côtés : cette espèce de plat-bord est percé de trous pour introduire les tolets et supporte plusieurs traverses, dont l'une concourt, avec un bau *a*, à maintenir le mât. Le fond n'est point vaigré, mais couvert d'une claie serrée qui en garnit toute la partie inférieure; l'avant et l'arrière sont seuls pontés, et la charpente qui surmonte celui-ci, semblable en tout à celle des Garoo-kuhs, peut facilement se démonter.

L'aviron de ces bateaux a une forme singulière, dont la *fig.* 7 (*pl.* 5) donne une idée exacte : sa partie arrondie est toujours immergée, et l'angle seul reste au-dessus de l'eau. Quoique son levier soit loin de passer par le centre de figure de la pelle, il fonctionne mieux que cette disposition ne porterait à le croire, sans doute parce que l'eau résiste moins à la surface qu'à quelques centimètres au-dessous. On emploie souvent aussi pour les Bédens des avirons dont la pelle est une planche quadrangulaire tenue au levier par deux attaches (*pl.* 8, *fig.* 4) : ils sont non-seulement en usage en Arabie et dans le golfe Persique comme les premiers, mais aussi dans l'Inde et dans tout le grand archipel d'Asie.

Les Béden-safars marchent bien; ils portent mieux la voile et dérivent moins que ne le ferait croire leur manque de profondeur : ils font la pêche au midi de Mascate, sur les côtes de Macula, du cap Ras-el-Had et du golfe Persique. La forme courbe et plate de leurs fonds les rend très-propres à naviguer sur les bancs et à accoster les plages, les parties extrêmes de leurs quilles étant au ras de l'eau lorsqu'ils ne sont point chargés.

Le bois ne pouvant rester à nu sous le climat brûlant de l'Arabie, tous ces bateaux sont enduits d'une composition gommeuse de couleur rougeâtre, qui sèche difficilement et fond même lorsqu'elle est échauffée par le soleil; on l'emploie aussi pour les bateaux de pêche et pour les Garoo-kuhs lorsqu'ils ne sont pas peints.

BÉDEN-SEYAD.

Ce bateau de pêche est un diminutif du précédent dont il diffère par sa forme plus allongée; il n'a point de membrure; ses différentes parties sont cousues au moyen de petits amarrages plats qui traversent les planches et pressent, à l'intérieur, un boudin d'étoupe imprégné de la composition résineuse dont tout le corps est enduit. La fausse étrave *é* et le faux étambot *e* sont unis au bateau par des attaches et sont soutenus par des courbes *cc'*, qui, au lieu de clous, ont des amarrages pour les fixer. Les deux quilles ont la même forme que celle du Béden-safar, et chaque bordage leur est séparément cousu en *a* et en *a'* (*fig.* 3, *pl.* 8). Le plat-bord, dans lequel sont implantés les tolets, est très-large et tenu par des amarrages : un peu en dessous sont placés des bancs qui percent les bordages, auxquels ils ne tiennent qu'au moyen de petites chevilles en bois dont l'une est extérieure et l'autre intérieure. L'arrière est en partie ponté, et le reste est couvert de claies mobiles, posées sur des pièces de bois longitudinales, attachées sous les bancs à la place des serre-bauquières. Le gouvernail a la même forme que celui du Béden-safar et n'est contenu entre les courbes que par une corde qui, passant à l'extérieur, vient se roidir au premier banc. Comme il n'y a point de levier, on gouverne en tirant sur l'une ou l'autre des cordes latérales.

Le mât, attaché au banc, supporte une voile qui s'allonge beaucoup vers l'avant, et ressemble à celle de nos canots, sur le devant de laquelle on aurait cousu un foc : elle est en coton et n'a point de ralingue de chute derrière.

Ces bateaux sont très-légers et marchent bien, quoique les Arabes aient l'usage singulier de se placer du même côté que leur aviron, et de nager ainsi dans un sens très-oblique dont l'action sur le tolet tend presque autant à l'éloigner du centre qu'à le porter en avant : nous retrouverons cette méthode dans beaucoup de pays, particulièrement au Bengale. Les Béden-seyads sont très-volages, et la moindre brise les fait incliner : aussi ne s'éloignent-ils pas de terre et se servent-ils rarement de la voile. Ils sont en très-grand nombre sur la rade de Mascate, où ils se réunissent par bandes pour tirer de grands filets (*pl.* 9) presque toujours chargés de poissons, la mer de ces côtes étant moins avare que la terre, qui n'offre que le plus triste aspect.

BÉDEN-MALL-HUMAL.

Ce Béden, d'une construction lourde et grossière, n'est employé qu'au chargement des navires ; son fond est formé d'une planche oblongue, clouée aux membres ainsi que les bordages, et les *fig.* 5 et 6 (*pl.* 8) en donnent une idée suffisante.

HOOR.

On voit aussi à Mascate de petites pirogues nommées Hoors, qui servent de bateaux de passage, et vont quelquefois à la pêche. Leur corps, d'une seule pièce, est très-allongé, à côtés presque parallèles ou exhaussés par une planche clouée : les extrémités, un peu relevées, forment parfois une petite volute pleine. Elles ont rarement plus d'un banc, auquel se fixe un mât portant une voile semblable à celle du Béden-seyad, et le fond est garni d'une natte sur laquelle s'asseyent les passagers. Elles n'emploient guère l'aviron, mais plutôt la pagaie, dont les formes n'ont rien de régulier. Ces pirogues proviennent toutes de la côte de Malabar, et servent beaucoup aux bâtiments arabes comme embarcations.

COTE DE MALABAR.

Devant Mascate est située la côte de Perse, dont les ports, jadis occupés par les Portugais, montrent encore quelques restes des fortifications élevées par ces anciens maîtres de l'Inde. On y emploie les constructions arabes que nous venons de décrire, et ce n'est qu'à Bombay qu'on en rencontre d'autres : cette colonie, placée sur une île basse, naguère déserte, est devenue l'unique entrepôt de la côte de Malabar, et, par l'extension de son commerce, a complété la ruine de Surate, Goa, Calicut et Cochin, qui jouaient un grand rôle à l'arrivée des Européens. Elle réunit toutes les religions et toutes les races du midi de l'Asie : on y voit des Indiens de toutes les castes, un grand nombre d'Arabes, de Persans, de Parsis d'origine mêlée, et ses rues offrent l'aspect varié de leurs costumes si pittoresques.

Le port présente autant de variété que la ville ; toutes les constructions de l'Arabie et de la côte de Malabar se groupent le long des faubourgs, et les vaisseaux européens, mouillés au large, viennent y chercher de riches chargements. Une grande activité règne sur cette rade pendant les six beaux mois qu'elle doit au retour périodique des moussons : depuis octobre jusqu'en avril elle jouit d'un temps calme et serein, grâce aux terres élevées qui la préservent des vents de nord-est. La mer est alors toujours unie depuis Surate jusqu'au cap Comorin, le ciel est clair, de petites brises de terre et du large rafraîchissent successivement l'atmosphère et favorisent la route des navires, vers le nord comme vers le midi. Alors de nombreux caboteurs longent la terre, mettent tous les points en rapport, et, groupés à l'entrée des rivières, y prennent les produits précieux, qu'ils viennent ensuite déposer à Bombay.

Mais, dès que la mousson de sud-ouest commence à faire sentir son approche par des orages et des chaleurs, ces bateaux rentrent dans les ports, et cherchent un refuge pour les six mois pendant lesquels leur côte, battue par les vents, devient presque inabordable. Les caboteurs se déchargent pour franchir les barres des rivières, se halent ordinairement à terre, enlèvent leurs mâts, leur gréement, et attendent, couverts de feuilles de cocotier, que la belle saison les rende à l'activité : ils servent même souvent d'habitation à leurs équipages lorsqu'ils sont ainsi remisés loin de leur pays.

Bombay en contient toujours un grand nombre dans les ramifications des rivières qui se déchargent au fond de la baie. C'est le seul port de la côte de Malabar où il soit possible de mouiller pendant la mousson de sud-ouest; cet avantage, joint à une belle position commerciale, en a fait le chef-lieu de cette partie de l'Inde, et les Anglais y ont fondé un arsenal pourvu de beaux bassins de carénage, les seuls de toutes ces mers où un grand navire puisse être réparé. Ils y ont construit des vaisseaux de ligne et de la compagnie des Indes, et l'on y trouve aussi des chantiers indiens pour les caboteurs. Les constructions maritimes y sont favorisées par la qualité supérieure du teck, qui, de tous les bois, est sans contredit le plus durable : sur la côte de Malabar, il est supérieur à celui du reste de l'Inde, du Pégu et de Sumatra. Plus souple, aussi dur et moins lourd que le chêne, le bois de teck peut servir à toutes les parties d'un navire, et ces peuples, dépourvus de sapin, l'emploient même pour la mâture : il est facile à travailler, d'un grain fin, peu interrompu par des nœuds, et ses racines sont assez dures pour qu'on en fasse de bons rouleaux de poulies; il a encore la qualité de contenir moins d'acides que les bois d'Europe, d'être même un peu huileux et de moins oxyder les métaux qui le traversent, ce qui permet d'employer le fer où nous sommes contraints de mettre du cuivre. Les navires qui en sont construits durent très-longtemps, et on trouve des caboteurs qui datent de près d'un siècle; nous avons vu des vaisseaux de la compagnie ayant cinquante ans d'existence, qui n'avaient encore subi aucune réparation importante, et dont les anciennes coutures étaient moins larges que celles de bordages en bois d'Europe placés quelques mois auparavant. Des avantages aussi marqués rendent le bois de teck préférable à tout autre, son prix élevé seul force souvent à ne pas s'en servir; il devient tous les jours plus rare et d'une exploitation plus difficile, aussi est-il probable que, bientôt, il ne sera plus employé qu'aux constructions moyennes, comme celles du commerce ou des navires indigènes dont nous allons donner la description, en parlant d'abord de ceux qui sont d'un usage général sur la côte de Malabar.

PATAMAR

On doit mettre en première ligne le Patamar comme le meilleur navire de la côte de Malabar et même de l'Inde entière; il marche bien, supporte la voile et peut prendre de fortes cargaisons. Ses formes (*fig.* 1, 2 et 3, *pl.* 10), différentes de celles adoptées en Europe, sont presque l'inverse de ce qui est usité chez les Arabes, et n'ont d'analogie qu'avec les Djermes du Nil : à Mascate, nous avons vu les quilles convexes et le maître-bau placé au milieu, tandis qu'à Bombay les Patamars ont une quille concave et le maximum de largeur derrière; ils enfoncent beaucoup plus dans l'eau de l'avant, ce qui est contraire à tous nos principes. En visitant un chantier de ces bateaux avec un célèbre constructeur anglais qui, tout en remarquant leurs bizarreries, appréciait leurs qualités, nous trouvâmes encore la preuve que le meilleur navire est réellement celui que le pays a produit, et que ses habitants manœuvrent. Les Indiens qui dirigeaient les travaux ne surent éclaircir aucune question sur les singularités de leurs constructions; leur unique réponse était « qu'on avait toujours construit ainsi, et que ces navires étaient bons. »

La quille, l'étrave et l'étambot sont les premières pièces posées; la courbure de la quille paraît dépendre de la forme que doit avoir la carène, et plus celle-ci est plate dans son milieu, plus l'autre est courbe. Cela est peut-

5

être nécessité par le fort gauchissement qu'il faut donner aux planches : en effet, pour un Patamar de 34 mètres de long sur 6ᵐ,50 de large (1) nous avons vu un bordage de fond, fait seulement en deux parties, ayant ses extrémités dans un plan vertical et son milieu presque horizontal. Quand ces trois pièces sont placées et assemblées par des écarts doubles, les naturels mettent un maître-couple massif, et, si l'arrière doit être carré, ils clouent une traverse sur l'étambot, à l'endroit où s'élève la voûte. Alors les bordages sont successivement posés, en commençant par le bas, et la forme générale du navire est donnée par la courbure qu'ils affectent en s'appliquant sur l'étrave, sur le maître-couple et sur l'étambot ou la traverse de l'arrière. Lorsque quelques-uns sont appliqués, on élève les membres, qui sont doubles ou simples ; mais, au lieu d'être la base de la construction, ils ne font que suivre la courbure que le hasard a donnée : on ne les place qu'après un long tâtonnement, les Indiens n'employant pas de gabarits et ne traçant à l'avance que le maître-couple. Cependant cette méthode offre moins d'irrégularité qu'on ne pourrait le croire, et cela vient de l'égalité de largeur des bordages correspondants et des qualités du bois de teck. La serre-banquière, avec tout ce qui appartient au pont, est faite en dernier lieu et disposée, ainsi que le vaigrage, à peu près comme en Europe. Le pont est percé de plusieurs panneaux, dont l'un, très-long et plus large vers l'arrière, sert à introduire le mât installé comme chez les Arabes.

Les formes du Patamar seront mieux comprises en examinant les *fig.* 1, 2 et 3 de la *pl.* 10, qui en représentent un de grandeur moyenne ayant l'arrière pointu ; ceux qui l'ont carré (*pl.* 11) ont une voûte très-oblique, en partie plongée dans l'eau quand ils sont en charge ; leur tableau est incliné et percé de deux sabords.

Les bordages ne sont pas assemblés comme les nôtres : chacun d'eux a une espèce de râblure dont la *fig.* 4 (*pl.* 10) donne la forme, et qui s'encastre dans une rainure semblable pratiquée dans la quille ou dans le précédent ; ces parties, qui doivent être très-bien exécutées, sont enduites d'une composition gluante de couleur jaunâtre, sur laquelle on étend une couche de coton à l'état de ouate. Alors les bordages sont présentés, et, pour les serrer et faire entrer les râblures l'une dans l'autre, on perce quatre trous (*fig.* 6) dans lesquels passe une corde en croix que l'on roidit fortement avec un coin introduit en dessous : cette opération se répète à des distances d'un mètre et demi. On pratique ensuite dans le côté du nouveau bordage des cavités, au fond desquelles on perce, à l'archet, des trous obliques dont la direction va rencontrer le milieu de la jonction, et l'on y enfonce des clous courbes (*fig.* 5) à environ 2 décimètres les uns des autres ; les bordages sont, plus tard, cloués aux membres. Les trous percés pour le passage de la corde croisée sont bouchés avec des chevilles en bois, coincées pour qu'elles ne causent aucun accident et puissent rester en place autant que dure le navire, c'est-à-dire près d'un siècle. Cette méthode, très-ancienne et tout à fait indienne, est aussi employée par les Arabes ; mais sa cherté la fait quelquefois négliger, quoique la durée des coutures dédommage amplement du surcroît de dépense. Les Européens ont voulu l'appliquer à de grands navires ; mais, sur cette échelle, les frais de main-d'œuvre et la perte de beaucoup de bois les ont aussi forcés à l'abandonner. La carène est enduite de cette composition huileuse dont nous avons parlé, par-dessus laquelle est un soufflage en bois de 0ᵐ,025 d'épaisseur, qu'il faut couvrir tous les ans de la même substance pour le garantir des vers.

Les Patamars ont deux mâts dont la *fig.* 7, *pl.* 10 donne la disposition et les dimensions par rapport à la longueur du navire. Ces mâts, très-inclinés vers l'avant, font, avec la verticale, un angle de 20° à 25° ; afin de les soutenir, les drisses sont fixées très en arrière, de sorte qu'ils divisent en deux parties égales l'angle qu'elles font avec la verticale suivant laquelle agit le poids de la vergue. Le grand mât a les deux tiers de la longueur du navire ;

(1) Il avait 3ᵐ,50 de creux, l'épaisseur de la quille était de 0ᵐ,15, sa largeur de 0ᵐ,40 et sa longueur de 17ᵐ,20 ; largeur des bordages, 0ᵐ,50 ; épaisseur, 0ᵐ,05. Le mât avait 21ᵐ,50 , la grande vergue 30ᵐ,00, la petite 20. Le corps de ce Patamar coûtait 12,500 fr., et son grément 5,000 fr.

il est fixé à la manière arabe et soutenu par des haubans semblables à ceux de nos Chasse-marée, excepté les deux de l'avant, qui ne sont que des palans au bout de longues pantoires garnies de linge.

La grande vergue, aussi longue que le bateau, est ordinairement formée de trois pièces, dont la plus haute est relevée pour mieux tendre la voile; elle est suspendue, au tiers de sa longueur, par deux itagues, et la poulie inférieure de la drisse est attachée au bau sur lequel le mât de l'arrière est amarré : quelquefois elle est remplacée par un bloc fixe comme chez les Arabes. Au lieu de racage, les vergues sont retenues par de longues drosses à palans garnies de pommes, qu'il faut lâcher lorsque les vergues sont descendues, pour que celles-ci puissent se porter vers l'avant, afin que leur poids agisse verticalement et soutienne les mâts contre l'effort des drisses. Le gréement de la grande vergue est complété par deux palans de moustache, un bras et une balancine g g' (*fig.* 7, *pl.* 10). Le mât de l'arrière n'a que les deux tiers du grand; il a un hauban simple à palan : sa voile est semblable à l'autre et sa drisse se fixe à une traverse placée au-dessus du gouvernail.

Les voiles du Patamar n'ont jamais de ris; leur forme n'est pas tout à fait latine, car elles ont à l'avant une partie non enverguée, dont la longueur n'est qu'un sixième ou un septième du côté de l'arrière, qui n'est jamais ralingué, tandis que le reste du contour l'est comme chez les Arabes. Les coutures diffèrent des nôtres en ce que, dans chacune, est renfermée et cousue, aux deux laizes, une ficelle en bourre de coco, de la grosseur de notre merlin, qui s'unit aux ralingues : quelquefois même, celle du bas n'est formée que de tous ces fils tressés ensemble. Ce genre de couture, usité dans l'Inde, est très-solide ; car, si une partie de la toile se déchire, le mal est arrêté; aussi l'on voit souvent des caboteurs, et surtout des Dônis, supporter des brises très-fraîches, quoique leurs voiles délabrées ressemblent à des lambeaux cousus séparément sur un filet. Ce système pourrait être utile aux navires de guerre et empêcher leurs voiles d'être fendues d'un côté à l'autre par la moindre déchirure ou par les trous des boulets; mais il faudrait employer des fils aussi légers que ceux de l'Inde. Les amures des Patamars sont simples : celle de la grande voile est passée dans une poulie fixée près de l'étrave; l'écoute, simple aussi, s'amarre par le travers du petit mât, et les laizes, rapprochées l'une de l'autre, forment des plis dans la partie qui avoisine cet angle. Le tout est complété par un foc disposé sur un long bout-dehors, amarré à une traverse placée vers l'avant, à laquelle s'attache aussi le câble. Celui-ci porte sur un rouleau fixé à l'étrave, semblable à celui des Arabes, et il est attaché à une petite ancre en fer ou à un grappin de fabrique européenne.

Les Patamars ne virent de bord que vent arrière, et la grande inclinaison de leurs mâts facilite beaucoup le changement des voiles. En charge, ils paraissent avoir une voilure disproportionnée, tant il leur reste peu de bois au-dessus de l'eau, et parfois, alors, ils s'exhaussent avec un empaillage semblable à celui des Dungiyahs. Ils sont peints en gros rouge, excepté quelques-uns, qui ont adopté le noir avec une bande blanche, et la carène est toujours d'un blanc verdâtre. Ils offrent un aspect singulier, lorsque, réunis en grand nombre dans les rivières ou près des quais de Bombay, leurs mâts sont tous inclinés dans le même sens, comme une forêt d'arbres penchés.

Comme ces bateaux fréquentent beaucoup de ports de marée, où ils sont obligés d'échouer, leur forme les force à se soutenir en plaçant un bloc de bois sous l'un des côtés (*pl.* 11). Leurs dimensions varient beaucoup : on en voit de près de 40 mètres de long, qui portent au delà de 200 tonneaux, tandis que d'autres, bien plus petits, n'en prennent que 60. Ces derniers, qui n'ont souvent qu'un seul mât, sont formés de planches cousues avec du fil de coco, à la manière des Dônis, dont il sera question plus tard.

Les marchands de Bombay possèdent un grand nombre de Patamars, qu'ils emploient à exporter du sel et à rapporter du riz, de l'amande de coco, de l'huile, des bois de construction, du poivre, et d'autres produits de la côte. Leur équipage est composé de dix ou douze hommes et d'un patron, de la caste des *Mopilas*, ou descendants des premiers Arabes venus dans l'Inde et des femmes du pays. Ils ont conservé la religion de Mahomet, sont généralement honnêtes, dignes de confiance, et naviguent sur toute la côte depuis Surate jusqu'au cap Comorin, qu'ils ne franchissent jamais.

MANCHÉ DE CALICUT.

Bien que d'une forme tout à fait différente, ce caboteur (*fig.* 7, 8, 9 et 10, *pl.* 10) peut souvent être confondu avec le Patamar, dont il a la voilure et à peu près l'aspect extérieur. Il fréquente toute la côte de Malabar, et ses fonds plats lui permettent d'entrer dans la plupart des rivières, pour y prendre de fortes cargaisons; il remonte jusqu'à une assez grande distance des barres, près desquelles il laisse ses mâts et ses voiles, et navigue très-bien ainsi, tant sa construction est légère. Tous les bordages sont unis par des coutures qui en percent l'épaisseur, et dont les fils, qui paraissent à l'extérieur, sont enfoncés dans des rainures pour les préserver du frottement; ces attaches embrassent, à l'intérieur, des bourrelets d'étoupe de coco qui s'opposent à l'infiltration de l'eau : de petites chevilles en bois percent les planches suivant leur épaisseur et en complètent l'assemblage. Les membres sont faibles, très-espacés; les trois pièces dont ils se composent entrent à peine l'une dans l'autre par le bout, et quelquefois même ne font que s'appuyer sans aucune liaison (*fig.* 10). Ils sont réunis aux bordages par de petits amarrages en fil de coco, et sont échancrés au-dessus de chaque couture pour ne pas en user les fils par leur contact. Un plat-bord, dans lequel sont encastrées toutes les têtes des couples, règne d'une extrémité à l'autre et lie le tout, étant fixé lui-même à l'étrave et à l'étambot; il porte plusieurs bancs, dont l'un, plus épais que les autres, sert d'appui au grand mât, sur l'arrière duquel sont les coulisses *c c'*. Le plat-bord supporte un empaillage semblable à celui déjà décrit, dont est enveloppée l'étrave, qui, ainsi que l'étambot, est la seule pièce dépassant la partie solide et fixe de la construction. Le gouvernail n'est maintenu que par des amarrages *e e e*, dans une rainure semi-circulaire, et, comme il ne dépasse jamais la quille, on peut le conserver pour passer les barres ou pour échouer. Quand les cargaisons craignent l'humidité, l'intérieur est garni de nattes et de treillages; deux de ceux-ci, placés verticalement près du grand mât, conservent un espace libre pour vider l'eau.

La mâture et la voilure, exactement pareilles à celles des Patamars, ont été mesurées avec soin; nous avons préféré les représenter sur le Manché de Calicut à les rapporter à la *fig.* 1. Ces bateaux marchent moins mal que leur forme aplatie ne porte à le croire, et ils ne nous ont point paru avoir beaucoup de dérive. Leurs équipages étant, en partie, composés de Lascars, ils sont moins bien tenus que les Patamars.

CABOTEUR SERVANT AU TRANSPORT DU BOIS DE TECK.

On rencontre sur la côte de Malabar un grand nombre de caboteurs de la longueur des Patamars, mais plus solidement construits, ayant plus de bau et des fonds plats (*pl.* 12, *fig.* 4, 5 et 6). Leur arrière est élevé sur une voûte prolongée; l'étambot est presque vertical et leur avant très-relevé. Leurs membres, épais de 0m,25 à 0m,30, sont rapprochés et soutenus par quelques planches de vaigrage et par une grosse carlingue; les baux sont rares, mais très-forts et liés au navire par des courbes. L'avant et l'arrière sont pontés, et celui-ci, très-relevé, a souvent un pont inférieur soutenu à l'avant par un bau sur lequel la drisse vient se fixer. Le mât est presque vertical, maintenu à la manière arabe contre un bau peu éloigné de la carlingue, et consolidé par des courbes; mais, afin d'apporter moins de soin dans ses amarrages, les naturels emploient, pour les serrer, le trévire *t* (*fig.* 6). Le gréement et la voilure sont à peu près semblables à ceux des Baggalas, mais plus solides, et ces caboteurs ont presque tous un foc dont le bâton, fixé sur le pont, suit sa direction oblique, et est très-relevé (*pl.* 13). Il n'a pas été possible de prendre des mesures assez exactes de la carène pour la porter en entier sur la *fig.* 4 : nous avons pu seulement constater que la quille était droite, d'une longueur au moins égale à la moitié de celle du bateau, et que sa position était horizontale.

Ces caboteurs sont spécialement destinés au transport du bois de teck (*pl.* 13). Tout le milieu, libre et très-bas, laisse de chaque côté une large coupée terminée, à l'avant et à l'arrière, par de gros montants liés avec des courbes : les murailles ont, dans cette partie, 0ᵐ.30 à 0ᵐ.32 d'épaisseur, et 0ᵐ,20 à 0ᵐ,25 aux extrémités du navire. Le plat-bord des coupées est percé de quelques trous dans lesquels sont enfoncés des piquets soutenant un empaillage, pour remplir toute la partie vide, lorsqu'on prend la mer. Ils portent de forts chargements, embarquent de très-grandes pièces de bois, marchent assez bien, et sont ordinairement armés par des Mopilas et des Lascars. Leur extérieur est enduit d'un vernis brun, ou peint en noir avec des raies de couleurs variées; l'arrière est couvert d'images de fleurs ou de peintures dans le genre de celles des maisons arabes.

MANCHE DE PANIANY.

La construction de ce caboteur (*pl.* 12, *fig.* 12 et 13), quoique grossière, ressemble beaucoup à celle des autres navires indiens. Il est rarement ponté, et la cargaison n'est couverte que de nattes; le gouvernail, sans ferrures, est tenu par des amarrages dans une rainure pratiquée dans l'étambot. Ce bateau, mâté et voilé à peu près comme le précédent, ne navigue que durant la belle saison, longeant alors la côte, et portant les produits du cocotier à Mangalor ou à Cochin : pendant la mousson de sud-ouest, il se réfugie dans la rivière de Baypour.

CABOTEUR MATÉ EN BOMBARDE.

On trouve sur la même côte quelques navires de 20 à 25 mètres de long (*pl.* 18), dont la forme semble tenir à la fois des constructions de l'Arabie et de l'Inde. L'avant est très-élancé, et l'arrière relevé avec un prolongement à jour, semblable à celui des Chébecs de la Méditerranée; ils sont bordés, membrés et pontés. Leur mâture, empruntée aux Européens, a de l'analogie avec celle des Bombardes provençales, mais elle est très-inclinée vers l'avant, et son gréement est mal tenu; les vergues et les voiles sont gréées comme les nôtres, sans autre différence que le beaupré, qui est remplacé par l'élancement de l'étrave, et porte un chouq dans lequel passe le bâton de foc. Ils ont adopté nos bossoirs, nos porte-haubans, ainsi que plusieurs autres dispositions qu'ils imitent grossièrement : tout à leur bord dénote le désordre et la négligence ordinaires aux caboteurs indiens montés par des Lascars.

BATEAU DE PÊCHE DE BOMBAY.

La vaste rade de Bombay a de nombreuses ramifications vers l'intérieur des terres; ses eaux, toujours calmes pendant la mousson de nord-est, permettant de s'y livrer tranquillement à la pêche, elle est couverte de bateaux de toutes sortes, qui servent aussi au transport des marchandises à bord des navires européens. Celui dont nous donnons le plan (*pl.* 14) est de ce nombre : ses formes se rapprochent des constructions arabes et ses membres sont doublés et à écarts croisés. Son large plat-bord, qui déborde beaucoup plus en dedans qu'en dehors, est percé de trous où s'implantent les tolets ou des supports, sur lesquels se monte, au besoin, un empaillage. Les bordages, assemblés à plat, cloués et calfatés, sont quelquefois cousus comme ceux du Manché de Calicut, mais seulement pour de très-petits bateaux. Quelques-uns ont adopté nos ferrures de gouvernail; d'autres les remplacent par des attaches, quoique souvent l'étambot n'ait pas de goujure.

Leur longueur varie de 8 à 20 mètres : les plus grands, qui ont deux mâts et deux voiles comme les Patamars, font le cabotage aux environs de Bombay, mais la plupart (*pl.* 14) n'ont qu'un seul mât. Ils sont armés par des Lascars, et le patron est ordinairement musulman.

On voit aussi à Bombay beaucoup de pirogues d'une seule pièce exhaussée par une planche clouée : elles servent au transport des Indiens, tandis que les Européens n'emploient que des canots de six à quatorze avirons, dont les formes ont trop d'analogie avec les nôtres pour qu'il soit nécessaire de les joindre à cette collection : ils ont deux voiles presque à antennes, tant leur partie antérieure est courte; leurs équipages sont composés de musulmans.

PIROGUES DE GOA.

Vers le midi, on ne trouve sur la côte occidentale de l'Inde aucun port avant Goa, dont la baie, ouverte et abandonnée, contraste tristement avec celle de Bombay. Le peu d'activité qu'elle a conservée est venu se concentrer à l'embouchure de la rivière, et l'ancienne ville portugaise, où résidaient la noblesse et le clergé, est maintenant déserte. Cette cité, qui fut maîtresse de l'Inde, n'est plus qu'une réunion de monastères et d'églises en ruines, dont le nombre et la grandeur montrent encore combien elle fut riche et florissante : quelques moines et quelques Indiens errent seuls dans des rues dont les traces sont presque effacées par la végétation. L'arsenal est vide, mais les édifices qu'il renferme prouvent que le peuple qui les éleva croyait dominer plus longtemps. L'ensemble de Goa est triste; à peine voit-on quelques petits bateaux se détacher pour communiquer avec les villages situés dans la plaine fertile, mais presque inculte, qu'arrosent les branches de la rivière.

La construction de ces pirogues est remarquable ; car, d'après l'ordre que nous suivons, ce sont les premières où nous rencontrons le balancier : mais il y est encore si grossier, que nous renvoyons à un autre pays pour en détailler la disposition et les avantages; toutefois nous conviendrons d'appeler *leviers* les pièces latérales et perpendiculaires, et *balancier* la pièce horizontale et parallèle qu'ils unissent au corps.

Les pirogues de Goa (*pl.* 15, *fig.* 1, 2, 3 et 4) sont formées d'un seul morceau de bois presque rond, étroit vers le haut, qui supporte de larges fargues très-obliques, réunies à leurs extrémités par des montants massifs, et jointes au corps par des amarrages comprimant, des deux côtés, des bourrelets d'étoupe de coco. Les leviers, joints au corps par des attaches avec des trévires *t t*, sont courbes pour moins toucher l'eau, et liés de la même manière au balancier, qu'on met également du côté d'où vient le vent ou du bord opposé ; cela diffère essentiellement de ce que nous verrons plus loin, et fait perdre à cette pièce extérieure une partie de ses avantages. Ces pirogues, qui n'ont rien de régulier, sont souvent très-petites (*fig.* 5 et 6); leur longueur varie de 5 à 14 mètres : elles n'ont point de voiles uniformes et ne sont employées dans la baie que pendant la mousson de nord-est, la mer étant alors aussi tranquille qu'elle se montre agitée dans la saison opposée.

La même baie renferme aussi des pirogues sans balancier (*fig.* 7, 8, 9) servant de bateaux de passage et marchant bien à l'aviron. Le corps des plus grandes est formé de pièces courbes, coupées dans du bois plein, réunies entre elles par de petits amarrages plats, cachés en partie dans des rainures, et qui ne pressent des bourrelets d'étoupe que dans l'intérieur. Les pièces latérales sont unies de la même manière à l'étrave et à l'étambot, très-gros à leur base; elles se lient aussi à la pièce du fond, qui est plate, et non pas saillante comme une quille : le tout est renforcé par des parties *r r* plus épaisses de 0^m,022, conservées dans le bois et recouvertes de nattes pour servir de sièges aux passagers. Le plat-bord est percé de tolets sur la coche desquels porte l'aviron, et qui ont quelquefois une boule de 0^m,12 de diamètre qui les exhausse; et l'aviron en porte une semblable, qui le retient par son estrope. Les voiles varient de forme et de dimension; souvent elles ressemblent à celles de nos canots, et sont faites de coton rayé de diverses couleurs. Ces embarcations sont armées par des Lascars, qui rament à la manière espagnole en se dressant sur le banc précédent et se laissant ensuite retomber de tout leur poids; c'est le seul point où cette manière de nager soit adoptée, les Arabes et les Mopilas se servant, comme nous, de l'aviron.

PIROGUE DE MAHÉ.

Cette petite pirogue (*pl.* 16, *fig.* 1, a, 3), d'une seule pièce creusée avec des renforts intérieurs *r r*, est surmontée d'une fargue percée par les estropes des avirons. Sa pagaie (1) est d'une forme singulière (*fig.* 4) et d'un emploi fatigant, sans cependant produire plus d'impulsion.

BATEAU DE CALICUT.

Quoique la côte de Mahé soit fertile et très-peuplée, la navigation n'y a aucune activité, et ce n'est que plus au midi, vers Calicut, que l'on trouve de nombreux caboteurs : ils se servent, pour prendre leurs cargaisons, d'un bateau plat (*pl.* 16, *fig.* 5, 6 et 7), formé de trois planches grossièrement cousues; les deux latérales sont jointes entre elles à l'une des extrémités, et, à l'autre, s'unissent à l'étrave. Ces bateaux n'ont point de bancs, se poussent à la gaule et marchent toujours sans voile.

Dans la rivière qui débouche près de Calicut, on voit de longues pirogues d'une seule pièce (*pl.* 16, *fig.* 11, 12 et 13), dont les extrémités sont élancées, mais plates en dessous, ainsi que le milieu; elles sont couvertes d'un toit de nattes posées sur des supports courbes qui reposent sur le corps sans lui être liés, et le tout n'est maintenu que par une corde, qui va d'un côté à l'autre, en passant dans des œillets fixés à la pirogue et pressant des lattes *ll*. Un homme donne l'impulsion avec une gaule en se tenant sur une planche supérieure *p p*, dont la longueur permet de marcher longtemps et d'acquérir beaucoup de vitesse, et un autre, assis derrière, gouverne avec une pagaie. Ces pirogues portent de fortes charges, tirent très-peu d'eau, vont vite et sont propres à remonter les rivières, dont elles peuvent parcourir les moindres branches.

PAMBAN-MANCHE OU BATEAU-SERPENT.

Cochin, principal port de la côte de Malabar après Bombay, doit son importance à la grande quantité de bois de construction que fournissent les montagnes voisines, et à sa rivière qui est la plus considérable de cette partie de l'Inde. Aussi tout ce qui regarde la marine y a pris un grand développement, et l'on y voit rassemblés des bâtiments européens, arabes et indiens, dont les formes sont cependant si différentes. On y construit avec soin et solidité des navires de 800 à 1,000 tonneaux, dont la durée doit être très-longue, car ils sont entièrement faits de bois de teck. Les chantiers, appartenant en général à des Parsis, sont dirigés par des Anglais et des descendants des Portugais; les ouvriers sont Indiens, et n'ont qu'un modique salaire de 40 centimes par jour, mais leur travail est lent; ils emploient rarement la hache et finissent leur ouvrage à l'aide de ciseaux à large tranchant, sur lesquels ils frappent avec des mailloches courtes semblables à celles des sculpteurs.

Cochin fabrique aussi, avec de la bourre de coco, un cordage nommé, par les Français, *bastin* : il est dur et se détord facilement, mais il est fort et très-durable; les Européens en font usage, en donnant néanmoins la préférence à un autre appelé *abaca*, formé des fibres d'une espèce de bananier, qui est soyeux, plus souple, aussi fort et aussi léger que le bastin. Quelques navires marchands en sont entièrement gréés : quoiqu'il paraisse très-élastique, les capitaines nous ont assuré qu'il valait presque le cordage d'Europe, même pour les manœuvres dormantes, qu'il durait plus longtemps et résistait mieux au soleil. Depuis quelques années sa fabrication a pris un grand essor et on en expédie beaucoup pour l'Europe, bien que sa confection laisse encore à désirer. Les Arabes viennent s'en approvisionner à Cochin, où ils prennent également ces petites pirogues, creusées dans les forêts, qui descendent la rivière et servent dans toute l'Inde.

(1) On écrit aussi *pagaye* ou *pagaie*.

Les plus remarquables sont celles qu'on nomme Pamban-manché ou Bateau-serpent : aussi élégantes que légères, ce sont certainement les meilleures pour aller en eau tranquille, et les mieux assorties à la navigation de la rivière, et des grands lacs qui s'étendent le long de la côte jusqu'à environ 80 milles au sud et 60 au nord; elles sont mues par la pagaie et acquièrent une vitesse qui va jusqu'à 1 mille en cinq minutes. M. Edye rapporte avoir fait dans l'une d'elles, et avec les mêmes hommes, 48 milles en six heures; leur légèreté permet de passer sur les bancs, et, quand il n'y a pas assez d'eau, l'équipage marche en dehors, en traînant ou même en portant à bras la pirogue et le passager. Elles servent aux gens riches du pays et aux Européens pour voyager dans l'intérieur; et dans ces contrées, où le travail de l'homme est à vil prix, il n'est pas de moyen plus commode et plus prompt pour parcourir de grandes distances.

L'une d'elles (*pl.* 17, *fig.* 1 et 2), appartenant au sultan de Travancore, a 20 mètres de long et seulement 0^m,94 de large; le rapport de ces dimensions est comme 1 à 21, et c'est le plus fort qui existe : la profondeur n'est guère que le cinquantième de la longueur; les extrémités sont très-aiguës avec des côtés verticaux et presque droits, tandis que le milieu est tout à fait plat. Elle est construite en pièces rapportées sans ordre et réunies par des boulons de fer (*fig.* 9); les bancs qui joignent les côtés portent chacun deux rameurs, excepté ceux des extrémités qui n'en ont qu'un. Le résident anglais fit venir cette pirogue devant son habitation; elle était montée par trente-cinq hommes (*pl.* 18), dont six ou huit étaient placés dans la partie occupée ordinairement par la cabane; dès qu'ils agirent, la pirogue vola sur l'eau en se tordant comme un serpent. La manière de pagayer est très-fatigante : les hommes ont le corps incliné en avant, l'une des mains, élevée et presque immobile, tient la poignée, l'autre est près de la pelle; et, lorsqu'ils veulent imprimer une grande vitesse, ils donnent des coups secs et répétés, en n'enfonçant que les deux tiers de la pagaie; mais, ordinairement, ils suivent un mouvement plus lent, qui leur permet de travailler longtemps. Leur pagaie (*fig.* 3, *pl.* 17) est une des meilleures que l'on trouve dans ces mers : l'un des côtés est plat, et l'autre a une nervure peu sensible, qui, présentée à l'eau, la dirige dans son mouvement et empêche les oscillations latérales qui auraient lieu en se servant du côté opposé.

Les Bateaux-serpents ont des dimensions variables, comme le montrent les diverses figures de la *pl.* 17; ils ont le maximum de largeur au milieu, les extrémités, souvent semblables, taillées en coin et les fonds plats, sans que le passage de l'une de ces formes à l'autre produise une rentrée aussi forte que dans nos canots; quelques-uns sont sculptés avec soin, et leur bois, fréquemment huilé, devient sombre et acquiert une longue durée. Le plat-bord, saillant, est uni au corps par des boulons rivés (*fig.* 8 et 12); les différentes parties qui forment le corps sont jointes en écarts doubles (*fig.* 9) par des boulons *f k*, rivés à l'intérieur sur une plaque de métal, ou tenus par une clavette cachée dans une goujure et quelquefois recouverte de mastic; des renforts *r r*, de 0^m,025 d'épaisseur au fond et 0^m,005 sur les côtés, sont conservés dans le bois. Les bancs ont, à leurs extrémités, des renflements percés d'un boulon qui les unit au corps (*fig.* 12), ou portent sur une partie saillante *e* (*fig.* 8). La cabane, couverte en rotin tressé, souvent décorée avec luxe, est basse, avec des fenêtres sur les côtés, et peut être enlevée facilement; elle est peinte ou seulement frottée d'huile de coco, et ne contient que deux ou trois passagers. Ces pirogues gracieuses ont leurs extrémités ornées de volutes ou de sculptures; elles emploient l'aviron, mais c'est à la pagaie qu'elles acquièrent le plus de vitesse.

BANDAR-MANCHÉ.

Les grands navires ne pouvant entrer dans la rivière de Cochin, il en résulte un batelage continuel pour lequel on emploie des pirogues nommées Bandar-manché (*pl.* 16, *fig.* 8, 9 et 10), qui peuvent porter jusqu'à 18 tonneaux, et qui ont de 6 à 15 mètres de longueur : leur épaisseur est de 0^m,10 ou 0^m,12 dans le fond, mais seulement de 0^m,03 à la partie supérieure; les extrémités sont très-épaisses, et tout l'intérieur est fortifié par des renflements *r r*. Quelques-unes, d'une seule pièce, proviennent des plus beaux arbres que produisent les forêts du Travancore; elles sont très-solides, marchent aussi vite que les canots européens, malgré leurs formes arrondies, et durent plus longtemps. Leur légèreté permettant d'y placer de fortes charges, elles rendent de très-grands services : presque toutes sont exhaussées par une fargue cousue, et souvent une étrave et un étambot y sont joints de la même manière; lorsque, par accident, elles sont défoncées, on recoud la fente ou l'on y met une plaque de bois. On trouve à Cochin beaucoup de modifications de ces pirogues; nous avons cru inutile de les représenter, tant il y a peu de régularité dans leurs formes et dans leur voilure; elles emploient indifféremment l'aviron ou la pagaie. Il serait peut-être utile aux navires européens, pendant leur séjour dans l'Inde, d'avoir de ces canots dont le prix n'excède pas 500 fr., qui résistent aux chocs et aux rayons du soleil sans exiger de réparations, et qui, pouvant être armés avec des Indiens, empêcheraient les matelots d'être exposés à la chaleur pernicieuse de ces climats.

JANGAR.

Sur les lacs, on réunit deux Bandar-manchés au moyen d'une plate-forme sur laquelle on peut transporter de fortes charges, du bétail et des voitures; leurs formes et leurs dispositions se modifient suivant les besoins, et, comme tout est en bambou attaché avec du rotin, ces changements sont aussi prompts que faciles. On nomme Jangars les bateaux ainsi disposés.

MANCHÉ DE MANGALOR.

Le plan de cette embarcation est tiré des dessins de M. Edye, qui la décrit ainsi : « C'est un bateau plat (pl. 20, fig. 1, 2 et 3) de 7m,60 à 10m,60 de long sur 1m,80 à 2m,13 de large, et 1m,25 à 1m,52 de creux. Il est construit pour l'embouchure de la rivière de Mangalor, où il sert à décharger les Patamars; ses planches sont cousues comme celles des Chelingues (page 36). Il marche à la gaule, avec de longs bambous, la barre n'ayant que 1m,60 à 3 mètres de profondeur. Pendant la mousson de sud-ouest, on le tire à terre, la rivière cessant d'être praticable à cause des torrents qui s'y jettent et de la houle qui brise à l'embouchure. »

CABOTEUR DES MALDIVES.

Placé près de l'Inde, le groupe des îles Maldives, où les Portugais séjournèrent quelque temps, a dû son indépendance aux dangers des bancs de corail dont il est entouré, et au peu de valeur de ses productions. On n'y voit que de très-petites îles, basses et formées seulement de madrépores, qui, à force de se reproduire et d'entasser leurs débris, parviennent jusqu'à la surface de la mer, où, brisés par ses chocs continuels, ils forment des bancs découverts. Le fruit du cocotier, qui flotte et se conserve longtemps sur l'eau, est apporté sur ces plages, où il prend seul racine ainsi que le vacoa; leurs feuilles mortes finissent par former un peu de terre végétale, d'où les plantes tirent leur nourriture par l'humidité qu'elles trouvent dans la première couche de sable, à travers laquelle l'eau de la mer est filtrée. Aussi, lorsque ces îles sont anciennes, leur fertilité est remarquable; elles paraissent de loin comme de longs radeaux de verdure, et, à chaque balancement du navire, on dirait qu'elles se meuvent en suivant les ondulations des lames. Elles sont presque toujours circulaires et conservent au milieu un lac salé qui communique avec la mer : cette figure en couronne vient de ce que les vagues ne forment de sable que sur les bords du banc, au delà desquels leur action ne saurait s'étendre. Le côté d'où vient toujours le vent, étant soumis à un effet plus énergique, est plus large, et souvent même le cercle, n'ayant pu être terminé sous le vent, n'est qu'un croissant. Le nombre de ces îles est infini; beaucoup d'entre elles ne sont que de petits plateaux sur lesquels il n'existe encore qu'un seul cocotier, croissant près du récif. Cet arbre est l'unique ressource des habitants; il les désaltère de son lait, les nourrit de son amande ou de son fruit germé, fournit de l'huile, du vin de palme, du toddi, du cordage avec son écorce, et des nattes avec ses feuilles : non-

7

seulement il suffit à leurs besoins, mais il leur donne, en outre, les moyens d'établir un trafic que son peu d'importance a fait abandonner par les Européens.

Les habitants des îles Maldives sont musulmans, vivent isolés et tranquilles, et font eux-mêmes leur commerce; quoique l'Inde leur fournisse des bois de construction, ils sont quelquefois réduits à employer, pour certaines parties de leurs navires, la tige grêle du cocotier, dont l'extérieur seul a quelque dureté. Leurs bâtiments ressemblent à ceux des Arabes; la membrure en est grossière, le pont porte une longue cabane de planches, couverte en chaume, sur l'arrière du grand mât: celui-ci est à peu près au milieu du navire, et tenu par des haubans de Chasse-marée capelés aux deux tiers de sa hauteur; la grande voile est rectangulaire, plus haute que large, faite de nattes bien tressées, renforcées par des bandes horizontales unies aux ralingues, et n'a point de ris, non plus que le hunier; sa drisse à itague se fixe au pied du mât de l'arrière. Sur l'avant est une petite voile carrée imitée peut-être de l'ancien hunier de beaupré de nos vaisseaux, portée par un arc-boutant volant très-incliné, dont la tête est soutenue par plusieurs cordes : l'une vient du haut du mât, l'autre part d'un point de la ralingue où s'appuie une espèce de gaule remplaçant la bouline, et une troisième s'amarre au navire du côté du vent; l'amure est poussée par un bambou qui la maintient presque au ras de l'eau. Pour virer de bord, cet appareil doit être démonté; seulement, nous n'avons pu savoir si cette évolution se faisait vent devant : s'il en est ainsi, c'est une particularité dans les mers de l'Inde. Sur l'arrière est un petit mât avec une brigantine, et, quand il fait beau, nous avons vu hisser sous la grande vergue une longue voile en toile. Ces caboteurs ont environ 10 mètres de long, et ne voyagent qu'avec la mousson; dans les mois de juin et juillet, ils arrivent par flottilles de vingt ou trente, mouillent à Baïazore, et de là se répandent dans le golfe du Bengale, où ils apportent de l'huile, de belles nattes rouges, et un cordage de coco dont la qualité est estimée; d'autres transportent à Sumatra une espèce de thon qui, coupé en morceaux et séché au soleil, se durcit et est très-recherché sur ces côtes.

COTE DE COROMANDEL ET CEYLAN.

Les constructions que nous venons de décrire ne sont employées que jusqu'au cap Comorin, et semblent devoir une partie de leurs bonnes qualités aux Arabes plutôt qu'aux indigènes. A cette pointe méridionale de l'Inde, tout change, même l'aspect du pays, qui, au lieu de montagnes fertiles et boisées, n'offre plus à la vue qu'une longue plage monotone surmontée d'une couche toujours égale de verdure, que dominent çà et là les pyramides des pagodes indiennes. La côte, constamment battue par la houle, est d'une approche dangereuse, excepté près de Ceylan; mais, vers le nord, la direction des terres les expose davantage, et la mer y brise avec une force qui rend impossible toute communication. C'est pourtant alors la saison favorable; car, pendant la mousson de nord-est, qui dure depuis octobre jusqu'à la mi-avril, la côte de Coromandel est impraticable et n'offre pas un point de refuge : la mer, poussée par des vents violents, vient s'y dérouler en longues lames d'écume, sans aucune interruption, depuis le Bengale jusqu'à Ceylan.

Ces obstacles ont empêché les progrès de la navigation, dont on ne peut apprécier l'état actuel qu'en examinant avec détail ces navires, mal construits, délabrés, dans lesquels rien ne semble avoir été prévu. Une autre cause s'est jointe à ces difficultés naturelles, et peut-être son influence a-t-elle été plus grande encore : c'est la religion, qui diffère de celle de la côte de Malabar, où l'islamisme permet aux classes aisées de s'adonner à la navigation, tandis que dans la partie orientale de l'Inde le culte de Brahma, qui régit tout par des rites aussi variés qu'étranges, défend à ses sectateurs de s'exposer sur la mer. Il divise la population en castes séparées que rien ne peut mêler, qui se reproduisent elles-mêmes et restent toujours ce qu'elles furent; il fixe, d'une manière invariable, le rang de chacun; prévoyant tout, il entre dans les moindres détails de la vie domestique, règle la nourriture, le costume, la profession, sans jamais permettre de franchir les bornes qu'il a posées. Ainsi chaque métier est en quelque sorte une caste religieuse et se transmet de père en fils depuis des siècles, sans le moindre changement. Cette religion a su cependant faire élever de vastes édifices, dresser des pierres dont la grandeur rappelle les travaux égyptiens, et donner des preuves de génie par l'élégance de monuments dont l'aspect fait presque douter qu'ils soient l'œuvre de la race d'hommes qu'on a sous les yeux. Il en est de même pour les étoffes, dont plusieurs n'ont pu être imitées, et dans la fabrication desquelles il existe pourtant une simplicité de moyens telle, qu'elle a peut-être contribué à exclure tout perfectionnement. Cette observation se renouvelle pour l'irrigation si nécessaire au riz, pour le passage des rivières sur des radeaux soutenus par de faibles pots de terre, et généralement pour toutes les industries.

On est étonné qu'un partage aussi inégal des rangs puisse se maintenir, et cependant il a produit l'édifice social le plus solide et le plus durable que l'on connaisse; il a fait un peuple lié à son sol, invariable dans ses usages et conservant ses moindres rites, quoique toujours dominé. Les musulmans et les Européens n'ont pu altérer cet ordre; ils venaient prêcher des dogmes d'égalité impossibles à faire admettre chez des classes distinctes, dont les dernières seules n'auraient pas dérogé en adoptant une religion qui, nivelant tout, mettait les plus élevées au même rang que celles qu'elles avaient toujours méprisées et dont le contact même était une souillure. Un pareil état de choses devait nécessairement produire une réaction générale; nos contrées ont aussi subi cette influence tant qu'elles ont été soumises au régime féodal, et l'essor qu'a pris notre industrie depuis que la lice est ouverte à tous prouve combien le système de gouvernement influe sur les arts et fait comprendre l'état de l'Inde.

La navigation a ressenti cette influence, en ce que, loin d'être dévolue à des castes élevées, comme la poterie, la tisseranderie ou la culture, elle est tombée aux derniers degrés de la longue échelle sociale de l'Inde. Les seuls marins sont les parias, rebuts de la population et objets du mépris général; ils vivent dans l'ignorance et dans une misère qui serait affreuse sous un autre climat : la plupart n'ont point d'habitation fixe, ni rien au monde qui leur appartienne; ils sont presque nus, se montrent rarement dans les villes, et se groupent à l'écart au milieu des dunes de sable, où ils élèvent des huttes de feuilles de cocotier dans lesquelles ils vivent pêle-mêle. Ce sont les seuls pêcheurs du pays; ils passent des journées entières sur leurs radeaux et se nourrissent de poisson, ce qui ajoute encore au mépris qu'ils inspirent; car les Indiens regardent comme abjects ceux qui mangent ce qui a eu vie.

Ils sont employés sous le nom de Lascars par les Européens, plutôt à cause du peu qu'ils coûtent que des services qu'ils rendent, et deviennent assez bons matelots pour la navigation des mers tropicales, mais on ne pourrait compter sur eux dans les moments périlleux. Ils montent tous les caboteurs de la côte, mais ils les dirigent rarement, étant presque toujours soumis à des musulmans, car ils semblent voués à une obéissance perpétuelle.

Leurs navires sont faibles, mal construits et perdus dès qu'ils cessent d'apercevoir la terre, car ils tombent dans une zone où le vent de sud-ouest, déjà violent, les emporte au large; mais, lorsqu'ils parviennent à échapper à ces dangers, ils atteignent la côte opposée du golfe du Bengale. On les voit naviguer en flottilles auxquelles la variété des voilures donne un aspect singulier, et, tous les soirs, mouiller en désordre où ils se trouvent; ils s'aventurent rarement à l'est de Ceylan, car ils ne pourraient rallier l'Inde; ils préfèrent suivre la côte de Coromandel en parcourant les canaux tortueux et peu profonds par lesquels on franchit la digue naturelle connue sous le nom de Pont d'Adam, qui intercepte pour les grands navires le fond du golfe de Manar. Ce sont eux qui font le cabotage de Ceylan et de la partie orientale de l'Inde, pendant la mousson de sud-ouest; mais, dès que celle du nord-est approche, ils se déchargent pour franchir les barres, et se réfugient dans les rivières, où ils passent la moitié de l'année dans l'inaction. Plusieurs d'entre eux appartiennent autant à l'île de Ceylan qu'à l'Inde; nous en parlerons d'abord et nous décrirons ensuite ce que chaque point de la côte de Coromandel offre d'intéressant.

BOATILA.

Cette marche nous conduit au Boatila, sur lequel M. Edye donne les détails suivants :

« Le Boatila-manché de l'île de Ceylan (*pl.* 20, *fig.* 4, 5 et 6) navigue dans le golfe de Manar et sur la partie méridionale de la presqu'île de l'Inde : ce bâtiment a 15 à 18 mètres de long, 4^m,80 de large et 2^m,40 de creux; ses formes sont plus européennes que celles d'aucun autre navire indien : l'arrière indique une origine portugaise et ressemble à celui de beaucoup de bateaux encore en usage chez ce peuple. Le Boatila est pareil, dit-on, aux vaisseaux sur lesquels Vasco de Gama fit voile pour l'Inde.

« Il est ponté devant et derrière, construit d'une manière très-grossière avec de mauvais bois, et lié par des clous et des chevilles; il a un mât incliné vers l'avant et porte une voile carrée; il a aussi un petit beaupré relevé à près de 45° avec une espèce de foc. Une paire de haubans et un galhauban composent tout son gréement : il exporte du riz et du tabac, et importe des étoffes, qui sont l'un des principaux revenus de l'île de Ceylan dans le district de Jaffnapatnam. »

DONI.

Les Dônis sont les caboteurs les plus usités sur les côtes de Coromandel et de Ceylan; leurs dimensions et leurs formes varient suivant les endroits où ils sont construits. Quelques-uns sont membrés, bordés et cloués; d'autres sont seulement cousus; plusieurs sont pontés ou n'ont que des toits courbes : à Ceylan, ils emploient le balancier, dont l'usage n'est pas répandu sur la côte ferme.

Ce n'est qu'en examinant les Dônis qu'il est possible de se faire une idée du désordre qui règne dans leur construction : les membres sont inégaux et souvent très-gros; les parties dont ils se composent ne sont quelquefois pas en contact, et c'est alors le bordage qui les réunit; il est un peu moins négligé que le reste, car il faut absolument qu'il empêche l'eau d'entrer, mais il n'a rien d'uniforme; les coutures, quelquefois de plus d'un centimètre de large, sont bourrées avec de la filasse de coco. Lorsque les navires sont neufs, leurs imperfections sont moins sensibles; mais ensuite, on les répare avec si peu d'ordre, que l'on ne sait comment le tout peut rester lié, et cependant ils durent, dit-on, près d'un siècle.

Leur quille (*fig.* 7, 8 et 9, *pl.* 20) n'est qu'un bordage plus épais que les autres, très-large au milieu, mais rétréci aux deux bouts, sur lesquels reposent l'étrave et l'étambot, qui ont des râblures. Les extrémités du navire sont symétriques et renflées; le maître-bau varie entre le tiers et le quart de la longueur. Les fonds sont très-plats et le tirant d'eau n'est que de 1^m,25 quand le bâtiment est lége, de 2^m,70 lorsqu'il est chargé, et c'est sans doute à cela qu'il faut attribuer leur manque de stabilité. Nous en vîmes un entrant à Trinquemale avec une brise très-fraîche, qui cherchait à se maintenir en plaçant en travers sur le toit sa petite pirogue, qui, poussée en dehors du côté du vent, portait à son extrémité tout son équipage pour contre-balancer l'effort de la voile : la nécessité de recourir à un pareil moyen montre assez combien ces bateaux naviguent mal. Ils traversent le golfe de Manar, et font le cabotage de l'île de Ceylan et de la côte de Coromandel jusqu'à Madras.

Les Dônis ont deux mâts, dont le plus élevé, placé au milieu, entre dans un étambrai où est lié à un montant qui repose sur la carlingue et dépasse le pont d'un mètre ou deux. Les mâts sont tenus par des haubans ordinaires et par d'autres de Chasse-marée, distribués en avant et en arrière, et souvent remplacés en partie par un étai. La drisse de la vergue a deux itagues passées dans des mâchoires clouées sur le mât, et situées au-dessus du capelage. Sa poulie inférieure est toujours fixée au pied du petit mât; celui-ci, placé à moitié distance du grand à l'arrière, est mal tenu, a souvent des barres comme celles de nos perroquets, et porte une voile semblable à la plus grande, triangulaire, ou comme nos brigantines. Il arrive quelquefois à ces bateaux d'avoir un troisième petit mât sur l'arrière, avec une voile à corne ou à livarde. La grande voile est souvent rectangulaire, et sa drisse n'est pas toujours attachée au milieu de la vergue; elle a aussi la forme d'un long trapèze (*pl.* 22). Les tissus les plus usités sont en coton, et, dans les coutures de chaque laize, on renferme des fils qui se réunissent et forment une espèce de filet (*fig.* 4, *pl.* 26) servant de ralingue de fond. On établit parfois un hunier, et trois ou quatre focs sur le beaupré, mais aussi mal disposés que le reste, et le crayon ne peut rendre le désordre de cette mâture et de ces voiles déchirées. La *pl.* 22, qui représente ces caboteurs au mouillage et à la voile, figure assez exactement leur gréement pour rendre complète la *pl.* 20, qui n'en donne que le corps.

A Colombo, dans l'île de Ceylan, on rencontre des Dònis non pontés de 16 à 18 mètres de long sur 4 de large et 2^m,30 de creux, ayant une petite plate-forme à chaque extrémité, aussi mal construits que les autres, et dont la membrure ne monte que jusqu'à l'avant-dernière virure de bordage. Leur mât n'est soutenu que par un bau saillant fixé par de petites chevilles placées en dehors et en dedans : en général, il y a beaucoup de variété dans la construction des Dònis, et on en rencontre même dont l'arrière est carré.

DONI A BALANCIER.

Ceylan est le seul pays où le balancier simple soit appliqué à des bateaux d'une forte dimension; encore, d'après les renseignements que nous avons pu nous procurer, sert-il moins, dans ce cas, à augmenter la stabilité des Dònis qu'à s'opposer à de trop grands mouvements de roulis qui feraient embarquer l'eau à cause du peu d'élévation des côtés. Mais, comme ces navires ont un gouvernail fixe et que leurs extrémités ne sont pas semblables, il s'ensuit que le balancier ne joue pas alors son véritable rôle, puisqu'il se trouve placé tantôt au vent, tantôt sous le vent, et qu'il faut, par la disposition de la voilure, compenser ses effets contraires. Il est toujours à gauche; nous n'avons pu connaître la raison de cette préférence, d'où il résulte que, bâbord amures, les focs doivent toujours être établis, et que, lorsque le balancier est sous le vent, ils doivent être serrés.

Le Dòni représenté *pl.* 21 a été mesuré à Colombo : sa quille *c c*, très-plate, n'a pas le double de l'épaisseur des bordages et n'en diffère en rien; à sa partie antérieure, elle forme un crochet assez saillant *e*, au point où elle s'unit à l'étrave : celle-ci a, en section, la forme d'un trapèze de 0^m,04 à l'avant et de 0^m,37 à l'intérieur, quelquefois creusé; elle s'applique alors sur les bordages des côtés contraires, unis et entre-croisés dans la cavité, auxquels elle est jointe par ses côtés, mais, le plus souvent, elle a des râblures dans lesquelles les bordages sont cousus. Il en est de même de l'étambot, dont la largeur est augmentée par une planche de 0^m,08 d'épaisseur, percée par les tiges des aiguillots, seules pièces en fer de ces navires, que, contrairement à nous, les Indiens ne placent jamais sur le gouvernail.

Les bordages sont réunis par une couture (*fig.* 7) très-bien faite, d'un emploi si fréquent qu'elle mérite quelques détails : les côtés en contact de chaque planche sont percés de trous correspondants, dans lesquels s'enfoncent des chevilles de bois à pointes perdues, communes aux deux bordages et placées à environ 0^m,20 de distance. Cette première réunion ne produisant aucune adhérence, on traverse les bordages par des trous situés à 0^m,10 les uns des autres, dans lesquels on passe des amarrages en petite tresse, qui les rapprochent et pressent un bourrelet extérieur d'étoupe de coco, dont l'écorce polie reste en dehors. Ces premiers amarrages sont renforcés par d'autres passés en diagonale et comprimant aussi l'étoupe; ils lient en même temps les planches aux couples, qu'ils embrassent en se doublant en croix, ainsi qu'on le voit *fig.* 3, et dans la partie de la *fig.* 2, opposée au balancier, représentant l'intérieur du Dòni. Ces coutures empêchent très-bien l'infiltration de l'eau, sont solides, élastiques et durables; quoiqu'elles exigent beaucoup de soin, elles sont généralement bien exécutées, et, si la vétusté agrandit les trous, on les bouche avec une cheville quand l'amarrage est fini. Les membres sont simples, bien équarris, mais, au lieu d'en doubler quelques parties pour les unir, leurs bouts sont présentés l'un devant l'autre sans aucune jonction : près du grand mât ils sont plus forts, plus serrés, et ceux qui supportent les leviers ont un renflement g (*fig.* 3 et 6) formant une mâchoire dans laquelle repose le levier *l*; les deux pièces sont jointes par des attaches prenant sous une cheville g, dont le couple est percé. Les baux, ne servant qu'à lier les côtés du bateau, ne portent jamais de pont ; ils traversent le bordage et reposent sur une petite serre-bauquière placée à 0ᵐ,25 au-dessous du plat-bord et adaptée aux couples par des chevilles et des liures.

Le toit est très-courbe, supporté au milieu par des planches qui vont d'un bout à l'autre, et que soutiennent des épontilles implantées dans les baux. En dedans du bordage, il y a de chaque côté une autre planche oblique (*fig.* 3) tenue par des piquets verticaux qui la percent et s'attachent aux couples; elle porte des traverses rondes et courbes, placées dans le sens perpendiculaire à la longueur; celles-ci supportent des lattes longitudinales, sur lesquelles sont posées des nattes solides et très-serrées, surmontées d'autres lattes correspondantes auxquelles elles sont jointes par des amarrages qui traversent le toit et forment des lignes d'attaches transversales. Le tout est assez solide pour que l'on puisse marcher sur cette toiture (*fig.* 1, 2 et 3), élevée au milieu et ne couvrant pas les extrémités, qui pourtant ne sont pas pontées; ce n'est qu'à l'arrière qu'il y a des planches pour porter l'homme qui gouverne. Les Indiens ont recours à des dispositions accidentelles pour préserver leur cargaison; ils étendent des nattes dessus, et, si elle craint l'humidité, ils forment, avec un treillage recouvert de nattes de latanier ou de vacoa, une espèce de vaigrage entre lequel et la membrure l'eau qui tombe du toit peut s'écouler.

Les leviers *l l* sont très-forts, et leur partie solide se perd dans un faisceau de petites branches étroitement liées entre elles, dont l'élasticité permet aux leviers de céder un peu lorsque les mouvements du balancier *bb* ne sont point d'accord avec ceux du navire; le bout en est maintenu dans le sens horizontal par des cordes attachées aux extrémités du bateau.

Un barrot particulier, très-solide, sur les parties extérieures duquel se placent des ancres, tient le mât, qui, au lieu de descendre au fond, est entièrement au-dessus du toit, et pris entre les deux côtés d'une forte pièce fendue *v v*, reposant sur une petite carlingue (*fig.* 3 et 4); il est ainsi embrassé et peut, au besoin, s'abattre comme ceux de nos anciens coches de rivière, en tournant sur l'une des chevilles dont il est percé : des amarrages en rotin, serrés par des coins, le maintiennent lorsqu'il est dressé. Le grand mât ne s'abat que sur l'arrière, sans doute parce que l'opération de mâter est ainsi facilitée par la position du petit; celui-ci repose sur une planche c, placée en travers sur les lattes du toit, et, comme il n'entre pas dans le navire, il n'est, par le fait, retenu que par quatre ou six haubans, dont la *fig.* 1 donne les positions : le grand mât en a le même nombre, dont deux de Chasse-marée, qui s'attachent sur les leviers et agissent sous de très-grands angles. Les sommets des mâts sont liés par deux grosses cordes, et les drisses des vergues les tirent en arrière. celle de la grande voile venant se fixer au pied du petit mât. Les voiles carrées (*fig.* 1), qui sont les plus usitées par les Dônis à balancier, n'ont ni ris ni cargues; leur forme se rapproche cependant quelquefois d'un long trapèze, comme celles des Arabes.

Le beaupré, attaché à la traverse de l'avant, porte plusieurs focs disposés sans ordre, et quelquefois un bout-dehors avec une martingale. Les bossoirs, fixés de la même manière, soutiennent des ancres de bois dont l'usage est général sur la côte de Coromandel; deux bras sont joints à leur verge par des chevilles et des liures : le jas, toujours plus long que la distance qui sépare les extrémités des bras, est placé au milieu de la verge et fait de plusieurs tiges de bois rond, entre lesquelles se trouvent des pierres maintenues par les attaches entourant ce faisceau. La verge est percée par un câble dur et difficile à manier, en bourre de coco grossièrement filée : la faiblesse de ces moyens d'amarrage obligeant à les multiplier, les Dônis ont ordinairement quatre ou cinq ancres.

La construction légère de ces bateaux, pour lesquels le fer n'est point employé, les met à même de prendre d'assez fortes cargaisons : ils portent des objets d'une répartition facile et égale, tels que des grains ; mais, leur peu de solidité leur rendant impossible l'embarquement de choses lourdes, les bois de construction sont transportés par les Dônis membrés et cloués. Les coutures de ceux dont il est question sont si flexibles, que nous en vîmes un tremblant et craquant au mouvement d'un seul homme, et dans lequel nous sentions même sous les pieds le clapotis d'une rade tranquille ; ils font néanmoins peu d'eau et sont assez solides.

Les Dônis sont généralement montés par des Lascars, qui y vivent sur des nattes et des claies, vraies chausse-trapes sur lesquelles eux seuls peuvent marcher et qu'ils placent suivant la nature de la cargaison ; ils font cuire le riz dont ils se nourrissent dans une auge de bois pleine de sable. Ils emploient, dit-on, un moyen assez singulier pour connaître la direction et la force du courant, qui, près de Ceylan, est quelquefois de 60 milles en un jour : c'est de jeter à la mer une poignée de sable ou de coquilles blanches et quelques plumes ; par le mouvement de celles-ci, qui restent à la surface, comparé au sable qui coule, ils estiment le courant et mouillent s'il leur est contraire.

On voit encore, à Ceylan et sur la côte ferme, des Dônis avec un seul mât, plus petits que celui de la *pl.* 21. L'un d'eux, mesuré à Colombo, avait 12^m,60 de long, 2^m,50 de large et 1^m,25 de creux ; son balancier était éloigné de 4^m,85 du bord le plus voisin : sa grande ressemblance avec le premier nous a fait croire inutile de le représenter.

CEYLAN.

WARKAMOOWEE, OU PIROGUE DE LA POINTE DE GALLES.

BALANCIER SIMPLE.

Nous avons différé jusqu'ici de parler du balancier simple et du rôle important qu'il joue : c'est uniquement par lui que tant de peuples, dénués des moyens de construire des bateaux d'une largeur suffisante, sont parvenus à obtenir une stabilité qui leur permet d'employer des voiles d'une surface considérable. Il est curieux de rencontrer ainsi, à Ceylan et sur quelques points de la côte de Malabar, des procédés qu'on ne retrouve plus qu'environ mille lieues plus loin, vers le grand Océan ; car les Malais, comme nous le verrons par la suite, ne se servent que du balancier double. L'autre est plus marin, si l'on peut employer cette expression, pour ces moyens faibles, mais ingénieux, qu'une description détaillée fera comprendre.

Nous parlerons d'abord du corps du Warkamoowee, toujours formé d'une seule pièce de bois plate au fond et rentrante vers le haut (*fig.* 1, 2 et 3, *pl.* 23) ; les côtés sont parallèles, et les extrémités, au lieu d'être aiguës, continuent à être arrondies et plates en dessous. La profondeur et la largeur ne varient pas suivant la longueur, mais restent les mêmes pour des pirogues qui ont à peine la moitié de celle que nous avons représentée. Les côtés du corps, taillés en biseau, supportent de hautes fargues épaisses de 0^m,02 ou au plus de 0^m,025, qui leur sont réunies par des coutures semblables à celles des Dônis, mais plus soignées. Aucune courbe ou pièce de renfort n'augmente cette liaison, et il le faut, pour qu'elle résiste, qu'il n'y ait pas d'effort latéral, ce que fait assez comprendre le peu de largeur du bateau. Sur la partie supérieure de la fargue repose un plat-bord (*fig.* 3), large en dessus, mais évidé en dessous, où il devient aussi étroit que la planche à laquelle il est joint par de petites attaches obliques à peine visibles. Les fargues, presque parallèles, s'étendent au delà du corps, et sont réunies en dessous par une planche oblique, qui leur est cousue, ainsi qu'à l'extrémité de la pirogue, et qui bouche tout cet espace. Malgré son peu d'épaisseur, la fargue n'a pour renforts que de petites plaques de bois *ce'* (*fig.* 1 et 3), épaisses de 0".015 et cousues par des amarrages aux points où elle supporte les leviers ou les gouvernails; quelques planches volantes *mm*, reposant sur la partie supérieure du corps, servent à porter les hommes.

Le balancier *b b*, en bois plein assez léger, est très-fort relativement au volume de la pirogue, car il a près des deux tiers de sa largeur; ses extrémités sont relevées pour mieux diviser l'eau et pour former une espèce de compensation, qui n'existerait pas s'il était droit et immergé également sur toute sa longueur. Il n'est point placé symétriquement à cause de l'usage du grand levier pour la voile, mais cette différence de position ne peut avoir aucune influence sur la marche, les effets de la résistance ayant toujours des directions parallèles. Le balancier est éloigné de la pirogue de douze ou quinze fois la largeur de celle-ci, et, en aucun pays, sa puissance n'est poussée aussi loin : il est joint au corps par deux leviers *l l* et *l' l'*, en bois plein jusqu'au milieu de la longueur totale, entourés de faisceaux de branches flexibles liées par des amarrages en petite tresse de fil de coco; il en résulte une grande élasticité qui évite de trop fortes secousses aux points de liaison. Le levier du milieu est plus fort et plus courbé (*fig.* 3); de sa partie supérieure part une pièce de bois *l' l'*, solidement adaptée, qui maintient souvent une grosse pierre pour augmenter la pesanteur du balancier; lorsque ce poids ne suffit pas, les hommes se groupent au bout du levier, en se tenant à une corde attachée au mât et au grand hauban *q l"*.

Les leviers, reposant sur la fargue par un côté plat, lui sont liés au moyen d'amarrages qui l'embrassent et passent sous une cheville de bois *d* (*fig.* 3) : deux petites pièces rondes *c c* et une liure transversale joignant les deux côtés du corps y ajoutent un peu de solidité. Les leviers sont unis directement au balancier par des amarrages croisés passant dans des trous pratiqués dans une partie renflée, et des cordes *o l'* et *o l* sont attachées aux extrémités de la pirogue pour achever de maintenir le balancier.

La voile est énorme : sa surface est trois cents fois celle de la somme des sections des parties plongées du corps et du balancier ; dans aucun pays, on ne trouve un pareil rapport entre le moteur et la résistance, et il fait concevoir quelle vitesse peut imprimer une force aussi grande. La disposition de cette voile ne se voit qu'à Ceylan : les angles supérieurs sont soutenus par de longs bambous, dont l'un *q q*, placé au vent, est supporté par un anneau de corde qui embrasse le levier du milieu et sur lequel porte une cheville *q'* : cette espèce de mât peut prendre toutes sortes de directions; sa tête est percée d'une cheville *q*, portant à la fois le coin de la voile bagué au mât, le grand hauban *q l"*, qui soutient tout le système, et une corde ou bras s'attachant à l'extrémité, qui est alors l'arrière. L'autre bambou *q q*, appuyé sur un socle de bois *a*, creusé en demi-sphère à sa partie supérieure et fixé sur la pirogue par des amarrages, qui porte l'autre angle de la voile comme notre livarde, peut varier dans ses positions et est tenu par un bras *q' h'*. L'angle inférieur *h*, qui est du côté du vent, est attaché à celle des traverses *o*, qui se trouve à l'avant; et enfin le quatrième, qui, par la courbure du bas de la voile, traîne souvent dans l'eau, est tenu par une écoute, dont la position influe beaucoup sur la manière de gouverner : plus on veut serrer le vent, plus il faut la rapprocher de l'arrière.

On voit avec quelle facilité cet échafaudage peut tomber : si, en masquant, la voile vient à porter vers le balancier, les bambous ne sont plus retenus; la ralingue *h q* et l'étai *q h'* étant dans le même alignement que leur point d'appui, tout tombe sur les leviers, et, bien que cet accident semble venir d'une disposition défectueuse, la pirogue lui doit sa sécurité; car, si le mât était rigide, l'action qu'a sur lui la voile, lorsqu'elle est masquée, la ferait chavirer en coulant le balancier : aussi, parmi toutes celles à balancier simple, s'en trouve-t-il quelques-unes qui cherchent à diriger cette chute, mais jamais à l'empêcher. La voile est en coton très-lâche, presque toujours peinte en brun-rouge, et est fortifiée par des ralingues légères, formant à chaque angle un œillet pour le passage des bambous, de l'écoute et de l'amure; comme l'air traverserait son tissu, les naturels l'arrosent fréquemment.

Pour virer de bord, ces pirogues agissent d'une manière qui, toute compliquée qu'elle paraisse, s'exécute avec célérité et sans qu'un système aussi chancelant coure le risque de tomber : le balancier, restant toujours au vent, exige que l'avant devienne l'arrière, et *vice versâ*. Voici comment elles s'y prennent : si elles sont au plus près, il leur faut arriver un peu pour avoir le vent du travers; l'écoute est tout à fait lâchée, et la toile, entraînée par le vent, maintient par son effort et par son poids la roideur du hauban *q l'*. Le bras *q' h'* de la livarde est largué afin que, porté à l'autre bout *h*, il contribue à la faire tourner, mais l'étai *q h* est encore tenu roide. Le point d'amure *h* est aussi largué, et, comme la toile est très-légère, il est facile de la faire passer entre les deux supports de bambous pour la porter à l'autre extrémité, où on le fixe en *h'*, et dès lors, le mât étant retenu dans ce sens, l'étai *q h* est transporté en *h*. On peut mollir alors le bras devenu *q' h'*, dont la tension était auparavant indispensable, et on le passe à l'arrière, avec l'écoute, pour orienter la voile.

La manière de gouverner est aussi très-singulière : à chaque extrémité est une planche *g g* et *g' g'*, attachée sous le vent au cabillot *n*, et appuyée sur un renfort oblique cloué ou lié à la fargue pour tenir le gouvernail écarté et vertical. Celui-ci n'a point de barre et reste toujours parallèle à la pirogue; sa seule action est basée sur la dérive, qui est assez forte à cause de l'extrême légèreté de ces canots, et on règle l'effet de la planche en l'enfonçant plus ou moins avec le pied; celle de l'autre extrémité *g' g'* se trouvant à l'avant, dans la position où le Warka-moowee est représenté, est ordinairement relevée, mais on peut la descendre pour s'en servir; elle tend, au contraire, à faire lofer. On ne peut gouverner ainsi qu'avec un vent latéral, et, lorsqu'on a vent arrière, il faut avoir recours à un grand aviron (*fig.* 4) attaché à la cheville *o*, avec lequel même il est encore très-difficile de maintenir la pirogue en route, parce que la voile, d'un côté, et le balancier, de l'autre, tendant à la faire tourner vers ce dernier, la voilure tombe quelquefois; mais il est si facile de la disposer de nouveau, que les naturels y attachent peu d'importance.

D'après ce qui précède, on peut juger du mélange de qualités et de défauts qu'offrent ces pirogues, ainsi que de l'adresse nécessaire pour les manœuvrer; elles sont, en général, montées par quatre ou cinq Lascars, groupés pendant des heures entières au bout du levier : ils ôtent ou ajoutent un homme, suivant les variations du vent, pour résister à l'effort de la voile, dont on ne diminue jamais la surface, et n'ont, pour se soutenir, qu'une corde attachée au mât ainsi qu'au hauban *q l'*. On les rencontre sur toute la partie sud-ouest de Ceylan pendant la mousson de nord-est, et, quoique le vent soit assez fort et qu'il augmente encore à mesure qu'on s'éloigne de terre, elles ne craignent pas d'aller à 20 et 25 milles de distance pour pêcher et pour porter des fruits aux navires; elles acquièrent souvent une vitesse de 10 milles à l'heure, même avec une mer un peu dure, mais leurs mouvements de tangage sont alors très-brusques, quoique la voile tende à soulever l'avant. Cette marche est fort belle pour d'aussi petites embarcations, et nous n'en avons vu aucune de la même longueur qui puisse y atteindre; lorsqu'une bouffée de vent leur donne une vive impulsion et force une partie de l'équipage à courir se poser sur le levier, on dirait qu'elles touchent à peine la surface de l'eau; mais elles ne vont pas bien à l'aviron, leur énorme balancier étant alors une gêne.

Les Warkameowees varient pour la longueur, mais leurs autres dimensions restent à peu près les mêmes : nous en avons mesuré plusieurs d'un tiers plus courts que celui représenté et ayant à peu près la même largeur, le même creux et les mêmes leviers, parce que ces derniers, ainsi que le balancier, sont calculés plutôt sur la surface de la voile que sur la longueur du corps. Pour aller au large, les Lascars préfèrent les pirogues de moyenne grandeur, qui obéissent mieux aux mouvements de la mer; cependant celle que nous avons choisie pour type était, quoique longue, réputée pour sa marche et ses bonnes qualités.

MADEL-PAROOWA.

Lorsque les Warkamoowees sont devenus trop vieux pour aller à la pêche, on les utilise en en formant les flancs des Madel-Paroowas (pl. 24, fig. 1, 2, 3 et 4), composés de moitiés de pirogues cousues aux planches du fond et à d'autres verticales servant de fargues. Ce bateau est l'un des plus propres à la pêche sur les plages, parce qu'il tire aussi peu d'eau que possible, qu'il accoste facilement à terre et contient les seines de 150 à 180 mètres employées dans le pays. Les coutures sont peu soignées; la bourre de celle du bas est en dedans et les amarrages sont enfoncés dans des rainures assez profondes pour les garantir du frottement du sable : quelques traverses *rr*, attachées aux bordages du fond, les lient entre eux et sont échancrées au-dessus des coutures. Les fargues sont traversées par une forte pièce de bois volante *a a*, qui ne sert qu'à soulever le bateau pour le porter à terre, les côtés ne présentant aucun point que l'on puisse saisir.

Sur les lacs et les rivières de la partie occidentale de Ceylan, les Madel-Paroowas sont quelquefois couverts d'un toit (*fig.* 3), en lattes de bambous, soutenant un chaume de latanier ou de vacoa : elles prennent alors le nom de Padjis, portent des charges assez considérables, et marchent bien en eau tranquille.

ANJEELA OU BATEAU DOUBLE.

Ce sont des sortes de maisons flottantes (pl. 24, *fig.* 5, 6 et 7) reposant sur deux corps de Warkamoowee, réunis par des traverses couvertes de planches; elles ont un toit de feuilles de latanier, qui, ne s'étendant pas jusqu'au bord, permet de s'y placer pour pagayer, ou d'y marcher pour pousser de fond. Leurs proportions varient à l'infini; quelques-unes, garnies de nattes à l'intérieur, servent à la fois aux Cingalais d'habitation et de moyen de transport; d'autres, en mauvais état ou découvertes, portent des poteries, des bois et de l'huile de coco, que l'île produit en abondance.

JEPAN.

On rencontre aussi à Colombo des radeaux de toutes les formes, qui ne sont quelquefois que des trains de bambous, dont on utilise le flottage. Quelques autres, d'un bois poreux et léger, servent à pêcher sur la côte dont ils peuvent toujours franchir la barre; ils sont d'un grand usage dans le golfe de Manar, et se nomment Jepans. Les *fig.* 10, 11 et 12 (pl. 20) en donnent une idée suffisante : *a a* est une cheville qui traverse les trois pièces au-dessus desquelles passe un amarrage allant de l'une des têtes de la cheville à l'autre et réunissant le tout.

PIROGUES DE TRINQUEMALÉ.

Les *fig.* 11, 12 et 13 (pl. 24) représentent la dernière pirogue à balancier dont nous ayons à nous occuper jusqu'à ce que nous arrivions à l'archipel des îles Carolines; elle est construite d'une seule pièce très-renflée vers le milieu, avec les extrémités inférieures effilées en dessous de la partie supérieure, qui est plate. Elle porte une voile à livarde, qu'on emploie rarement, à cause des fortes brises de la baie de Trinquemalé; aussi va-t-elle presque toujours à la pagaie (*fig.* 14) faite d'un bois brun très-dur.

D'autres pirogues à fonds plats sont employées sur la même rade (*fig.* 8, 9 et 10, pl. 24) : leur corps d'une seule pièce, avec des renforts conservés dans le bois, est exhaussé par une fargue mal cousue; elles n'ont que des bancs volants, emploient des avirons dont la pelle est une planche oblongue, et ne vont jamais à la voile, ne s'écartant point de la baie, où elles servent de bateaux de passage.

COTE DE COROMANDEL.

CABOTEUR A VOILES LATINES.

Ces petits navires (*pl. 25*), beaucoup moins plats et moins élevés sur l'eau que les Dônis, ont des formes plus européennes et paraissent assez bien marcher; leur longueur varie de 15 à 20 mètres, et leur largeur de 3^m,50 à 4 mètres. Leur corps, en général grossier et mal joint, a une membrure et des bordages cloués, percés par des baux qui soutiennent le pont et dont les têtes se voient à l'extérieur, ce qui évite de mettre des serre-bauquières; d'autres baux, placés plus bas et disposés de même, ne servent qu'à la liaison. Le gouvernail, à ferrures, est porté par un arrière pointu dont les façons sont à peine rentrantes. Ils sont peints en noir avec des carènes blanches ou jaunes, comme beaucoup de Dônis : leur partie supérieure est souvent bariolée d'une suite de demi-cercles rouges sur une bande blanche, et, de chaque côté de l'avant, une assez grande surface triangulaire est couverte de ces couleurs, emblématiques chez les sectateurs de Brama. Les voiles diffèrent de celles dont nous avons parlé jusqu'ici en ce qu'elles ont des formes latines et que la plus petite est placée à l'avant; elles n'ont pas de ris et leurs vergues sont toujours moins verticales que celles de la Méditerranée. La partie du bas qui est sur l'arrière est seule jointe à une pièce de bois dont le bout antérieur est fixé au mât, et ces voiles en coton, souvent mélangées de laizes de différentes couleurs, sont cousues à la manière indienne. Les mâts passent dans des étambrais; le plus grand est tenu par un étai et deux haubans de Chasse-marée; la drisse vient toujours très en arrière, un bras et une balancine en araignée complètent le gréement. Les plus petits de ces caboteurs, d'environ 10 mètres de long, n'ont qu'un seul mât; ils emploient tous des ancres en bois qui, n'ayant qu'un bras et ne pouvant mordre dans le terrain que d'un côté, obligent à les descendre avec une corde : le jas n'est ordinairement qu'une longue pierre attachée en travers. On les rencontre sur la partie méridionale de la côte de Coromandel avec des équipages de Lascars : ils n'ont pour canot qu'un radeau ou une petite pirogue.

Le caboteur dont nous donnons le plan (*pl. 26, fig:* 1, 2 et 3) est à peu près de la forme de nos canots : il est membré, bordé et cloué, ponté seulement sur l'arrière, et le reste est couvert d'un toit placé en dedans, plus bas que le plat-bord, sans aucune voie d'écoulement pour l'eau. Les têtes des baux sortent des bordages; celui du mât *b b* est surmonté d'une traverse *a a*, très-saillante des deux côtés, portant un hauban à chaque extrémité. L'arrière est plat et les bordages latéraux le dépassent; il a un long étambot à la manière des Arabes, portant un gouvernail à ferrures et consolidé par des courbes latérales. La voile est très-étroite; les fils cousus dans les laizes forment, en s'entrelaçant, l'espèce de filet auquel la ralingue est jointe par de petits amarrages plats (*fig.* 4).

On trouve à l'établissement français de Carical des bateaux semblables à celui dont nous venons de parler, au faux étambot près; mais, au delà, vers le nord, on ne rencontre plus que des Chelingues ou des radeaux, car la mer brise avec trop de force pour qu'on puisse employer des embarcations membrées.

BATIMENTS PARIAS.

On donne ce nom à des caboteurs de 40 à 60 tonneaux, dont la construction est imitée des Européens (*pl. 25 bis*) : ils ont presque tous des poupes carrées avec des voûtes très-élevées, une membrure et des bordages grossiers, et quelquefois un vaigrage; ils sont pontés et percés par des baux inférieurs et saillants sur lesquels reposent des planches volantes. Ces navires, mal calfatés et rarement peints, sont très-courts, leur largeur excédant le quart de leur longueur; leurs formes sont plates ou presque circulaires vers le centre, et l'arrière seul est évidé; le gouvernail, porté par des ferrures ou des amarrages, passe dans le trou de la voûte jusqu'au-dessus du pont; ils ont adopté nos bossoirs, emploient de vieilles ancres européennes, et quelquefois même des cabestans. On n'y voit généralement qu'un seul mât placé aux deux cinquièmes de la longueur à partir de l'avant, et portant une hune, un chouq et un mât de hune. Ces pièces, parfois assez bien faites, donnent lieu de croire qu'elles viennent des navires européens, et les différences de proportion entre la mâture et le corps confirment cette supposition. Ce sont les seuls navires de ces mers à bord desquels se trouvent des bandes de ris; ils ont un beaupré avec un bâton de foc, et placent souvent sur l'arrière un mâtereau portant une voile à corne, surmontée d'un flèche-en-cul, ou seulement une gaule volante avec une voile à livarde. Le gréement est semblable au nôtre, mais moins soigné; le grand mât porte une brigantine sans gui, une basse voile, un hunier et quelquefois un perroquet.

Ils sont très-hauts sur l'eau, marchent mal, roulent et dérivent beaucoup; leur navigation se borne au cabotage du Bengale et de la côte de Coromandel: presque tous sont construits à Coringui, sur la côte de Golconde, et se réparent à Iannon, où il existe des bassins en terre glaise, dont on dégage l'entrée en enlevant la terre comme celle d'un batardeau. Les Indiens emploient dans ce port, pour lancer les bâtiments à la mer, une méthode très-lente et qui exige un grand travail : ils entourent le navire de sacs de nattes remplis de terre glaise, en assez grand nombre pour qu'il ne soit plus supporté que par eux ; ils font ensuite des trous dans ces sacs et les arrosent pour délayer la terre de manière à donner au bâtiment la facilité de glisser vers la mer. On est surpris de la négligence apportée dans les travaux, et surtout de la manière dont se font les réparations; car dans ces chantiers jamais une pièce nouvelle n'est jointe à celles placées antérieurement. La *pl.* 25 *bis* montre aussi un caboteur, dont l'arrière est pointu, qui ne porte qu'un mât avec une espèce de voile de Chasse-marée.

CHELINGUE OU MASULA-MANCHÉ.

La Chelingue est grossièrement construite, mais si bien assortie aux localités, que, malgré de nombreux essais, les Européens n'ont pu la perfectionner : ils ont cherché, en variant ses formes, à lui faire acquérir plus de vitesse; mais, s'ils ont atteint ce but, ce n'a jamais été qu'aux dépens de la manière dont elle franchit les barres, c'est-à-dire de son objet principal. A son aspect seul, on voit qu'il est impossible qu'une Chelingue marche bien : courte, plate, légère et très-élevée, elle divise la mer avec peine, offre prise au vent, et, dès qu'il a un peu de force, elle n'a pas assez de pied dans l'eau pour résister à son impulsion. Ces formes lui sont cependant en quelque sorte indispensables; car il faut qu'elle soit légère pour être aisément soulevée et pouvoir monter sur la crête des lames les plus vives; haute, pour que l'eau y embarque moins; plate, afin de ne pas chavirer lorsque la mer se retire et l'abandonne sur la plage; enfin très-élastique pour ne pas être brisée par les chocs violents qu'elle éprouve, et dont un seul démembrerait un canot européen. Ses dimensions ne varient pas beaucoup; quelquefois elle est un peu plus longue que celle des *fig.* 1 et 2 (*pl.* 27). Elle est formée de larges planches d'un bois léger et assez dur de $0^m,04$ à $0^m,05$ d'épaisseur, unies par des coutures dont les bourrelets ne sont intérieurs qu'au fond; ces planches sont aussi cousues dans les rainures de l'étrave et de l'étambot (*fig.* 4), et ces deux pièces dépassent le bas en formant une espèce de crochet qui, prenant dans le sable, s'use bientôt par le frottement. Les planches n'étant assemblées par aucun membre, leurs coutures, soumises à de grands efforts, exigent qu'on les renouvelle au moins une fois par an, dépense assez forte, à cause du long travail de toutes ces attaches en fil de coco : lorsqu'elles ont subi plusieurs réparations, on bouche avec de petites chevilles les trous que les amarrages ne remplissent plus complétement. Des bancs percent les bordages, réunissent les côtés et portent chacun deux rameurs, qui, à cette hauteur et les pieds à peine appuyés sur quelques traverses volantes, sont mal placés pour nager; ils ont des avirons dont les pelles rondes ou ovales sont unies à un manche tortu, que porte un tolet attaché à la planche supérieure de la

Chelingue. L'arrière a une partie pontée *b b* sur laquelle se tient le Tindal, ou patron, qui gouverne avec un grand aviron attaché à la tête de l'étambot en *c*; sur le devant de ce pont sont deux bancs *a a* pour les passagers. L'équipage se compose de douze rameurs et de deux apprentis, qui ne servent d'abord qu'à vider l'eau, et qui finissent par devenir Tindals : ce sont tous des Lascars qui n'ont d'autre profession que de passer les barres.

Un débarquement sur la côte de Coromandel est un de ces épisodes que l'on ne saurait oublier, surtout s'il a lieu à Madras, où la barre est constamment mauvaise. Ce n'est qu'avec méfiance qu'on s'embarque dans cette espèce de caisse allongée qui vibre au moindre choc, dans laquelle l'eau entre toujours un peu, et dont les coutures délabrées font craindre la désunion. On est assis sur un banc, sans point d'appui, et en regardant, d'un côté, l'écume de la barre, et, de l'autre, les détails du bateau et du matériel, dont à chaque instant quelque partie se rompt, il est facile de concevoir des craintes que la composition de l'équipage est loin de dissiper, car ce sont des Indiens maigres, peu vigoureux, et presque nus. Lorsqu'on quitte le navire, le patron commence ses chants, que répètent en mesure tous les canotiers, et il dirige ainsi le mouvement des avirons suivant celui des vagues; on peut à peine s'entendre, mais il ne faut pas se plaindre ; ces cris sont indispensables, et les Indiens en ont besoin pour mieux régler l'emploi de leur force musculaire; aucun travail d'ensemble ne s'exécute chez eux, aucun poids n'est transporté sans qu'un chant ne donne la cadence. Ils sont cependant loin d'être musiciens : leurs voix nasillardes et aiguës sont très-monotones, et ils répètent le même air pendant des heures entières ; les Lascars pourtant, improvisent, dit-on, des plaisanteries qui excitent le rire aux dépens des passagers. A mesure qu'on approche de terre, les mouvements de la Chelingue augmentent, et, si la barre est mauvaise, on vient en travers pour attendre, en roulant, le moment favorable que guette le patron monté sur l'arrière. Dès qu'il juge, par l'aspect des lames du large, qu'elles briseront moins, il pousse de grands cris, tire sur son aviron ; les canotiers redoublent aussi leurs chants, et l'on entre bientôt dans la barre : la vague, plus creuse, imprime chaque fois plus de vitesse ; le Tindal s'agite de plus en plus et l'on parvient enfin à la partie où la lame surmontée d'un panache d'écume, se dressant à plus de 10 pieds de haut, frappe la Chelingue avec force en y embarquant beaucoup d'eau : elle la soulève par l'arrière, lui fait ainsi parcourir rapidement une distance considérable, et finit par la devancer. L'instant dangereux est alors passé : les lames brisées, roulant en écume, ont moins d'action, et, après la troisième ou la quatrième impulsion, on arrive sur la plage. Aussitôt la Chelingue est jetée en travers sur le sable (*pl.* 28), et, chaque fois que la mer la soulève, l'équipage, qui est entré dans l'eau, parvient, aidé d'un grand nombre de Lascars, à la mettre à sec en peu de temps.

Les Chelingues ne transportent que des objets légers, à cause des chocs inévitables qu'elles éprouvent sur la plage; elles ne vont jamais à la pêche, et ne peuvent s'éloigner de la côte sans courir le risque d'être emportées au large. Quelquefois de fortes brises les enlèvent ainsi : comme elles n'ont pas d'ancre, il leur est impossible de résister, et les malheureux qui les montent périssent, ou parfois ils atteignent le côté opposé du golfe de Bengale. L'emploi en est général sur toute la côte de Coromandel, surtout à partir de Pondichéry, où la barre devient difficile, quoiqu'on puisse encore la passer de nuit : à Madras, cela est défendu, et il serait fort imprudent de le tenter.

Pour s'éloigner de terre, on pousse la Chelingue à dos jusqu'à ce qu'elle commence à être soulevée par les vagues qui se déploient sur le sable; dès qu'elle peut rester à flot, on dirige l'avant au large, l'équipage saute à bord, prend les avirons et commence à nager : chaque secousse la fait reculer, aussi reçoit-elle beaucoup de lames avant d'arriver en dehors; elle est même souvent jetée en travers, et ce n'est quelquefois qu'après une heure de tentatives qu'elle parvient à sortir. Il arrive fréquemment, à Madras, que des Chelingues soient renversées et presque roulées dans la barre: aussi, pour sauver les passagers, on a soin d'entretenir des Catimarons, ou radeaux, sur lesquels nous allons donner quelques détails.

CATIMARON.

Vers le nord de Madras, les barres de la côte de Coromandel s'opposant au passage des Chelingues, les Indiens, qui se nourrissent de poisson, s'en procurent néanmoins à l'aide d'un radeau construit avec la simplicité qui leur est particulière. Il est en bois de pin très-léger, de dimensions moyennes, afin d'être facile à manœuvrer, et, comme il n'offre pas de prise au vent, il peut s'écarter des côtes sans danger. Sa grandeur varie beaucoup, car il n'est souvent construit qu'au moment du besoin ; cependant, pour le passage des barres et pour la pêche, on observe quelque régularité. Les plus petits, de 6 ou 7 mètres de long, ne se composent que de trois pièces de bois (*pl.* 28), dont la plus grande, placée au milieu, se relève vers l'avant ; les grands (*pl.* 27, *fig.* 5, 6 et 7) en ont cinq d'inégales longueurs, sur lesquelles se monte un faux-avant (*fig.* 8 et 9) de trois pièces endentées et liées sur le corps, qui n'est uni lui-même que par de grossiers amarrages embrassant tous les madriers.

La voile, en forme de triangle équilatéral, avec des coutures roulées, au lieu d'être plates comme les nôtres, est garnie tout autour d'une ralingue très-faible, liée de distance en distance à une autre plus forte (*fig.* 10) : souvent la plus petite des deux est prise dans l'étoffe cousue sur elle-même et percée par les attaches ; la toile se pourrit moins ainsi, et cette méthode, très-usitée dans l'Inde, pourrait être appliquée avec avantage à nos grandes voiles, dont les bords sèchent toujours avec peine ; cette petite corde, réunie à une plus forte, comme la ralingue de têtière l'est à la vergue, laisserait un libre accès à l'air et serait plus flexible pour serrer les voiles ou prendre des ris. La voile des Catimarons, d'un tissu léger et peu serré, est réunie aux vergues par un transfilage passant entre les deux ralingues ; la vergue inférieure s'arrête au point où s'attache l'amure, qui se fixe à l'un des œillets *e, e* amarrés à une traverse de bois liée sur l'avant. Le mât est terminé par une fourche, sur laquelle porte la drisse, qui sert en même temps de hauban ; il repose sous le vent, dans une cavité *d* pratiquée dans les pièces de bois latérales, et est très-incliné du côté du vent, où une autre fourche *f* le soutient ; il est retenu, en outre, par deux haubans, dont un seul lâché ferait tout tomber : ce système reste entier lorsqu'on le transporte à terre. On ne réduit jamais la surface de la voile : lorsque la brise fraîchit, l'équipage se place au vent, et le radeau, à cause de sa grande largeur, obtient une stabilité suffisante ; mais, dans la partie méridionale de Ceylan, on installe au vent un balancier tenu par deux leviers amarrés aux grandes attaches. D'autres Catimarons, de 10 à 12 mètres de long, attachent parfois au vent un radeau supplémentaire, que l'on change pour virer de bord ; leur voile, de 6 ou 7 mètres de côté, est portée par un mât avec de nombreux haubans réunis au tiers de sa longueur. Ils marchent bien et dérivent peu : on les rencontre jusqu'à 12 ou 15 milles au large, où leur voile d'un brun-rouge foncé ressemble de loin à ces grosses bouées qui marquent les accores des bancs.

Le gouvernail est une planche fixée, sous le vent, à la grande attache en *g* ; il appuie contre la seconde pièce de bois, et, ne pouvant faire aucun mouvement angulaire, il n'a d'effet que par la dérive : on augmente son action en l'enfonçant davantage.

Les Catimarons franchissent les barres par tous les temps quand ils ne sont pas d'une trop forte dimension et qu'ils ne portent que trois hommes ; ils sont toujours montés par des Lascars, que l'habitude de vivre dans l'eau rend presque amphibies et qui n'ont même pas l'air de redouter les requins dont on voit de temps en temps paraître les nageoires aiguës. Ils s'asseyent sur leurs talons en pagayant avec des planches semblables à des douvelles de barriques, et, lorsqu'ils veulent sortir de la barre, ils se dressent à chaque lame, en levant les bras pour présenter moins de surface et ne pas être emportés (*pl.* 28) : quand la vague est passée, ils se rasseyent, pagayent de nouveau et continuent ainsi jusqu'à ce qu'ils soient au large. Lorsqu'ils sont renversés, ce qui arrive rarement, ils redressent promptement le radeau et continuent leur route.

Au nord, vers Coringui, les Catimarons ont un treillage soutenu par des pieds (*pl.* 27, *fig.* 12), sur lequel ils peuvent placer des provisions, et ils installent sur le côté un aviron porté par deux morceaux de bois en fourche; dans les rivières où ils sont très-usités, ils prennent de fortes charges, car on les construit alors en faisceaux de bambous.

CABOTEUR DE LA FAUSSE POINTE DIVI.

Ces caboteurs, encore plus délabrés que les bâtiments Parias, ont des couples inégaux dont les pièces ne sont ni unies entre elles ni dans le même alignement; les contures, de plus de 0^m,01 de large, ne sont point droites, quoique l'épaisseur du bordage n'excède pas 0^m,05 ou 0^m,06. Le pont est rond; sur les côtés, sa courbure fait suite à la muraille, sans qu'il y ait d'angle marqué (*pl.* 26, *fig.* 7 et 8), et ses baux ne sont, pour ainsi dire, que la continuation des couples. Des tringles *m m*, destinées à amarrer les manœuvres, sont placées sur les côtés et tenues à distance par des taquets; celles de l'arrière forment une balustrade, et d'autres *k k*, clouées plus bas, servent de points d'attache aux haubans : on y suspend une quantité de grandes perches pour pousser de fond, car ces bateaux emploient plutôt la gaule que l'aviron. L'arrière est plat et ses planches sont appliquées sur celles des côtés; l'étambot, s'il existe, n'est pas apparent. Les deux côtés du navire sont à peine liés par des baux, dont les extrémités se voient à l'extérieur; ils ne portent pas d'entre-pont, mais seulement deux plates-formes à jour, espèces de claies, dont l'une (*fig.* 9), recouverte de planches et de sable, sert de cuisine, et l'autre de lit à l'équipage. De ce même côté est suspendue une auge *g* (*fig.* 8 et 9), où l'on verse l'eau, qui s'écoule à l'extérieur par le trou *g* (*fig.* 5), et, sous ces plates-formes, on attache des jarres contenant la provision d'eau.

Le mât, introduit dans une fente *d d* (*fig.* 6), repose contre une coulisse verticale semi-cylindrique *c c* (*fig.* 8 et 9); il est maintenu par la planche qui bouche le trou *d d* et porte une voile de coton, presque toujours en lambeaux (*fig.* 5). La drisse se fixe en arrière à un taquet percé *e;* l'amure passe dans une poulie attachée à l'étrave, et, lorsqu'on veut orienter pour le largue ou le vent arrière, on la met au bout d'un bâton troué. Ces bateaux imparfaits, qui ne font que de courts trajets et ne prennent que de faibles cargaisons, sont montés par des Lascars d'un aspect chétif, qui résident au milieu des marais insalubres de l'embouchure de la Kitsna.

BATEAU-SOULIER DE CORINGUI.

C'est un bateau plat, très-utile, à l'embouchure du Godavery et dans la vaste baie de Coringui, parsemée de bancs de sable. Son fond est formé de planches clouées à des traverses (*pl.* 26, *fig.* 10, 11, 12 et 13) auxquelles sont fixées des parties latérales *l l* creusées intérieurement et arrondies en saillie à l'extérieur. Ces pièces, qui vont d'une extrémité à l'autre, servent d'appui à des portions de membres sur lesquelles sont cloués les bordages de côté, de sorte que *l l* et *l l* sont les seules jonctions des flancs avec le fond ; les planches de côté sont clouées sur celles qui forment l'arrière, qui est vertical, et les écarts des bordages sont tous sur le même membre au lieu d'être croisés comme de coutume. Ces canots n'emploient leur petite voile qu'avec des brises faibles; ils font aussi usage de pagaies (*fig.* 14); mais, ordinairement, ils marchent à la gaule avec assez de vitesse sur des bancs où il n'y a que quelques pouces d'eau.

BENGALE.

La côte orientale de l'Inde offre, comme on vient de le voir, très-peu d'intérêt pour les constructions navales, et, vers sa partie nord, on ne rencontre même plus que des Catimarons, qui peuvent seuls traverser les barres de ces plages. Les communications avec la terre sont impossibles jusqu'au fond du golfe du Bengale, vers Balazore, qui fut jadis une ville importante : les avantages que présente le vaste cours du Gange la firent abandonner pour un établissement fondé sur les bords de ce fleuve, et un village de quelques huttes indiennes se vit bientôt transformé en une belle et riche cité dont la population égale celle de nos plus grandes villes de commerce. Ce fut Calcutta, qui offre au milieu de l'Inde des monuments élégants et dignes de l'Europe; mais, près du quartier splendide occupé par les autorités et les négociants, on trouve un contraste frappant, qui montre l'effet de la domination étrangère sur ces côtes : c'est la ville indienne composée de misérables cabanes de jonc couvert d'argile et de quelques maisons en briques. En le parcourant, on comprend sans peine l'accroissement de la population sur certains points de ces contrées : les Indiens sont, en général, si pauvres, et leurs besoins sont si minimes, que, n'ayant rien à transporter, ils se déplacent avec une étonnante facilité; aussi, dès que l'activité du commerce diminue dans un endroit, cette population, que rien n'attache au sol, va chercher sa subsistance ailleurs, et les villes de l'Inde tombent aussi vite qu'elles se sont élevées. Les grands édifices bâtis par les Européens prolongent seuls leur existence; mais cette cause peut n'avoir qu'une bien faible influence, et la chute si prompte des établissements portugais en est un exemple que l'on verra peut-être se renouveler. Calcutta renferme plusieurs beaux monuments, dont les plus remarquables sont le palais du gouverneur général, les bureaux de la compagnie, et surtout la Monnaie, établissement considérable, dont la façade est imitée de l'antique. L'ensemble de la ville est très-beau, car la brique avec laquelle on bâtit est recouverte d'un stuc blanc aussi brillant que le marbre. Elle est défendue par un fort, trop considérable peut-être pour ces pays éloignés, où des attaques sérieuses sont moins à redouter que des coups de main.

Calcutta concentre tous les produits si riches et si variés des provinces du Nord; chacun d'eux a son bateau particulier qui n'a subi aucun changement depuis l'arrivée des Européens, et récemment des besoins plus étendus en ont fait construire d'autres plus semblables aux nôtres. Les navires à vapeur sont même devenus nombreux sur le Gange, qu'ils remontent jusqu'à Benarès, malgré la rapidité des courants à l'époque de la fonte des neiges; mais leur navigation est longue et souvent interrompue pendant la saison de la sécheresse. Ils sont petits, bas sur l'eau et très-plats; quelques-uns sont construits en tôle, leurs machines à basse pression, placées à l'intérieur, sont peu puissantes, et, bien qu'ils n'aient aucun pont à franchir, leurs roues ont peu de diamètre. Ils ne font point de service régulier et ne sont employés que par les riches Européens et les agents de la compagnie pour remonter à Benarès et à Delhi.

PINNACE.

Parmi les navires destinés à l'usage spécial des Européens, le plus grand est la Pinnace, bâtiment plat à formes fines vers les extrémités, mâté en Brick ou en Goélette, mais ayant le mât de l'arrière plus petit que l'autre (pl. 30). Sa construction, soignée et légère, ressemble à la nôtre; la plus grande partie de l'intérieur, consacrée au logement des passagers (pl. 29, fig. 1 et 2), est distribuée en vastes chambres meublées avec luxe et bien aérées. Au pont sont suspendus des pankas, espèce de planches pour éventer, qu'un Indien agite sans cesse : pour obtenir encore plus de fraîcheur, les fenêtres sont garnies de nattes de vétiver sur lesquelles on jette continuellement de l'eau, dont l'évaporation, mêlée à l'air, procure une température humide, délicieuse dans ce climat. Tout, à bord, est disposé pour le bien-être des passagers, on écarte ce qui pourrait leur être désagréable, et d'autres bateaux portent les provisions et les domestiques. Un voyageur riche a coutume d'en fréter plusieurs, et les grands employés de la compagnie en emmènent ordinairement six, et quelquefois quinze, s'ils se font suivre de leurs chevaux, de leurs équipages et de leurs tentes, où ils trouvent, chaque fois qu'ils s'arrêtent, toutes les commodités de l'habitation fixe la plus confortable. On ne saurait se faire une idée, en Europe, du luxe qu'étalent ces pays et du nombre d'Indiens attachés au service d'un seul homme : pour un voyage sur le Gange, de Calcutta à Allahabad, par exemple, dont la durée est de deux mois et demi, un riche Européen monte une Pinnace comme celle de la *pl.* 30, suivie d'une autre plus petite, de deux Budgerows de grandeurs différentes, d'un Patilé, d'un Oolak et d'un Pulwar. Ces bateaux, que nous décrirons plus loin, coûtent environ 9,000 fr., occupent plus de cent hommes d'équipage et portent un nombre égal de domestiques.

DAK OU BATEAU-POSTE.

Ces canots (*pl.* 29), construits avec soin dans les chantiers de la compagnie des Indes, portent les dépêches à bord des navires mouillés près de l'embouchure du Gange. Quoiqu'ils aient souvent à supporter des vents violents et surtout une mer creuse, tourmentée par les courants, ils marchent très-bien, sont remarquables par la manière dont ils se comportent dans ces circonstances, portent bien la voile et vont fort vite à l'aviron. Leurs formes effilées ont cela de particulier qu'elles sont tout à fait semblables devant et derrière, et que la courbe des différentes sections est presque la même aux extrémités qu'au milieu ; ils ressemblent, sous ce rapport, à d'autres bateaux qui fréquentent aussi les parties inférieures du fleuve. Les Dàks ont un pont percé de plusieurs écoutilles dont l'une, située derrière celle du milieu, forme à l'intérieur une caisse calfatée dans laquelle le patron se blottit quand il fait mauvais. Ils sont membrés et bordés avec soin et légèreté, mais n'ont point de vaigrage : l'extérieur est doublé en cuivre jusqu'au niveau du pont pour faciliter la marche et pour préserver le bois du ravage des vers, qui sont très à redouter dans le Gange. Ils remplacent le gouvernail par un grand aviron et n'ont qu'un mât à bascule, portant une voile de la forme de celle de nos Chasse-marée, avec des bandes de ris.

Leurs avirons, semblables aux nôtres, au lieu de reposer sur la fargue, sont attachés au sommet d'une espèce de fourche formée de deux pièces dont l'une, qui est verticale, porte l'estrope comme le ferait un tolet, et l'autre, qui est oblique et appuyée contre le montant suivant, sert d'arc-boutant à la première. Cette méthode est particulière au Gange ; mais, à bord des Dàks, son exécution a la solidité et la perfection des ouvrages européens. Ces belles embarcations, que nous vîmes en 1837, avaient été exécutées d'après les plans de sir William Seppings, constructeur en chef de la compagnie : les *fig.* 4, 5 et 6 de la *pl.* 29 sont réduites d'après les dessins que nous a communiqués cet habile ingénieur.

GROS BATEAU DU GANGE.

Dans les mêmes chantiers que les Dàks, on construit des embarcations solides (*pl.* 29, *fig.* 7, 8, 9 et 10), auxquelles des formes larges permettent de porter des poids très-lourds et même de fortes ancres ; elles servent à embarquer le chargement des grands navires, à les remorquer et à les faire tourner lorsque, aidés du courant, ils remontent ou descendent le fleuve. Elles sont montées par des Indiens habitués à ce service pénible, et portent deux voiles comme celles des Dàks ; les plans montrent assez les détails de leur construction pour rendre inutiles de plus longues explications.

BATEAU INDIEN DES BOUCHES DU GANGE.

Ce bateau, qui a quelque analogie avec le Dàk, est employé au transport des provisions à bord des navires étrangers et à la pêche au milieu des bancs et des courants. Il est membré et cloué (*pl.* 31, *fig.* 3 et 4); ses bordages sont réunis, en outre, par une quantité de petites crampes de fer disposées à l'intérieur et à l'extérieur comme le montrent les *fig.* 6 et 7 (*pl.* 32). Ces crampes *c c*, souvent enfoncées dans une rainure et rarement recouvertes de mastic, durent, dit-on, très-longtemps, quoique exposées au contact continuel de l'air et de l'eau; elles lient si bien les bordages, que la couche de coton placée entre eux suffit pour s'opposer à toute infiltration. La forme oblique de leurs pointes est, en partie, la cause de leur tendance à serrer, et leur grand nombre doit beaucoup accroître cet effet : l'usage en est très-répandu au Bengale, où on les adapte à toutes sortes de bateaux, en les disposant par groupes de deux, trois ou quatre (*fig.* 6). Il est néanmoins surprenant de voir un tel moyen de jonction employé dans un pays où le fer est rare et où l'industrie tend à y substituer le bois et les amarrages. Le bordage du haut, d'égale largeur de l'avant à l'arrière, est plus épais que les autres et sert d'appui à leurs extrémités (*pl.* 31, *fig.* 3); cette disposition se trouve aussi à Calcutta.

Les canots de l'embouchure du Gange ont des formes moins fines que celles des Dâks auxquels ils ont peut-être servi de premiers modèles; ils n'ont point de parties rentrantes; leur quille, à peine sensible, n'est, à vrai dire, qu'un bordage plus épais que les autres; leur plus grande largeur est au milieu, et leurs extrémités sont à peu près semblables. Ils portent souvent deux mâts, ont une assez belle marche et se comportent très-bien à la mer. Le pont est formé de planches volantes placées entre les rainures de quelques baux fixes reposant sur une serre-banquière à 1 ou 2 décimètres du plat-bord. Les côtés sont exhaussés par une fargue clouée en dedans et très-oblique vers l'extérieur, à laquelle les tolets, disposés comme ceux du Dâk, sont attachés. Les hommes, assis sur le pont ou sur de petits bancs mobiles, emploient des avirons assez courts et à pelle large (*fig.* 5). Le gouvernail est remplacé par un grand aviron attaché dans l'espace compris entre la pièce *c c* et le corps; ces bateaux portent deux voiles de coton comme celles de nos canots; quand il vente grand frais, ils n'en mettent que sur le grand mât et naviguent ainsi avec une mer très-dure.

BAULÉA.

Après avoir examiné les bateaux employés dans les parties basses du fleuve, nous allons parler de ceux qu'on ne trouve qu'au-dessus de Calcutta : les plus remarquables sont les Bauléas (*pl.* 31 et *pl.* 32), dont les dimensions varient beaucoup, les plus grands ayant 20 mètres de long et les plus petits à peine 10. Ils servent exclusivement au transport des passagers, auxquels ils offrent un logement commode.

Ils ont très-peu de profondeur, un fond courbe, très-relevé vers l'arrière, et leurs différentes sections sont presque semi-circulaires, même vers les extrémités; leur forme, ainsi que celle des Dinghis, se rapproche de celle de quelques constructions chinoises. Ils sont membrés et n'ont pas de quille; le plat-bord, qui recouvre l'étrave, est percé par quelques couples soutenant une fargue en la dépassant pour remplacer les tolets. Ces bateaux ont tous, un peu plus bas que le plat-bord, un pont dont le dessous ne sert qu'à placer des provisions. Vers le milieu se trouvent des chambres très-bien tenues (*pl.* 31, *fig.* 1 et 2), éclairées des deux côtés par des fenêtres à jalousies, avec un toit couvert d'une toile grise ou blanche pour moins absorber les rayons du soleil. Le patron se tient derrière et gouverne avec un aviron attaché au bout du bateau (*pl.* 32, *fig.* 1). Sur l'arrière des chambres est un montant destiné à fixer une tente; c'est là que les Indiens font leur cuisine dans une auge qu'ils remplissent de sable pour la garantir de l'action du feu.

Les Bauléas n'ont qu'un mât, souvent à bascule, et portent une seule voile de petite surface que leur peu de stabilité ne leur permet de déployer qu'avec de faibles brises, car leurs formes sont surtout favorables à l'aviron. L'extérieur et les côtés du pont sont peints en vert, et les chambres en blanc. Les Européens et les riches Indiens les emploient sur le Gange, avec des équipages composés de Lascars doux et soumis, qui supportent longtemps le travail de l'aviron.

DINGHI.

Ce petit bateau de passage pour les classes pauvres de Calcutta, plus court et plus arrondi que le Bauléa, porte encore plus mal la voile, qu'il emploie rarement; il n'est pas peint, mais frotté d'huile, ce qui donne au bois une couleur plus sombre à mesure qu'il vieillit. Les bordages sont cousus par des crampes, comme il est dit page 42. Les membres, assez forts, mais peu nombreux, percent le plat-bord et soutiennent une fargue; le pont est volant et cesse sur l'arrière du mât, où se tiennent les passagers, que protége un toit formé de lanières de rotin tressées. Les rameurs sont assis sur le pont, les pieds appuyés sur une tringle *p p* tenue par une corde, et cette pédale, souvent saillante, les oblige à placer leurs jambes en dehors. Ils ne rament pas suivant la longueur, mais dans une direction très-oblique vers l'extérieur, comme s'ils voulaient attirer le bateau de leur côté autant que le faire avancer. Ils font usage d'avirons que représentent les *fig.* 8, 9, 10 et 11 : celui qui sert à gouverner est attaché à l'arrière et n'a jamais de pelle ronde.

PATILE.

Le transport des produits du haut Bengale nécessite des bateaux plus forts que les précédents. Les plus grands sont les Patiles, dont quelques-uns sont bordés et cloués : d'autres ont des bordages à clins (*pl.* 33) liés par des chevilles de bois qui les unissent aussi aux membres : ils viennent s'appliquer à l'extérieur de l'étrave et de l'étambot, et non pas dans une râblure. On en voit avec un arrière plat et vertical, un avant très-oblique, aplati vers le bas, et des planches latérales chevillées sur les côtés de ces parties : le haut de la muraille, formé de plusieurs bordages chevillés, ou couvert d'une planche large et saillante, sur laquelle on peut marcher pour pousser de fond; quelquefois on en pose d'autres pour le même objet sur les extrémités des baux, qui sortent tous et ne portent jamais de pont. Le gouvernail, placé sur le côté, est triangulaire (*pl.* 33 et suivantes); sa fusée verticale est retenue par des attaches; mais, à bord des Patiles à arrière plat, il est porté par des ferrures.

Ces bateaux, de dimensions très-variables et de 12 à 20 mètres de long, portent une grande cabane en joncs liés par des fils, couverte d'un toit en chaume de cocotier; il est percé par des montants supportant des traverses sur lesquelles sont des planches et des gaules, si mal disposées que les Indiens seuls peuvent y marcher. Les voiles, soutenues par un bambou, n'ont aucune règle et sont très-petites; il n'y a que les Patiles de Mirlapore (*pl.* 34) qui aient une haute voile rectangulaire et une mâture plus élevée, fixée par de nombreux haubans.

Quelques-uns (*pl.* 35), ayant des bordages cousus par des crampes, affectent des formes arrondies qui se rapprochent beaucoup de celles des Bauléas. Leur arrière, pointu, très-relevé, est formé d'une seule pièce de bois plus forte que les bordages; ils ont des membres, des baux saillants, mais jamais de pont, et portent de vastes cabanes surmontées d'une plate-forme aussi longue que le bateau. Leur construction légère et leurs formes plates leur permettent de prendre de fortes cargaisons, et ils sont surtout propres au transport du coton.

PANSWAY.

Il y a beaucoup de variété dans les formes et les grandeurs des bateaux de ce nom; ils n'ont point de quille, sont plus longs et moins plats que les Dinghis, et marchent mieux. Ils sont membrés et leurs bordages, unis par des crampes, sont percés par des baux : presque tous sont surmontés de cabanes de planches ou de nattes avec des toits en chaume. Ils n'ont de plate-forme supérieure que vers l'arrière et lorsque le gouvernail est vertical; mais ils emploient ordinairement un aviron attaché à des montants (*pl.* 37.)

Quelquefois des bateaux à peu près semblables, cousus aussi avec des crampes (*pl.* 39), enlèvent leur toit et ne conservent qu'une plate-forme portée sur des piquets à quelques mètres d'élévation, sur laquelle se tient l'homme qui gouverne; ils ont de 8 à 15 mètres de longueur, sont plats, très-longs, avec un arrière arrondi et élevé en pointe. On les rencontre surtout au-dessous de Calcutta, près des huttes de pêcheurs groupées sur le bord des criques au milieu des vases.

DOONGA.

On trouve au même endroit des pirogues d'une seule pièce de bois nommées Doongas (*pl.* 39), dont l'avant et l'arrière sont élancés et plats, qui servent à circuler dans les marais et les embranchements de l'embouchure du Gange.

D'autres ayant la même destination sont formées de planches cousues, comme celles des Chelingues, par des attaches en jonc, dont les amarrages ne sont pas en diagonale. Ces petites embarcations, de formes et de grandeurs tout à fait différentes, servent à une population misérable, adonnée principalement à l'exploitation du sel, et vivant dans un pays infesté de tigres, insalubre et marécageux.

On voit encore à Calcutta d'autres pirogues dont les principales sont : l'Oolak, ou canot de bagage de l'Hoogly et du centre du Bengale; il surpasse les autres bateaux de rivière pour marcher à la voile et gagner au vent; son avant est aigu, ses côtés un peu arrondis, et on le manœuvre facilement avec l'aviron.

Le Dacca-Pulwar (*pl.* 40), qui est le plus léger, le plus prompt et le plus maniable des bateaux employés au commerce et qui n'a point de quille.

Le Mor-Punkee (*pl.* 41), bateau de plaisance des indigènes, élégamment décoré et mû par de nombreuses pagaies.

Celui de Tumlook, servant au transport du sel, qui forme une classe distincte, ainsi que le Bhur ou bateau de charge de Calcutta. Ils ressemblent tous à ceux dont nous avons donné les plans et les dessins, et il serait même difficile de les reconnaître entre eux à cause des moyens accidentels auxquels les Indiens ont recours pour les rendre propres à différents usages.

Nous avons pu mesurer celui qui sert au transport du riz (*pl.* 40, *fig.* 1, 2 et 3). Il a pour base de sa construction une planche *c c* allant d'un bout à l'autre, de la même épaisseur que les bordages, qui viennent s'y appuyer sur les côtés, comme sur une quille sans râblure. Ils sont cloués sur des portions de membres *a a* séparées entre elles (*fig.* 2). Les extrémités sont pontées et la cargaison est couverte de feuilles de latanier cousues les unes aux autres : l'aviron-gouverne (*fig.* 3) se place en *g* comme à bord des Pansways.

Quelques autres bateaux (*fig.* 4 et 5), formés d'une seule pièce, sont de véritables pirogues n'allant guère qu'à la pagaie et destinées au passage d'une rive à l'autre. Ils ont des toits en nattes de lanières de rotin très-serrées, et sont en partie pontés, les bancs étant inutiles aux Indiens, qui s'asseyent par terre.

COTE DES BIRMANS.

La côte orientale du golfe du Bengale, habitée par les Birmans, n'est jamais fréquentée par les navires que nous venons de décrire. Ce peuple, assez industrieux et plus courageux que les Indiens, rend au dieu Boudhou un culte dépouillé des superstitions des brames, qui semble avoir été jadis répandu dans la partie méridionale de l'Asie; mais la religion de Brama et celle de Mahomet l'ont remplacé presque partout, et on ne le retrouve plus que sur cette côte, dans l'île de Ceylan et parmi quelques tribus dispersées à l'est de Java.

Les Birmans ne sont pas plus marins que les Indiens : ils ne quittent jamais leur pays, et leurs constructions se bornent à des canots de rivière qui peuvent aussi naviguer sur les eaux tranquilles de leurs baies. Ils paraissent n'avoir que des embarcations à rames, et les *fig.* 7, 8 et 9 (*pl.* 40) ont été tracées d'après un modèle vu à Ceylan, que nous croyons très-exact, à cause de sa grande ressemblance avec les bateaux de guerre décrits dans la relation de l'ambassade anglaise envoyée, en 1795, dans le royaume d'Ava. La *pl.* 41 est empruntée à cet ouvrage, ainsi que les détails suivants :

« La partie la plus remarquable des forces militaires des Birmans est sans contredit leur établissement de chaloupes de guerre. Chaque ville considérable, située dans le voisinage d'une rivière, est obligée de fournir un certain nombre d'hommes et un ou plusieurs bateaux, proportionnellement à ses moyens. On m'a assuré que le roi peut, en très-peu de temps, rassembler cinq cents de ces chaloupes : elles sont formées d'un tronc de teck, en partie creusé par le feu et en partie taillé. Les plus grandes ont depuis 80 jusqu'à 100 pieds de long (24^m,24 à 30^m,5), mais elles n'ont guère que 8 pieds de large (2^m,42), et encore cela n'est pas la largeur naturelle du tronc ; qu'on augmente par des allonges mises sur les côtés. Elles portent de cinquante à soixante rameurs, qui font usage d'une courte rame sur un pivot. La proue, formée du même morceau, a une surface plate sur laquelle on place, en temps de guerre, une pièce de canon de 6, 9, et même 12 livres de balles, dont l'affût est arrêté des deux côtés par de forts verrous, et il y a souvent des pierriers à l'extrémité de la poupe. »

« Les matelots ont une épée et une lance qu'ils placent près d'eux quand ils rament, et, indépendamment de l'équipage, il y a ordinairement à bord trente soldats armés de fusils. Ainsi équipés, ces navires vont en flotte à la rencontre de leurs adversaires, et, lorsqu'ils sont en présence, ils forment une ligne de bataille, la proue tournée vers l'ennemi. L'attaque des Birmans est très-impétueuse ; ils s'avancent avec rapidité en entonnant un chant de guerre, autant pour encourager leurs soldats que pour intimider les ennemis et régler les coups de rames. Ils tâchent, en général, de sauter à l'abordage en jetant le grappin, et, quand ils y parviennent, le combat devient furieux, car ils ont beaucoup de courage, de force et d'agilité. En temps de paix ils aiment à s'exercer sur leurs bateaux, et l'adresse avec laquelle ils les manœuvrent m'a souvent fait passer des moments très-agréables. Leurs chaloupes n'étant pas fort élevées au-dessus de l'eau, le plus grand danger qu'elles aient à courir est d'être coulées bas par le choc d'une plus grande, accident que les pilotes apprennent à connaître et surtout à éviter ; il est étonnant de voir avec quelle facilité ils gouvernent et manœuvrent dans leurs combats simulés. L'équipage est aussi exercé à ramer en arrière et à faire aller la chaloupe la poupe en avant, car c'est là leur manière de faire retraite, et, par ce moyen, l'artillerie porte toujours sur leurs adversaires. Les plus grandes chaloupes ne tirent pas plus de 3 pieds d'eau. Quand il se trouve à bord une personne de distinction, on place au centre ou sur la proue une espèce de banne ou de dais, et les côtés sont unis ou dorés jusqu'à fleur d'eau, selon le rang du propriétaire : il n'y a que les princes du sang ou les personnages les plus importants, tels que les Maywouns des provinces ou les ministres d'État, qui puissent avoir de ces dernières. »

Le major Symes, chargé de cette ambassade, décrit ainsi le canot dans lequel il fut transporté : « Les chaloupes telles que celles que nous avions sont d'une construction très-différente des bateaux plats du Gange : elles sont longues, étroites, et demandent beaucoup de lest pour ne pas vaciller continuellement. Malgré ce lest, elles seraient encore en danger de chavirer s'il n'y avait pas, en dehors, de chaque côté, un rebord de 6 à 7 pieds de large (1^m,82 à 2^m,12), fait avec des planches très-minces ou des bambous, allant de la poupe à la proue. Cette invention extrêmement commode, inconnue dans le Gange, paraît appartenir aux Birmans : par ce moyen la chaloupe ne peut pencher que jusqu'à un certain point, et elle se relève dès que cette partie saillante touche la surface de l'eau ; c'est là que se tiennent les matelots soit pour ramer, soit pour faire avancer avec de longues perches ; ils y couchent aussi sous une voile tendue depuis le haut de la dunette jusqu'à l'extrémité du rebord. »

« Ma chaloupe avait 60 pieds de long (18^m,18) et tout au plus 12 de large (3^m,60). En faisant ôter une solive qui

12

traversait le bâtiment du côté de la poupe, mettre une planche à 2 pieds au-dessous de la première et élever une dunette cintrée de 7 pieds au-dessus de ce plancher, j'eus un logement composé d'une jolie chambre de 14 pieds sur 10, et d'un cabinet. Le patron se tenait sur un petit tillac qui était à la poupe, et un espace de 7 à 8 pieds (2ᵐ.12 à 1ᵐ,42), qui restait entre le tillac et ma chambre, servait ordinairement de salle à manger. »

« Je ne dois pas oublier de dire que l'équipage de cette chaloupe était composé d'un patron et de trente-six rameurs. »

GOLFE DE SIAM.

Au midi de la côte des Birmans se trouvent les îles presque inconnues de Nicobar et d'Adaman, sur lesquelles aucun voyageur ne donne de détails. La marche que nous suivons nous conduirait à parler maintenant des navires du détroit de Malacca ; mais, comme ils appartiennent spécialement aux constructions malaises, dont nous nous occuperons plus tard, nous passerons directement à ceux du golfe de Siam. Ils sont connus des Européens sous le nom de Jonques, et ressemblent beaucoup à ceux des Chinois, comme le fait voir la comparaison des pl. 42 et 43 avec celles relatives à la Chine : ils fréquentent Sumatra, Java, le détroit de Malacca, et mouillent tous les ans en grand nombre sur les rades de Sincapour, de Samarang, et surtout à Batavia, où ils arrivent aidés de la mousson.

C'est à leur bord qu'on trouve la voile chinoise, la seule de ces pays dont la surface puisse être réduite, et dont la disposition ingénieuse, mais compliquée, sera détaillée plus loin. Les navires siamois ont le maximum de largeur placé au tiers, environ, à partir de l'arrière : leurs fonds sont très-plats, leurs formes arrondies et jamais rentrantes ; l'avant, qui ressemble quelquefois à une large planche plate un peu oblique (pl. 42), repousse l'eau sans la diviser ; sa partie supérieure est ouverte entre deux grandes planches relevées et peintes en rouge avec deux cercles excentriques, l'un noir et l'autre blanc, pour imiter la prunelle de l'œil. Le gouvernail est placé dans une fente par laquelle l'eau entre dans une chambre intérieure faite exprès pour la contenir. Tout dans la construction et dans la peinture de ces navires a tant de rapport avec ce que nous verrons en Chine, qu'il est inutile d'en parler ici, et les pl. 42 et 43 pourront y suppléer.

Les ancres sont en bois, attachées à des câbles de rotin tressé à plat comme nos garcettes de ris : ce cordage, de 0ᵐ,12 à 0ᵐ,14 de largeur, sur 0ᵐ,06 à 0ᵐ,07 d'épaisseur, est très-fort et très-léger ; mais ses avantages sont détruits par son extrême roideur, car il ne peut plier assez pour former un nœud ou être amarré : les Siamois sont obligés, pour le placer sur leurs Jonques, de le mettre sur les plats-bords, où les cercles qu'il décrit débordent le navire des deux côtés. Il ne peut être employé avec avantage que pour des usages fixes, pour des haubans ou des estropes par exemple, et rien alors n'égale sa durée et sa solidité : seulement le rotin a le défaut d'être très-contractable à l'humidité.

Les Jonques de Siam ont pour chaloupes des espèces de caisses allongées (pl. 42, sur le devant) avec des fonds plats, des côtés verticaux et presque parallèles, l'avant et l'arrière plats et un peu élancés. Les canotiers rament debout en poussant comme dans quelques ports de la Méditerranée, genre de nage qui ne se trouve plus qu'en Chine et dans les pays qui semblent en dépendre.

COCHINCHINE.

Il est surprenant de ne trouver, en Cochinchine, aucune des constructions en usage dans les pays voisins, avec lesquels cependant elle a beaucoup de rapports de religion, de langage et de costumes. L'introduction des étrangers y est sévèrement prohibée, bien qu'ils y aient causé moins de mal qu'en Chine et au Japon où les jésuites occasionnèrent d'affreuses guerres de religion. L'empereur Gya-Long, prédécesseur du souverain régnant, y avait attiré quelques Français émigrés, qui, devenus ses ministres, organisèrent une armée, élevèrent des fortifications aussi belles que celles de nos places fortes et améliorèrent rapidement l'administration intérieure du pays. Si le nouvel empereur l'eût imité, il aurait pu accomplir dans ses États une révolution semblable à celle de la Russie en Europe; mais, loin de suivre son exemple, il expulsa les Européens et mit en séquestre ses sujets, dont il anéantit ainsi le commerce et l'industrie : sans être cruel, le despotisme du nouveau gouvernement entrave tout par sa méfiance minutieuse, et laisse tomber ce beau pays dans l'ignorance et dans la misère. On y retrouve cependant quelques traces de la civilisation qui y avait un instant pénétré : les soldats cochinchinois ont encore entre les mains nos fusils de munition, nos sabres et nos gibernes; ils gardent des forteresses garnies de canons pareils aux nôtres, et cette imitation d'objets étrangers est un phénomène chez ces peuples; mais tout est dans un état de dépérissement complet, et ces vains restes du règne d'un homme de génie ne pourraient plus servir à la défense du territoire.

Ils avaient aussi essayé de copier des navires, car nous avons vu à Touranne deux corvettes à batterie couverte, construites d'après un bâtiment de commerce français, qu'ils avaient acheté pour le dépecer. Chaque pièce, portée à la capitale Hué-Fo, fut à peu près imitée, et leur réunion forma le nouveau navire, dans lequel se glissèrent cependant quelques idées cochinchinoises. On fit, par exemple, des préceintes plus épaisses que les bordages de 0^m,35; la batterie fut placée trop bas, et toutes les dispositions intérieures changées. La mâture et le gréement furent plus exactement copiés, au soin et à l'ordre près; mais on réussit moins bien pour les voiles, auxquelles on ne sut donner qu'une forme rectangulaire. Ces corvettes exécutèrent quelques voyages à Sincapour et même à Calcutta, sous la direction de capitaines européens, et l'on prétend que l'empereur, fier de la petite marine qu'il venait de créer, voulut un instant la faire paraître en Europe : heureusement pour les équipages, ce projet n'eut pas de suite. L'intérieur de celle que nous visitâmes était dans un désordre sans égal; chaque matelot faisait cuire ses aliments où bon lui semblait; le lest se composait de galets jetés au hasard dans la cale, l'eau était renfermée dans des barriques ou dans des caisses de bois placées çà et là. Tout, enfin, était si mal disposé, que des naufragés français, recueillis à Touranne, se trouvèrent heureux d'arriver sains et saufs à Sincapour, quoiqu'ils fussent en assez grand nombre pour manœuvrer eux-mêmes, que le trajet fût court et favorisé par la mousson. Ce fut en même temps une bonne fortune pour les Cochinchinois d'avoir avec eux des étrangers expérimentés, car le navire était de beaucoup supérieur à son équipage. En effet, c'est par le personnel que pèchent toutes les marines naissantes, et les hommes de génie qui les ont créées ne peuvent obtenir que des vaisseaux : il faut laisser écouler plusieurs générations avant qu'une population qui a su les construire sache les manœuvrer, et des marins ne s'improvisent pas comme des soldats. On trouve une preuve frappante de ce fait dans la marine égyptienne et dans celle des États-Unis : la première étonna d'abord par des constructions aussi parfaites que les nôtres, mais auxquelles des marins inhabiles ne firent obtenir aucun résultat; tandis que les Américains, avec de faibles navires, conquirent leur indépendance par leurs talents maritimes.

PÉNICHE DE TOURANNE.

Ces Péniches ont beaucoup de largeur, très-peu de creux, et leur maître-bau est placé au tiers, à partir de l'arrière. La carène, plate, presque carrée au milieu, devient tout à coup mince et effilée vers les extrémités; la quille est à peine sensible, ainsi que l'étambot et l'étrave, qui sont recouverts par les bordages; celle-ci est souvent très-large, ou plutôt l'avant est plat comme celui des Gay-yous, bateaux de pêche de la même baie, auxquels elles ressemblent beaucoup : elles marchent assez bien à l'aviron, mais ne portent jamais de voile et seraient incapables de sortir de la rade. Leur carène est blanche; au-dessus est une bande noire surmontée d'une jaune, comprise entre deux liteaux rouges, sur laquelle sont des ronds blancs saillants en bourrelets. L'arrière est élevé, et laisse passer la fusée du gouvernail en dedans du tableau; il est orné de quelques sculptures peintes en couleurs éclatantes et porte deux guidons jaunes et une gaule intermédiaire avec deux boules rouges placées en croix. Ces Péniches, longues de 18 à 20 mètres et larges de 3^m.50 à 4 mètres, sont armées par des soldats de marine qui rament debout en poussant leurs avirons attachés au sommet de tolets de 0^m.20 de long. Une d'elles (pl. 44) vint conduire, à bord de la corvette la Favorite, un envoyé de l'empereur : il était placé à l'avant du bateau ainsi que les personnes de distinction qui l'accompagnaient, et les gens de sa suite portaient sa boîte à bétel, sa pipe et les deux parasols verts insignes de sa dignité. Il était, en outre, escorté d'un peloton de soldats vêtus comme les marins et armés de fusils semblables à ceux de notre infanterie, mais si mal entretenus qu'il aurait sans doute été difficile d'en faire usage.

GAY-DIANG.

Ce n'est qu'à bord de ce caboteur que l'on trouve la voile triangulaire nommée houary, employée sur une bien plus grande échelle qu'en Europe. Le Gay-Diang (pl. 45) en porte trois, dont deux seulement sont fixes; la plus grande, souvent d'un tiers plus longue que le bateau, n'a en bordure que la moitié de sa chute, et est translilée à la vergue ainsi qu'à un gui; elle est en toile de coton ou en nattes dont les laizes sont parallèles à la vergue, et fortifiées par des bandes cousues perpendiculairement à la ralingue de l'arrière. Elle n'a pas de ris, et son gui ne semble pas pouvoir servir à la rouler. La vergue a deux racages en rotin pour la tenir dans la direction du mât, qui est de la même longueur : au mouillage, le racage inférieur est lâché, et la vergue devient horizontale; c'est dans cette position que l'on enverge la voile. Le grand mât placé au milieu est tenu par trois haubans en tiges de rotin parallèles unies à leurs extrémités par des amarrages et, en outre, liées en faisceau comme nos herses en bitord. Chaque hauban est capelé et repose sur une cheville qui perce le mât; à l'autre bout, il entoure un bloc de bois dans lequel passe la ride qui embrasse le porte-haubans. Le second mât est pareil, à cela près qu'il n'a qu'un hauban, et enfin le troisième, qu'on n'emploie que par le beau temps, est planté sur l'avant et porte aussi une voile houary. Leur proportion est telle, que leurs trois sommets et les bouts des trois vergues sont toujours en ligne droite.

Les Gay-Diangs se rapprochent des constructions chinoises par la position de leur maître-bau vers le tiers de l'arrière : leur largeur est le quart de la longueur, et la profondeur a le même rapport; l'avant, élancé, est terminé par une étrave large vers le haut, que cachent les bordages cloués sur les côtés. L'étambot est saillant et porte un gouvernail à ferrures : les membres sont simples et très-forts; ils supportent une serre-bauquière et sont travaillés très-grossièrement. Le pont, très-courbe, placé à 0^m.20 ou 0^m.30 au-dessous du plat-bord, est surmonté d'une grande cabane en joncs attachés parallèlement, recouverte de chaume. Les bordages sont fixés par des gournables ou chevilles de bois; ils sont larges et épais, et, pour que le porte-haubans n'appuie pas sur un seul d'entre eux, on le fait oblique, courbe, et fortifié par deux ou trois gros taquets. Ces navires paraissent marcher passablement, porter assez bien la voile et surtout serrer le vent de très-près. Leur longueur varie de 15 à 20 mètres; ils prennent de fortes cargaisons qu'ils transportent depuis le Tsiampa jusqu'au golfe de Tunquin; ils sont, pour la plupart, peints en noir avec une carène blanche, ou quelquefois le bois reste à nu et prend une couleur grise. Leurs ancres, en bois, n'ont qu'une seule patte et un long caillou attaché en travers pour servir de jas; les câbles, en rotin ou en bourre de coco, se placent sur un guindeau qui traverse le navire et tourne dans des planches verticales fixées à la muraille sur l'avant du grand mât.

BATEAU DE PÊCHE DONT LA CARÈNE EST EN ROTIN TRESSÉ.

Le haut de ces bateaux, très-usités en Cochinchine (pl. 45), est fait de deux planches formant chacune un des côtés, et réunies par des bancs saillants que tiennent des chevilles : à leurs extrémités elles sont cousues l'une à l'autre ou à une pièce de bois transversale, et ont, au bas, une râblure intérieure, dans laquelle entre le rotin dont est fait le reste du navire. Les carènes ressemblent exactement à un panier ; elles sont en lanières de rotin de 0m,005 de largeur, tressées à angle droit, très-serrées, formant quelquefois un tissu double dont chaque fil entre dans un des trous de la râblure, où il est coincé, et cette jonction est souvent recouverte d'une latte fixée par des amarrages; elles sont rondes, à extrémités semblables, à côtés presque parallèles et plates dans les fonds, où elles sont rarement soutenues par des courbes intérieures. On les enduit d'un mastic grisâtre, élastique, poli et imperméable, dont nous regrettons de n'avoir pu connaître la composition, à cause de ses bonnes qualités; car il ramollit très-peu au soleil et ne s'écaille jamais. Ces carènes tressées sont indifféremment employées pour de petites pirogues de 4 à 5 mètres de long ou pour des bateaux de 20 mètres ; quelquefois ces derniers ont un pont de planches sur lequel se trouve une cabane en joncs, et portent deux mâts tenus par des haubans en rotin reposant sur une grande plaque de bois pour ne point percer le réseau du fond. Les voiles sont à peu près semblables à celles du bateau de pêche dont nous allons parler.

GAY-YOU, BATEAU DE PÊCHE DE TOURANNE.

La baie de Touranne est couverte d'une foule de ces bateaux qui s'offrent sous mille aspects différents : chacun a ses voiles tournées ou roulées de diverses manières ; les uns se laissent dériver pour traîner leurs filets, les autres louvoient et vont se placer au vent pour les tirer de nouveau (pl. 47). Ils ont un fond plat d'une extrémité à l'autre, formé de planches longitudinales au milieu, et transversales à la partie relevée de l'arrière et de l'avant. Les bordages, très-larges, sont cousus d'une manière singulière : leurs côtés en contact sont d'abord percés par des chevilles à pointes perdues (pl. 46, fig. 7) qui les empêchent de jouer, sans les faire adhérer, et, pour arriver à ce but sans les traverser, on pratique de petites cavités t t (fig. 6 et 8), dont l'orifice est plus étroit que l'intérieur, comme le dedans d'une bombe ou d'une grenade; on y introduit l'un des nœuds faits à chaque bout d'une petite estrope en herse transfilée, qu'une cheville plantée dans le trou empêche de sortir. Un point fixe est ainsi obtenu sur chaque bordage, et pour les serrer l'un contre l'autre on met sous les estropes des coins k k, qui les tendent et rapprochent assez les deux côtés pour qu'il soit inutile de calfater : de cette manière, le bateau est cousu sans être consolidé par des membres (fig. 4), et le bordage supérieur seul est maintenu par de petits amarrages plats. Des bancs, qui réunissent les deux côtés en les perçant, sont tenus par des chevilles extérieures et intérieures; les intervalles qui les séparent sont remplis par un pont volant, dont une partie est en planches, et l'autre en lattes de bambou, placées entre des traverses à rainures, qui reposent aussi sur une petite serre-bauquière, liée aux bancs et non pas au corps. Un toit mobile, en lanières de rotin, couvre le milieu.

On trouve à bord des Gay-yous un nouveau gouvernail, à peu près semblable à celui dont on se sert en Chine. Sa fusée ronde d (pl. 46) traverse le fond du navire, dans lequel est pratiquée une fente pour laisser passer le safran g, lorsqu'on le remonte (fig. 1) : il est alors soutenu par une cheville introduite dans un des trous de la partie plate, et, comme dans cette position il ne peut avoir aucun mouvement, il faut le descendre pour s'en servir et pour que sa fusée puisse tourner (fig. 3). Le trou ainsi percé dans le fond du bateau est entouré par des cloisons verticales *a b* et *a a'* formant une chambre pour contenir l'eau qui entre, et les deux côtés de la fente sont fortifiés par des courbes *c c*, sur lesquelles sont clouées les planches de l'arrière. Ce gouvernail fatigue beaucoup parce qu'il est fort long, et que le trou du pont ainsi que celui du fond, seuls points sur lesquels il appuie, sont très-rapprochés ; on ne le rentre que lorsque le bateau se laisse dériver, ou quand il doit passer sur des bancs où il y a peu d'eau, et on le remplace par un grand aviron.

Le grand mât seul est soutenu par deux haubans de rotin, roidis par des rides passées dans des moques ; les voiles en coton ou en nattes de latanier ont toutes leurs laizes cousues à une bande supérieure *v v* souvent teinte en brun ; une cheville *u*, traversant la vergue inférieure, sert à la tourner pour rouler la voile et la serrer entièrement ou seulement en diminuer la surface, méthode très-simple empruntée aux Malais. Outre les voiles de leurs deux mâts, les Gay-yous en disposent, sur l'arrière, une autre de forme rectangulaire (*pl.* 47), dont un des petits côtés est fixé par les angles à un bambou planté derrière, tandis que les coins de l'avant sont attachés au hauban du vent et au mât ; elle n'est usitée qu'en Cochinchine et ne sert guère qu'à faire dériver. Il en est de même d'une voile carrée, également en coton, qu'on hisse entre les deux mâts pour traîner le filet : la misaine est alors renversée, toutes les voiles se contrarient et portent en travers (*pl.* 47).

Le filet est attaché par ses longues cordes à des bambous *p p'* et *n n* (*fig.* 9) fixés à un bau et à l'un des piquets de l'avant, ou derrière en *o* (*fig.* 1, 2 et 9) ; des cordes plus petites *s* servent à tirer les premières à bord, sans qu'on soit obligé de rentrer les bambous ; comme ceux-ci supportent un grand effort, ils sont soutenus par d'autres cordes que poussent sous le vent des arcs-boutants *q q'* et *r r'*. Les Gay-yous gardent tout cet appareil lorsqu'ils louvoient pour aller se placer au vent, et c'est alors qu'ils emploient un balancier, formé d'une forte pièce de bois *l' l*, liée au bau *e e'* et portée sur le côté du vent au point le plus large du bateau. Un gros paquet de pierres est suspendu à un anneau en rotin *x*, qu'on éloigne ou qu'on rapproche comme le rocambot d'un foc, avec une corde passée dans le trou *l*, pour en régler l'action par la longueur du levier ; mais, ce moyen n'étant pas toujours suffisant, les gens de l'équipage ajoutent leur poids à celui des pierres en se plaçant à l'extrémité du balancier (*pl.* 47). sur un bambou dont l'un des bouts pose obliquement sur le bateau (*fig.* 9). On change l'appareil de côté lorsqu'on vire de bord. évolution qui s'exécute vent devant ; mais, quand le bateau dérive pour traîner ses filets. les pierres deviennent inutiles parce qu'il est assez soutenu par l'effort exercé sur les bambous.

Les Gay-yous sont montés par huit ou dix hommes : ce sont des pêcheurs doux et tranquilles, qui habitent de misérables huttes au milieu des dunes et auxquels les mandarins enlèvent presque tout le produit de la pêche abondante que fournit la baie.

CABOTEUR DU TUNQUIN.

Nous avons vu à Touranne un caboteur du golfe du Tunquin (*pl.* 48), remarquable par sa voile arrondie vers l'arrière ; l'avant est porté par une vergue oblique dépassant à peine le mât, et du bas de laquelle partent de nombreuses lattes de bois qui, vers le haut, s'éloignent comme des rayons et sont cousues à la natte de la voile. Les laizes sont parallèles à la vergue, et le tout est fortifié par des cordes de la grosseur de notre merlin, liées à certains points de la vergue ; elles transpercent la voile en suivant une direction qui divise en deux l'angle formé par les laizes et les lattes, à trois ou quatre desquelles est attachée une écoute en patte d'oie. Cette voile solide, mais pesante, oriente très-bien, se tient presque plate, et sa surface est facilement diminuée en descendant la vergue pour que les lattes inférieures tombent les unes sur les autres ; nous n'avons pu savoir si on la changeait de côté pour virer de bord, mais il nous a semblé qu'on la laissait se coller sur le mât.

Le corps a quelque analogie avec celui des Gay-diangs, mais il est proportionnellement plus long. L'arrière, que les bordages dépassent un peu, est plat, très-étroit, et porte un gouvernail à ferrures ou à attaches ; l'avant est très-bas, élancé, l'étrave est cachée par les bordages, et le pont ne va pas jusque sous la cabane en chaume élevée au milieu. Ces bateaux ne sont jamais peints, les détails de leur construction sont grossiers, ils sont bordés et membrés, leur maximum de largeur est au tiers à partir de l'arrière, et ils ont environ 18 mètres de long sur 4 de large.

CHINE.

Les Chinois, plus industrieux que les peuples dont nous venons d'examiner les navires, connaissent tous les arts nécessaires à la construction navale, et sont, cependant, restés inférieurs sur ce point, tandis qu'ils excellent sur beaucoup d'autres. Ils nous ont même, quelquefois, servi de modèles; un grand nombre de nos inventions ne sont que des répétitions ou des perfectionnements de ce qu'ils font depuis des siècles, soit pour les étoffes, plus brillantes et plus durables chez eux qu'en aucun autre pays, soit pour la culture, si importante dans leur contrée, la plus peuplée du globe. Ils creusaient des puits artésiens avant nous, et leur méthode, plus simple, a même trouvé en France d'heureuses applications; ils connaissent depuis longtemps la poudre, excellent dans l'art des feux d'artifices, et l'on croit que les propriétés de l'aiguille aimantée ne leur étaient pas étrangères lors de l'arrivée des Portugais. A cette époque, les produits de leur industrie étonnèrent l'Europe, qui fut longtemps sans pouvoir les imiter, et n'est parvenue que depuis peu à les surpasser. Contrairement aux Arabes, ils n'ont point dégénéré, leurs arts sont restés les mêmes, et, si l'on en excepte la guerre, qu'ils ignorent complétement, ils rivalisent encore avec les pays civilisés. On est surtout frappé d'une différence remarquable entre leur industrie et la nôtre : c'est qu'ils paraissent porter tous leurs efforts à perfectionner les œuvres de l'homme par l'intermédiaire des outils, à utiliser le plus possible son travail, mais jamais à l'exclure, comme en Europe, où l'on n'invente que des machines marchant seules, sans que la moindre force soit nécessaire pour en diriger les mouvements, et même quelquefois sans qu'il soit besoin de les surveiller. Nous obtenons ainsi, sous les yeux d'un enfant, ce que le travail de bien des hommes ne pourrait donner qu'avec l'aide d'excellents instruments; l'avenir décidera si les Chinois ont été plus rationnels que nous, et prouvera peut-être qu'il ne faut pas produire plus qu'on ne peut échanger et consommer, sous peine d'enlever tout moyen de subsistance à des classes nombreuses et d'occasionner des bouleversements dans l'ordre social.

Les Chinois, faisant eux-mêmes tout ce qui peut satisfaire leurs besoins et leur luxe, n'ont recours aux étrangers que pour quelques denrées premières, surtout pour l'opium, dont la funeste passion réduit un grand nombre d'entre eux à un état déplorable. Ils ne travaillent pas pour les autres, et tout est chez eux si contraire à ce qui se fait en Europe, que la mode seule peut nous porter à adopter quelques-uns de leurs produits. Leurs goûts matériels feraient presque croire à des différences notables entre leurs organes et les nôtres; ils savourent, par exemple, avec délices des objets qui nous inspirent le plus profond dégoût, leur langage a des sons gutturaux que nous ne saurions imiter, et ils ne peuvent prononcer quelques-unes de nos consonnes. Leur écriture est également bizarre et difficile; elle est cependant connue des plus basses classes du peuple, à l'aide de l'enseignement mutuel, que l'on regarde chez nous comme une découverte moderne. Leurs lois et leurs coutumes diffèrent aussi des nôtres, et cependant on est forcé d'avouer qu'il y a chez eux beaucoup de choses remarquables et qu'ils sont aussi civilisés que les Européens, bien que d'une manière tout opposée. Ni l'invasion des Tartares, ni ce don d'imitation qu'ils possèdent, comme nous avons celui de l'invention, ne leur ont fait altérer leurs anciennes coutumes : répandus dans les colonies voisines, ils ont su partout copier ce que nous faisons et l'exécuter à meilleur compte; ils satisfont aux changements de nos modes et de nos idées, font tout ce que désirent les autres, mais restent eux-mêmes invariables. Ils sont au premier rang parmi les peuples commerçants : souples et avides comme les Juifs, ils ont de plus qu'eux le goût du travail et un zèle qu'aucune fête religieuse ne force au repos ; dans plusieurs colonies, où ils cultivent seuls les denrées étrangères, ils étagent leurs plantations sur les montagnes pour trouver des températures plus fraîches, et font jouir les Européens des fruits des pays tempérés. Ils se transportent facilement, et affluent où le commerce offre matière à leur activité; aussi peut-on à peu près évaluer la prospérité des colonies de ces mers d'après le nombre de Chinois qu'elles contiennent : dans tout le grand archipel d'Asie, où beaucoup d'entre eux sont nés loin de la mère patrie , ils n'altèrent en rien les mœurs nationales : en parcourant un quartier chinois de Batavia, de Sourabaya ou de tout autre établissement européen, on croit voir la Chine elle-même avec toutes ses originalités.

Cette invariabilité se montre dans leurs constructions navales, qui sont bien inférieures à celles que nous leur mettons sans cesse sous les yeux ; mais, comme ils ne cherchent jamais de modèles pour ce qui est à leur usage, ils continuent à se servir de ces navires que nous appelons Jonques, si différents des nôtres, que, si l'un d'eux était par hasard jeté sur nos côtes, nous le ferions certainement marcher par l'arrière, en plaçant le gouvernail où est la proue : il ressemblerait un peu ainsi à certains bâtiments du Nord dont les avants élevés et larges sont aussi renflés que les arrières des Jonques.

JONQUE DE GUERRE.

L'examen détaillé d'une Jonque de guerre donnera idée des anomalies des constructions chinoises. Au premier coup d'œil on est frappé de la position du maximum de largeur très-près de l'arrière (*pl.* 50, *fig.* 1) : la poupe, renflée, domine tout le navire (*pl.* 49), tandis que l'avant, bas et carré, s'arrondit et paraît calculé pour faire passer l'eau en dessous plutôt que pour la diviser; la carène, grosse et arrondie, enfonce très-peu dans l'eau et n'a jamais de parties rentrantes, ni d'extrémités plates comme celle qui avoisine l'étambot de nos navires. Presque toutes les sections verticales, faites en différents points, sont pareilles et paraissent être des portions de cercle de l'arrière au milieu, et vers l'avant se resserrer en ellipses. Nous regrettons vivement de n'en avoir pu relever la carène ; tant d'obstacles entravent des travaux aussi longs, qu'il est bien rare qu'un voyageur trouve un navire dans des conditions qui lui permettent d'en mesurer les parties immergées. Il y en avait un grand nombre échouées sur les vases dans le port de Macao, et c'est là que, en les examinant avec soin, nous avons été frappé de l'analogie dont il a été parlé , entre la conformation des carènes chinoises et celle des oiseaux aquatiques : ce sont de part et d'autre des formes plates dans les fonds, arrondies sur les côtés, courbes en se relevant vers les extrémités, surtout vers l'arrière; la position de la plus grande largeur est aussi la même, et l'immersion est égale devant et derrière.

Le corps est membré, bordé et vaigré dans ses parties inférieures comme celui des navires européens, à cela près que la quille, ordinairement percée (*pl.* 60) n'est pas la base de la construction, et ne lie pas tous les membres entre eux ; on la remplace par une planche qui nous a paru plus épaisse que les autres vers l'intérieur, mais qui n'est point saillante, sur laquelle la quille extérieure est clouée, de sorte que, si elle est arrachée, il n'en résulte aucun malheur. Nous pensons que cette disposition pourrait être très-utilement imitée chez nous sans nuire à la solidité ; car les marins qui ont fait naufrage ou qui ont échoué conviennent que leur malheur fut presque toujours occasionné par la perte de la quille, qui, sans aucun soutien latéral, est facilement enlevée et laisse les intervalles des couples à découvert. On a , il est vrai, obvié à cet inconvénient par des fonds pleins dont toutes les parties se touchent; mais cette avarie n'en est pas moins encore très-considérable, puisqu'elle influe sur tout le reste de la construction.

Les carènes chinoises sont quelquefois garnies d'un soufflage en bois couvert de peinture ou d'une composition blanche; les bordages vont d'une extrémité à l'autre parallèlement à la quille, et, vers la flottaison, ils deviennent plus épais comme nos préceintes, mais ils s'arrondissent comme des tores de colonnes z z z (*pl.* 49, *fig.* 1 et 2) et sont séparés par des parties plates dans lesquelles est le calfatage : toutes ces pièces viennent se joindre à deux fortes traverses placées aux extrémités, celle de l'arrière figure notre barre d'arcasse et l'autre (*fig.* 2) repose sur l'étrave; les précédentes se terminent au niveau de pont où la muraille a 0^m,45 d'épaisseur; quelques couples traversent le plat-bord et soutiennent les planches minces entourant le pont qui sont percées de petits sabords bordés de liteaux rouges; le haut est terminé par un bordage mis à plat, peint en rouge, ainsi que quelques planches verticales clouées pour maintenir le tout. Les côtés supérieurs du bâtiment qui se relèvent vers l'avant forment deux grandes flasques *e e* (*fig.* 1 et 2) unies par une planche transversale et portent un ou deux guindeaux $g^{\prime\prime\prime}$ qui les percent : ils sont toujours peints en rouge avec les deux cercles qui figurent l'œil. La barre de l'avant, qui repose en travers sur l'étrave en débordant sur les côtés, et une seconde *f'*, placée devant le mât de misaine, portent une planche *f f'*, sur laquelle se met l'ancre déjoaillée.

L'arrière, déjà très-élevé, est encore exhaussé par le tableau sur lequel sont dessinés avec soin des nuages, des montagnes, des fleurs et des dragons de couleurs brillantes, sur un fond ordinairement blanc : il est surmonté de grosses lanternes en papier huilé, couvertes de peintures et d'écritures chinoises. La muraille est percée par deux traverses soutenant, de chaque côté, à la hauteur de la partie arrière du pont (*pl.* 49, *fig.* 1, et *pl.* 50, *fig.* 1), une plate-forme *o o'* entourée d'une balustrade, qui est quelquefois pleine et rayée de bandes bleues et blanches, au lieu d'être découpée à jour; cet espace ne paraît destiné qu'à placer les provisions.

Le pont est partagé par une longue écontille servant à introduire les mâts, de sorte que, des deux côtés, les bordages ne sont que des planches clouées en travers sur l'hiloire du panneau et sur la serre-bauquière sans qu'il y ait de barrots. Ce premier pont, calfaté, est enduit d'une couche de goudron et recouvert de panneaux mobiles posés sur quelques traverses en dessous desquelles l'eau se rend aux dalots; quelquefois le pont est seulement bordé comme on le voit *fig.* 1 (*pl.* 50). Il est plus haut de 0^m,30 à 0^m,40 entre les deux cabanes *i i* et *k k*, et s'élève encore de la même quantité sur les côtés du gouvernail; derrière ces petites maisons se trouvent des cases *l*, où se fait la cuisine, et les vivres sont placés en dessous jusqu'à l'arrière. Dans la cabane *i i*, recouverte en toile, servant de salon au capitaine, on voit une grande gravure coloriée représentant Confucius et le diable, que les Chinois affichent aussi devant la porte d'entrée de leur demeure. L'autre, *k k*, couverte en feuilles de palmier, renferme l'escalier qui descend chez le mandarin-capitaine, dont le logement, vaste et très-propre, reçoit latéralement la lumière par des lucarnes carrées peintes en rouge. Sur l'avant, tout l'intérieur du navire est disposé en rangées de couchettes, chaque homme ayant probablement la sienne; elles sont sur deux étages et soutenues par les épontilles qui supportent les hiloires du long panneau dont nous avons parlé. Il règne assez d'ordre dans cet entre-pont, où sont placés les coffres des matelots, et nous croyons que la provision d'eau est au-dessous.

Les Jonques sont armées de quelques canons de faible calibre, différents des nôtres par une très-forte culasse et un bourrelet peu prononcé : les affûts ont des traverses au lieu de roues; les flasques n'ont point d'adents, et les sur-bandes sont remplacées par des amarrages en rotin; il n'y a que la pièce de l'avant qui soit en bronze et ornée de jolies sculptures. Le capitaine nous fit tout visiter avec une confiance bien rare chez un serviteur du gouvernement chinois : nous lui demandâmes à voir les boulets, mais ce fut en vain; peut-être n'y en avait-il pas à bord et devaient-ils arriver avec la poudre, qui n'est délivrée que par des chefs supérieurs, souvent très-éloignés. L'armement est complété par un grand nombre de lances dont les fers ont les formes les plus variées, attachées sur les côtés de l'arrière et des flasques de l'avant (*pl.* 51). La Jonque, ainsi équipée, était venue se placer près de la frégate l'Artémise pour la surveiller, et, après son départ, le capitaine chinois aura sans doute raconté d'une manière pompeuse qu'il avait expulsé un navire barbare.

Le gouvernail est très-singulier : il a une forte fusée ronde *m m* passée dans deux trous, dont l'un est pratiqué dans le pont et l'autre dans le corps même du navire, au niveau de la flottaison. Le safran *n* (*pl.* 49), ou partie plate, est tenu par des pièces de bois enfoncées dans la fusée et formé de planches verticales percées de trous en losanges, dont l'effet ne peut être que de diminuer son action en permettant à l'eau de traverser une partie de la surface qui lui est opposée. C'est une contradiction évidente sur laquelle nous n'avons pu obtenir aucun éclaircissement ; cependant cet usage, général en Chine, s'applique même aux quilles (*pl.* 60, *fig.* 1). La fusée *m m* tourne librement dans ses trous, et le gouvernail peut être soulevé par le guindeau placé au-dessus, de manière à mettre hors de l'eau la plus grande partie du safran, position qu'on lui donne dès qu'on arrive au mouillage (*pl.* 49). Le gouvernail, toujours suspendu à la corde d'un guindeau, peut être hissé autant que l'on veut; seulement, alors, il perd tout mouvement latéral, le safran entrant dans une longue fente telle que *n n'* (*pl.* 50, *fig.* 4), qui, laissant un vide à l'endroit où nous plaçons l'étambot, sépare le navire depuis la quille jusqu'à la traverse de l'arrière; les deux côtés de cet intervalle sont consolidés intérieurement par de fortes courbes *a a* (*pl.* 60, *fig.* 4 et 5) dans les râblures desquelles sont cloués les bordages (*pl.* 49). Cette fente *n n'* laisse entrer l'eau, que l'on contient par une cloison transversale faite à l'intérieur (*pl.* 60, *fig.* 4 et 5), qui va d'un bord à l'autre en s'élevant jusqu'au pont, et par deux autres longitudinales *b b* et *b b*, parallèles à la fente, ce qui forme une chambre calfatée, renfermant une masse d'eau dont le poids charge beaucoup le navire lorsqu'il tangue. Cette disposition, particulière à la Chine, se retrouve à bord des grands navires comme des plus petits bateaux; mais ce gouvernail, qu'on ne peut rendre libre qu'en le descendant (*pl.* 60, *fig.* 1 et 4), fatigue beaucoup à cause de la grande surface du safran et de la position éloignée où il se trouve lorsqu'il est en action ; aussi entend-on toujours craquer sa longue fusée, et voit-on les hommes qui tiennent la barre résister avec peine à ses secousses ; car on n'a pas su lui appliquer le treuil dont on fait cependant usage pour des objets moins importants.

Les bâtiments chinois ont une mâture simple, comme toutes celles de l'Inde; ils n'ont jamais ni beaupré, ni foc, et portent trois mâts placés comme ceux de nos Chasse-marée. Les deux plus grands sont introduits dans l'écoutille dont nous avons parlé; celui de l'avant est placé derrière un bau *b*, dont la partie supérieure seulement est aplatie et paraît sur le pont à 0ᵐ,10 au-dessus des planches; le grand, au contraire, est sur l'avant d'un bau semblable, qui, ainsi que *b*, traverse la muraille en montrant en dehors une partie ronde *a* peinte en rouge (*pl.* 49). Lorsque les deux mâts sont amenés à leur position verticale, ils y sont maintenus par trois ou quatre pièces *c c*, *c' c'*, *c'' c''* placées obliquement pour les étançonner et les presser contre les baux *a* et *b*, entre deux gros montants qui descendent jusqu'au fond; cette méthode lourde et grossière prend beaucoup d'espace dans le navire et le charge d'un poids inutile. Quant au mât de l'arrière, il est à bascule et pris entre les deux flasques d'une pièce implantée dans le pont; mais, au lieu de s'abattre dans le sens de la longueur, il se couche en travers : il est toujours à l'angle de bâbord de la dunette, et c'est par erreur qu'il se trouve du côté opposé dans les *pl.* 51, 54 et 62.

Les mâts ont deux ou trois haubans, dont le capelage est couvert d'une planche carrée peinte en rouge, sur laquelle reposent des gaules portant des pavillons bariolés de couleurs et de dessins, et ceux que représentent les *pl.* 49 et 51 paraissent être les marques distinctives des Jonques de guerre. Les haubans simples se roidissent au moyen d'une petite corde *x y*, qui, en les tirant obliquement, augmente un peu leur tension; mais de tels moyens sont bien faibles, et c'est sans doute à cause de leur insuffisance que les mâts ont autant de diamètre.

La disposition des voiles des Jonques, particulière aux Chinois et aux Japonais, est certainement une de leurs plus ingénieuses inventions : elles sont toujours faites de nattes jaunes très-fines, qu'on attache à chaque laize à la vergue *v v* (*pl.* 49), et plus bas à des lattes *q' q'* formées de faisceaux de trois ou quatre bambous liés solidement ensemble, dont le nombre est moindre à bord des petits navires, et qui, sur les bateaux de pêche, ne sont qu'en une seule tige de bois ordinaire. Chacune d'elles est maintenue près du mât par une longue drosse fixée en *s*, qui l'embrasse en passant dans la poulie *s'*, puis dans celle *s''*, et descend ensuite sur le pont; l'autre extrémité est retenue par une écoute en patte d'oie *q'* passée dans une poulie attachée à une corde qui descend à une grosse poulie *q''*, où se réunissent toutes les cordes semblables : celle-ci *q''* est fixée à une écoute simple sur laquelle on agit pour border la voile. On comprend, d'après cette disposition, combien la surface doit être plate, puisque les lattes, qui déjà empêchent sa courbure, sont elles-mêmes maintenues par leurs extrémités; aussi cette espèce de voile est-elle excellente au plus près, et permet-elle de serrer le vent d'un quart de plus qu'avec les voiles ordinaires. Elle oriente bien, se change d'elle-même en virant de bord, exige très-peu de force pour la manœuvrer; seulement elle se colle sur le mât lorsque le vent frappe du côté où elle est placée. On voit aussi combien la réduction de surface devient facile; car, en laissant descendre la voile, les lattes se posent successivement les unes sur les autres, et ne laissent exposées à l'action du vent que les parties hautes, où elles restent éloignées; de même, pour augmenter de voile, il suffit de hisser la vergue, et ce mouvement, semblable à celui qu'on produit en levant une jalousie, devient aisé au moyen d'un guindeau g'' et g', dont la puissance est nécessaire, bien que la drisse soit triple, pour soulever une telle masse de bois, de nattes et de cordes. Le principal défaut de la voile chinoise est une trop grande pesanteur qui tend à la faire tourner; il a fallu, pour y résister, employer la corde $r r$, qui, partant de l'extrémité d'une des lattes, embrasse le mât, passe dans une poulie au bout de la latte suivante, et continue ainsi jusqu'en bas, en rapprochant l'avant de la voile du mât. C'est aussi pour supporter ce poids que les Chinois mettent de chaque côté de fortes balancines à itagues fixées à la latte inférieure (*fig.* 1): celle de la grande voile est tournée sur le guindeau g'', ainsi qu'une autre, simple, placée plus en avant. Lorsque la voile est descendue, comme celle du grand mât de la *pl.* 49, elle repose en partie sur des traverses $d d$ (*fig.* 1 et 2, et *pl.* 50, *fig.* 1) soutenues par des montants extérieurs peints en rouge. Les drosses sont alors lâchées, y compris celles de la vergue u, u', u, qui est très-forte et roidie par un palan.

Nous nous sommes étendu au sujet de cette voile que ses qualités rendent intéressante; pour les navires qui n'en ont qu'une par mât, c'est la plus parfaite qu'on puisse trouver, mais elle a surtout de grands avantages dans les dimensions moyennes, où les lattes sont moins fortes et l'attirail des drosses très-simplifié. Avec l'aide du guindeau, on peut en augmenter ou en diminuer la surface sans un travail aussi long et aussi difficile que celui qu'exigent nos ris, et suivre ainsi sans peine les variations du vent le plus inconstant. Les voiles de la Péniche de guerre (*pl.* 50, *fig.* 2) ou celles des *pl.* 56, 64, et autres, donnent une idée de la différence qui existe à bord des petits bateaux: les drosses y sont remplacées par un bout de rotin attaché en m et en m'. La corde $r r$, devenue celle $l l$, est simple et légère, et l'on comprend combien il est aisé de donner à la voile la surface que l'on désire. Sa disposition subit, suivant les bâtiments, quelques différences faciles à apprécier en examinant les autres planches relatives à la Chine: on y verra même l'usage des lattes, porté à l'excès, diminuer, par l'énormité du poids, tous les avantages de ce système.

Les Jonques n'ont que des ancres de bois semblables à celles des Malais (*pl.* 80) et des câbles de fil de coco assez bien confectionnés: ils les tournent sur de grands guindeaux $g g$, qui traversent le navire et qui se meuvent dans des montants fixés à la muraille, en dehors de laquelle ressortent leurs extrémités peintes en rouge; pour arrêter le câble, ils laissent dans le guindeau des barres qui, en appuyant sur le pont, empêchent son mouvement de rotation. Le câble sort du navire entre les grandes flasques de l'avant, et porte sur la traverse, où il est maintenu par des piquets (*pl.* 49, *fig.* 2, et *pl.* 50, *fig.* 1). Lorsqu'une ancre est levée, elle est placée en dehors sur une des planches $f f'$ et reste ainsi sous voile, ce qui nécessite le démontage du jas: quelquefois, pour la garder en mouillage, on la laisse reposer sur la traverse, comme on le voit *pl.* 51; c'est même dans cette position que le jas est mis en place. Il est étonnant qu'un peuple qui sait travailler le fer s'en tienne à des moyens d'amarrage aussi faibles et n'ait pas eu l'idée de fabriquer de meilleures ancres.

Les grandes dimensions des Jonques empêchant d'y appliquer des avirons, on les remplace par de longues godilles extérieures posées sur la tête d'un clou, en h, que des hommes placés en dehors sur les planches $h' h'$ font mouvoir. Ces moyens ne doivent produire que peu d'effet sur une masse aussi considérable, car il y a des Jonques plus grandes encore que celle des *pl.* 49 et 50, et nous en avons vu dont la longueur était au moins de 40 mètres; leur mâture seule n'était pas augmentée dans le même rapport que les autres parties, surtout lorsqu'elles servaient au commerce. Leur marche est loin d'être aussi lente qu'on pourrait le croire; elles ont d'assez bonnes qualités et serrent le vent plus près même que les navires à voiles latines. Elles virent toujours vent devant, en exécutant, très-promptement et sans perdre au vent, cette manœuvre dont l'usage est assez récent en Europe. Leur plus grand défaut vient de leur peu de tirant d'eau et de leurs formes plates, car elles dérivent beaucoup sans avoir aucun moyen artificiel d'y obvier.

Les Jonques de guerre ont des équipages nombreux choisis parmi les pêcheurs de la côte, qui paraissent assez habitués à la mer, mais n'avoir aucune connaissance militaire. Ils n'ont pas de tenue régulière et sont commandés par de petits mandarins, auxquels on vend cette position comme toute autre de l'administration publique; car tout est vénal en Chine. Le capitaine de la Jonque que nous avons mesurée paraissait tout à fait étranger au métier de marin et ne portait pas non plus de costume spécial : il avait sans cesse auprès de lui un interprète et un pilote vêtus, comme le reste de l'équipage, de pantalons, de vestes noires et de chapeaux coniques de couleurs brillantes.

Il y a aussi des Jonques marchandes, semblables à celles que nous venons de décrire, dont le port excède 600 tonneaux : leurs cales sont distribuées en compartiments calfatés pour contenir des denrées liquides, telles que l'indigo, que les Chinois transportent en cet état; ces cases sont louées par les propriétaires qui suivent leurs marchandises. Les Jonques ne naviguent qu'avec les moussons; elles partent à des époques fixes, se réunissent en flottilles pour se rendre à Manille, à Batavia, à Sincapour et dans les îles du grand archipel d'Asie. La concurrence des navires européens leur a enlevé une partie du commerce de ces mers, et elles quittent maintenant plus rarement les côtes de leur pays, où elles font un cabotage actif qui dénote un grand commerce intérieur.

L'aspect des Jonques étonne le marin qui les voit pour la première fois, car il n'y trouve rien de ce qu'il est habitué à considérer comme utile à la navigation : toutes les règles de la construction y sont renversées, et le goût des Chinois pour les ornements, les couleurs vives dont l'extérieur est couvert, les rendent tellement étranges, que, quoique les dessins du pays soient très-exacts, on n'a cru aux navires qu'ils représentent que lorsque la navigation, en faisant mieux connaître la Chine, nous a prouvé qu'ils existaient et qu'ils naviguaient même assez bien.

PÉNICHE DE GUERRE.

Les Jonques sont quelquefois accompagnées de Péniches (*pl.* 50, *fig.* 2, 3, 4 et 5, et *pl.* 52), qui ont le maximum de largeur au tiers, à partir de l'arrière, des formes arrondies et peu de tirant d'eau; elles sont membrées et bordées avec soin; la préceinte *i i*, qui va de l'étrave à la barre d'arcasse, est surmontée d'un bordage plus épais que les autres, percé par plusieurs baux, dont deux, *c* et *c'*, soutiennent les mâts. Ce bordage est peint en bleu de ciel, tandis que les pièces visibles *c, c'* et les petits carrés tracés sur cette même planche à la partie qui s'écarte de la muraille sont rouges; sur le pont, l'arrière est élevé, très-large et déborde de chaque côté, comme celui des Chéchés; il porte des plates-formes latérales à la hauteur du bordage supérieur, et une autre partie pontée aussi élevée que le haut du tableau. Au delà de celle-ci sont des bambous attachés en travers, sur les côtés desquels il y a de grosses lanternes en papier huilé, couvertes de dessins et de caractères coloriés; une gaule horizontale, partant du milieu de cette partie, tient suspendu un pavillon triangulaire jaune bordé de rouge; la carène et les préceintes sont rouges aussi, et l'arrière est orné de fleurs et de figures peintes sur un fond blanc. L'étrave est plate, large de 0^m,40 au sommet et de 0^m,10 à la flottaison; les bordages s'y appliquent et l'empêchent ainsi d'être visible par côté; au ras de l'eau est cloué un renflement, espèce de taille-mer percé d'un trou; une plate-forme *a a*, que soutiennent une traverse placée sur l'étrave et le bau du mât de misaine, porte un petit canon très-long, dont l'affût, large vers l'arrière et pris entre les côtés du bateau, ne peut recevoir aucun mouvement pour pointer. L'arrière et le gouvernail sont disposés comme à bord de la Jonque de guerre.

Le pont (*fig.* 5), formé de bordages placés en long, calfatés et couverts de goudron, porte, de chaque côté, des pièces saillantes sur lesquelles reposent des panneaux *g g*, dont les planches sont en travers, et qui laissent en dessous un espace libre pour l'écoulement de l'eau; il est percé de plusieurs écoutilles sur l'une desquelles est une cabane élevée de 0ᵐ,50, couverte en toile peinte, où loge le capitaine. Le reste de l'intérieur, très-bas à cause du peu de profondeur du navire, contient des couchettes ainsi que des caisses pour renfermer les vivres.

Le bordage supérieur dont nous avons parlé soutient des montants sur lesquels sont des pièces horizontales *b* et *b* (*fig.* 5), liées à des bambous qui forment, de chaque côté, une longue plate-forme *b b*, dont le but ne nous est pas connu. Entre ces montants se trouvent, à la place de nos toiles de bastingage, des nattes *d d*, remplacées vers l'arrière par une planche peinte en rouge, percée pour le passage d'avirons établis sur des tolets, qui ont des pelles semblables aux nôtres, sont courts, très-maniables et peints aussi en rouge. Chaque canotier est assis sur une banquette mobile haute de 0ᵐ,10; ils suppléent aux tentes par de très-larges chapeaux plats *f f f*, en rotin tressé, fixés sur un treillage semblable à ces bourrelets en baleine que portent les enfants, qui permet à l'air de circuler autour de la tête. Les équipages sont composés d'hommes vigoureux, nageant avec ordre, en se levant rarement pour produire plus d'effet; leur nombre n'excède pas vingt et un ou vingt-deux de chaque côté, car on n'en met qu'un par aviron. Ces Péniches divisent l'eau avec facilité, produisent peu de remous à l'arrière et marchent rapidement; aussi pensons-nous que les canots européens ne pourraient lutter avec elles et que les formes chinoises sont très-favorables à l'aviron. Elles ont deux mâts à bascule, dont la *fig.* 2 donne les dimensions exactes ainsi que celles de la voiture et les dispositions du gréement; les haubans diffèrent de ceux de la Jonque en ce qu'ils sont roulis par une ride passée dans une cosse et dans un taquet cloué *p*.

Les Péniches sont armées de longs pierriers en fer portés sur des chandeliers *c* fixés au navire (*fig.* 5): ces petites pièces, ornées d'écharpes rouges nouées autour de la volée, ont des manches en bois, à peu près comme une crosse de fusil; leur calibre ne doit pas excéder une livre, et elles sont, du reste, en aussi mauvais état que les canons des Jonques. L'équipement est complété par des faisceaux de lances attachées des deux côtés de l'arrière, avec des fers de formes aussi variées qu'étranges. On voit constamment ces Péniches circuler autour de Macao et dans les branches du Tigre, où elles surveillent les Européens; elles portent à leurs mâts (*pl.* 52) des pavillons couverts de caractères brillants, et sur leur poupe de grandes lanternes en papier; lorsqu'elles passent à côté les unes des autres, elles se saluent en frappant à coups redoublés sur leurs *gongs*, espèces de cymbales dont le son perçant se fait entendre au loin.

BATEAU DE DOUANE.

D'autres bâtiments qui surveillent aussi les Européens sont particulièrement affectés au service de la douane dans les environs de Macao. Ils se rapprochent tellement des Jonques, bien qu'ils n'aient que 15 à 20 mètres de long, qu'il suffit d'examiner la *pl.* 53 pour en avoir une idée. La carène est peinte en blanc, le haut du corps en noir avec de larges bandes rouges parsemées de boules blanches, et l'échafaudage de l'avant est rouge.

JONQUE EMPLOYÉE AU TRANSPORT DU SEL.

On retrouve dans ce navire les types principaux de la construction chinoise avec toutes leurs singularités : la carène, blanche, à formes arrondies, est surmontée de nombreuses préceintes rondes, comme celles de la Jonque de guerre; la muraille, placée au-dessus, a des bordages obliques devant et derrière et horizontaux au milieu (*pl.* 54).

15

Il est étonnant de trouver en Chine cette méthode , regardée chez nous comme un perfectionnement notable pour la liaison des charpentes, et qui, appliquée aux vaisseaux et aux navires à vapeur, fait encore douter que les planches horizontales lui soient supérieures ; ces bordages, peints en noir, sont percés d'un grand nombre de clous qui montrent combien les membres sont rapprochés. Les parties hautes sont fortifiées par des lattes clouées en dehors et peintes en rouge, entre lesquelles sont figurés des sabords blancs avec un carré rouge au milieu. Vers l'avant, les murailles, relevées, forment de grandes flasques verticales peintes en vert, portant une imitation d'œil et des figures bizarres ; elles sont séparées par un vaste espace libre surmonté de quelques guindeaux, servant de passage aux câbles ainsi qu'aux ancres. L'avant est courbe, mais tout à fait plat ; sa largeur, à la flottaison, est de plus de 3 mètres, ses bordages sont horizontaux, il n'a point d'étrave et ne peut que repousser la mer au lieu de la diviser ; il est blanc et ordinairement décoré de dessins coloriés.

La dunette , très-élevée, est ouverte sur l'avant, avec un tableau blanc couvert de peintures représentant des dragons et des fleurs : la partie inférieure de l'arrière est rentrante et laisse dans l'intérieur du navire un espace d'environ 5 mètres de largeur et de profondeur, bordé suivant la courbe des côtés et garni au fond de planches horizontales ; cet espace contient un gouvernail d'une forme singulière, suspendu à un guindeau, qui, ne pouvant être manœuvré par une barre à cause de la longueur de sa partie plate, est dirigé, comme un de nos gouvernails de fortune, par deux cordes attachées à son extrémité. On ne comprend pas qu'un appareil aussi grossier et aussi incapable de résister à la mer subsiste chez un peuple qui sait exécuter des travaux plus difficiles. La mâture, très-basse, ne porte que de petites voiles à lattes ; le bateau représenté *pl.* 54 a son grand mât démonté et placé sur le bord, où l'on en voit les dimensions relatives. Ces navires ne peuvent pas bien marcher et doivent beaucoup fatiguer, car ils sont très-longs, et l'eau, qui s'engouffre dans la grande cavité du gouvernail, ne peut manquer de produire de violentes secousses. Ils sont spécialement employés au transport du sel dont les provinces méridionales fournissent le nord de l'empire. Leur longueur est de 30 à 35 mètres, leur largeur de 7 à 8 et leur creux d'environ 7 mètres ; tout à leur bord est mal disposé plutôt que mal exécuté, et nous ne pûmes, à notre grand regret, en visiter l'intérieur, qui nous eût sans doute offert beaucoup de particularités curieuses.

BATEAU PÊCHEUR.

L'approche des côtes de Chine est annoncée par une foule de bateaux qu'on rencontre quelquefois à de grandes distances et dont la navigation s'étend jusqu'à la petite île de Pratas, où ils font sécher leur poisson pendant la belle saison ; ils restent presque constamment au large, et il faut qu'ils aient de très-bonnes qualités pour résister aux vents violents des moussons et aux terribles tempêtes appelées typhons, qui en signalent les changements. Il en périt sans doute alors un grand nombre, mais ces dangers ne sauraient les empêcher d'aller chercher sur mer des moyens de subsistance que leur pays ne peut fournir à ses trop nombreux habitants. Des familles entières passent ainsi leur vie sur l'eau , les patrons seuls allant de temps en temps à terre pour vendre leur pêche et acheter des provisions.

Les bateaux qui les portent ont les formes chinoises ordinaires, environ 20 à 25 mètres de long sur 5 à 6 mètres de large, et deux mâts ayant chacun une voile à lattes (*pl.* 55 et 56) ; quelques-uns cependant s'écartent des types généraux en ce que le petit mât est placé derrière, à la manière arabe. Ils vont toujours deux à deux, remorquant de grands filets et portant une quantité de petites voiles en toile, qu'ils placent ou enlèvent pour égaliser leur marche ; celui qui est sous le vent a ses voiles plus bordées, ou il en porte une sans vergue hissée sur les deux mâts, qui tend seulement à faire dériver (*pl.* 55). Le bois est ordinairement enduit de galipot ; quelquefois aussi, les pièces de la charpente et l'arrière sont peints de diverses couleurs (*pl.* 56). Ils marchent bien, paraissent avoir les mouvements doux, se lever facilement à la lame et porter beaucoup de voile ; nous en avons vu de très-près, avec une brise fraîche et une mer creuse, qui se comportaient bien et n'embarquaient pas d'eau, malgré le manque de largeur et d'élévation de l'avant; ils virent vent devant avec une célérité remarquable et sans aucun travail, car toutes leurs voiles se changent d'elles-mêmes.

BATEAU PILOTE.

Le commerce amenant constamment des étrangers devant Canton, les Chinois n'ont pas tardé à s'initier assez à leurs manœuvres et même à leur langage, pour être capables de les conduire au milieu des îles nombreuses dont ils connaissent les moindres passages. Ce sont de bons guides, auxquels on peut se fier, quoiqu'ils ne soient pas, comme les pilotes d'Europe, revêtus d'un caractère officiel; on les trouve ordinairement à l'est de la grande Ladrone, qui termine l'archipel situé au midi de Canton. Ils comprennent les signaux usités, et accourent dès qu'ils voient un navire, dans de jolies embarcations d'une construction très-soignée (*pl.* 55), et de formes plus effilées que celles des autres bateaux chinois; l'avant en est très-fin, avec des côtés presque plats formant un coin aigu et terminé par une étrave plate, large en haut, mais étroite à la flottaison, où elle porte un petit taille-mer percé d'un trou. L'arrière, traversé par un gouvernail semblable à celui que nous avons déjà décrit, conserve sa rotondité habituelle. Le corps est généralement enduit d'un vernis qui donne au bois une teinte jaune assez éclatante, et le pont, séparé en deux parties derrière le grand mât, par une cloison verticale, est entouré d'une fargue élevée, la muraille s'arrêtant à son niveau. Sur l'arrière, débordent un bau et une traverse percée par un piquet vertical sur le haut duquel se monte la godille dont les bateaux de cette dimension font un usage très-fréquent.

La mâture est élevée et placée plus en avant qu'à bord des autres navires, le mât de misaine étant planté presque sur l'étrave. Les voiles, toujours en nattes fines et serrées, ont une grande surface, et la *pl.* 55 montre comment elles sont disposées lorsqu'elles sont en partie descendues et que leurs lattes se superposent, ou que celles du bas sont relevées. Ces bateaux ont une belle marche, se comportent très-bien et sont manœuvrés avec adresse; ils donnent aux étrangers une opinion favorable des navires chinois, qui sont très-bons dans de petites dimensions, mais dont les défauts se font sentir en proportion de la grandeur, dès qu'ils dépassent 50 ou 60 tonneaux.

BATEAU SERVANT AU TRANSPORT DU THÉ.

De tous les genres de commerce que font les Chinois, celui du thé est sans contredit le plus considérable, et son importance augmente chaque jour, tant le goût de l'infusion de cette feuille se répand en Europe; il y a même déjà plusieurs nations auxquelles le manque de toute autre boisson agréable l'a rendue si nécessaire, qu'il ne leur serait plus possible de s'affranchir du tribut exorbitant qu'elles viennent chaque année payer à la Chine. La France en est encore à peu près exempte et l'on ne doit pas regretter de ne voir qu'un petit nombre de ses navires aller chercher une denrée qu'il faut payer en argent, puisqu'on ne peut vendre en retour aucun produit étranger, et que la seule voie de recouvrer une partie du numéraire ainsi versé n'est jusqu'à présent que l'introduction frauduleuse d'un poison. Presque tout le thé consommé en Europe et en Amérique est tiré de Canton, où il est apporté à dos d'homme des provinces du Nord; on l'embarque ensuite sur des bateaux (*pl.* 57 et 58) qui descendent en grand nombre par la principale branche du Tigre, sur laquelle se trouve le mouillage de Wampoo, assigné aux Européens qui ne doivent jamais le franchir.

Ces bateaux de thé, construits lourdement, ont des formes plates très-arrondies: leur avant est encore moins effilé que celui des autres navires chinois, et l'étrave, couverte de planches, porte un petit taille-mer à sa partie inférieure. L'arrière, élevé, orné de dessins brillants, a beaucoup d'élancement, et ses côtés sont terminés par des bordages séparés du corps et reposant sur une traverse. Le gouvernail, semblable à celui des Jonques, est placé à l'entrée d'une grande chambre ouverte (*pl.* 58), au bas de laquelle est une autre traverse percée pour le passage de la fusée, et fortifiée par des pièces latérales. Les bordages, enduits d'un vernis, ne sont jamais peints: on y voit une quantité de clous, recouverts de mastic, dont la disposition irrégulière ne permet guère de reconnaître la forme de la membrure. Ces bateaux sont surmontés d'un toit arrondi, en planches calfatées, sur lesquelles on applique quelquefois une toile peinte pour mieux préserver le thé, embarqué dans des caisses que l'on range dans l'espace recouvert par la cabane, car l'humidité lui est très-nuisible. Des deux côtés du toit sont des montants avec des traverses comme des échelles, reposant sur le plat-bord qui est large et assez long pour qu'on puisse presque aller jusqu'à l'arrière. Les bateaux de thé n'ont qu'un mât à bascule, très-élevé, tenu par quelques haubans; ils portent une seule voile disposée comme celle des Jonques, à cela près que sa partie postérieure est très-courbe et que, au lieu d'avoir une drosse par latte, c'est une espèce de transfilage allant d'une latte à l'autre en embrassant le mât : les laizes des nattes sont quelquefois disposées en rangs obliques. Ces embarcations marchent mal, et ne peuvent établir d'avirons que sur l'avant de la cabane, où se trouve une autre plate-forme soutenue par une forte traverse placée sur l'étrave; elles emploient de grandes godilles sur l'arrière et se poussent aussi à la gaule.

On voit (pl. 58), à la remorque du bateau de thé, un canot dont l'arrière, formant un angle rentrant, est bordé de planches obliques relevées sur les côtés. Ces charpentes singulières sont très-communes en Chine, où elles sont appliquées à des bateaux de 10 à 12 mètres de long (pl. 61). Il en est de même des avants tout à fait plats, tels que celui du bateau qui se trouve sur le devant de la pl. 58.

CABOTEURS CHINOIS ÉCHOUÉS PRÈS DE MACAO.

Le gouvernail de ces bateaux, le plus grossier qu'on puisse voir (pl. 59), n'est qu'une grande planche sortant entre deux montants séparés, du milieu de l'arrière qui est rentrant et dont les deux côtés, formant un angle obtus, sont bordés obliquement sans que rien les réunisse. L'eau qui entre librement est maintenue dans une chambre intérieure, goudronnée et bien calfatée, qui occupe quelquefois près du cinquième de la longueur du navire; elle est aussi très-large pour que le gouvernail soit porté à droite et à gauche, comme un aviron, mouvement qui lui est nécessaire puisqu'il ne peut prendre d'angle dans la coulisse où il se trouve. Une pareille disposition charge le navire d'une masse d'eau considérable, très-irrégulière à la mer, et cet inconvénient est encore plus grand pour des Jonques de quelquefois 25 mètres de long sur 6 mètres de large, dont le gouvernail est formé de plusieurs planches réunies par des traverses; la barre n'est que la suite de sa partie supérieure, prolongée à 7 ou 8 mètres de l'arrière, où elle sort du pont qui est coupé en travers d'un côté du navire à l'autre, pour qu'elle puisse avoir le mouvement nécessaire. Un pareil gouvernail doit produire peu d'effet, puisqu'on ne peut lui donner assez d'obliquité; il est exposé à des chocs très-violents, et, quand le bateau recule, l'effort latéral qu'il exerce sur la fente doit être énorme; aussi conçoit-on difficilement que cet arrière, séparé verticalement, et ce pont, tranché horizontalement, aient assez de solidité pour résister. Les grands bateaux de ce genre ont au-dessus de la fente un tableau plat, très-élevé, couvert de peintures grotesques, et le bas de leur arrière, un peu rentrant, laisse un creux au milieu.

Leurs formes sont très-plates et toutes les sections de la carène sont à peu près des demi-cercles; le maximum de largeur est environ au cinquième à partir de l'arrière. Les bordages vont régulièrement d'un bout à l'autre, en se rétrécissant vers l'avant, qui est plat, assez large, presque vertical et souvent immergé à sa partie inférieure; quelquefois ils sont un peu arrondis et s'appliquent extérieurement à l'avant et à l'arrière, et ceux de la partie supérieure, placés obliquement, sont soutenus par des lattes verticales. La quille, clouée par-dessus le bordage et percée de trous, suit la courbure du fond, mais ne s'étend pas jusqu'aux extrémités. La carène est peinte en blanc, les préceintes, très-nombreuses, le sont en noir, ainsi que les hauts, à l'exception des lattes qui sont rouges, et des extrémités qui sont quelquefois vertes; on y retrouve l'œil indispensable à tout grand navire chinois, dessiné sur les flasques de l'avant, dont la couleur indique, dit-on, la province à laquelle appartient le caboteur.

Les plus petits (*pl.* 59) n'ayant point de tableau, la fonte de l'arrière qui va jusqu'en haut laisse les côtés sans liaison. La mâture et la voilure sont semblables à celles que nous avons déjà décrites; le mât de l'arrière est toujours placé à bâbord; mais les bateaux de moyenne grandeur n'en ont que deux ou même qu'un. On voit représenté, sur le second plan de la même planche, un autre bateau avec un gouvernail plus semblable au nôtre, dont la fusée est introduite dans une coulisse ronde.

BATEAU DE TRANSPORT DE MACAO.

Ces embarcations, employées au service des navires de la rade, varient beaucoup dans leurs dimensions, car quelques-unes ont près de 20 mètres de long, tandis que d'autres à peu près semblables en ont à peine 8. Elles sont bordées et membrées, et le pont, coupé au milieu par une cabane en rotin, va de l'avant à l'arrière à bord des plus grandes. Nous avons déjà expliqué tout ce qui regarde le gouvernail, et les détails de la *pl.* 60 suffisent pour le reste : nous ferons seulement remarquer encore que la quille n'est qu'une pièce additionnelle clouée par-dessus le bordage comme à bord de tous les bâtiments chinois.

BATEAU DE PASSAGE DE CANTON A MACAO.

Les Européens emploient fréquemment ces grands canots pour faire communiquer les deux seules résidences qui leur soient permises en Chine, et ils passent alors par des branches du Tigre plus étroites, mais plus directes que celle que remontent les grands navires, où se trouvent le mouillage de Wampoo et les forts de Bocca Tigris. Pour suivre cette route sur les bateaux du pays, il faut obtenir des mandarins une permission nommée *chop*, qui est visée plusieurs fois pendant la route, sans qu'il soit permis aux passagers, dont elle désigne le nombre, de descendre à terre; malgré cela, ceux qui en sont munis ont à subir une foule de difficultés et de lenteurs, auxquelles il faut se plier lorsqu'on est forcé d'avoir affaire aux autorités chinoises. Le trajet, cependant fort intéressant, fait connaître un pays bien cultivé, arrosé avec soin et parsemé d'une quantité de villages dont l'air de propreté et d'aisance dénote une civilisation avancée, quoique toute différente de la nôtre, comme l'indique au premier coup d'œil l'aspect des maisons et des costumes. Les bateaux sur lesquels on est monté sont tout à fait chinois (*pl.* 61); mais les Européens eux-mêmes ne sauraient en faire de plus commodes : le logement en est vaste, élevé, bien aéré, avec des espèces de bancs extrêmement larges, couverts de nattes et servant, au besoin, de lits, placés autour d'une longue table. Cet intérieur, toujours bien tenu, est en bois verni, travaillé avec soin, et les côtés sont garnis de panneaux à coulisse pour donner de l'air : l'extérieur est aussi ordinairement verni et orné d'une bande noire. Les voyageurs sont servis par des Chinois, qui font la cuisine européenne avec un talent et une simplicité de moyens remarquables.

Quoique plus allongés que les autres, ces bateaux n'en conservent pas moins leurs formes arrondies, surtout derrière, où se trouve une plate-forme soutenue par une traverse placée au sommet de la fonte du gouvernail, comme à la Péniche de guerre. L'étrave, semblable à celle des bateaux pilotes, porte aussi une traverse pour les haubans de misaine; la mâture et la voilure n'ont d'ailleurs pas besoin d'explications (*pl.* 61); la longueur ordinaire est de 18 mètres, la largeur de 4 mètres et la profondeur de 3^m,50.

On emploie à leur bord de très-grandes godilles (*pl.* 97, *fig.* 4) composées de deux pièces de bois *a* et *b*, d'égale longueur, dont l'une est la pelle et l'autre le levier; de très-forts amarrages en rotin, voisins les uns des autres, réunissent les deux pièces et sont tellement serrés par des coins qu'ils ne cèdent jamais. Près de la jonction, se trouve sur le levier une petite plaque de fer creusée *c*, qui doit reposer sur la tête d'un clou planté à l'arrière : ce point d'appui est situé de telle sorte, que le bout du levier est plus haut que celui de la pelle, et que, lorsque le premier est poussé à droite et à gauche, il change naturellement l'angle de celle-ci, comme le ferait un aviron

16

courbe, qui, dans ce cas, est plus facile à manœuvrer qu'un droit. Outre cela, une corde attachée à la poignée du levier est fixée au pont, de sorte qu'il n'y a pas à résister à l'effort vertical que produisent les godilles en tendant à s'enfoncer. Leur action est très-puissante, quoique agissant dans un sens plus oblique que les rames, parce qu'elle a l'avantage d'être presque continue et de ne pas nécessiter de mouvements en sens inverse, ce qui fait perdre à l'aviron ordinaire beaucoup plus de force qu'on ne le croit généralement : pour s'en faire une idée, il suffit d'examiner l'état dans lequel sont les trous des tolets, ou les deux côtés des dames, et l'on remarquera que l'arrière est presque aussi écrasé que l'avant. Les Chinois appliquent ces godilles à d'assez grands navires, en y proportionnant leurs dimensions, et il y en a dont la longueur totale approche de 20 mètres ; on y met jusqu'à dix hommes, qui se placent deux à deux sur une espèce d'estrade ou d'escalier, pour que ceux qui sont au bout soient plus élevés que les autres. Un bateau qui ne borde que quelques avirons à l'avant a ordinairement deux godilles, de sorte que la force principale agit sur l'arrière, et, comme nous l'avons déjà remarqué, cela est peut-être encore une copie de la nature.

Sur la planche 61 on voit un bateau servant au transport du poisson et renfermant un vivier couvert ; l'eau extérieure y entre par un trou placé dans le côté, tandis que celle qu'il contient déjà est chassée au moyen d'une roue à aube placée du côté opposé.

CABOTEUR DE L'UNE DES PROVINCES DU NORD.

La grande analogie de ce caboteur (pl. 62) avec ceux que nous venons d'examiner dispense de nouvelles explications ; sa carène est blanche, les préceintes et l'arrière sont noirs, et les sabords imités en blanc avec un petit carré rouge au milieu ; à l'avant est une bande verticale rose, et les flasques qui portent les yeux sont peintes en vert tendre. Ces couleurs servent, dit-on, à désigner les provinces auxquelles appartiennent les navires, et un pilote nous dit que celui-ci venait du nord du céleste empire. Il portait une voile de misaine composée de bois et de cordes, dont le poids devait être très-gênant, car elle avait trente-deux lattes sans y comprendre la vergue, et autant de drosses et d'écoutes.

BATEAUX DE PLAISANCE.

Les rivières et les canaux, qui n'offrent pas moins de variété pour les constructions que les bords de la mer, portent aussi des bateaux, servant, comme ceux des pêcheurs, de demeure unique à une population nombreuse. Cette habitude de vivre sur l'eau a formé, près des villes commerçantes, des quartiers très-considérables de bateaux, mouillés et attachés les uns aux autres, laissant entre eux des espèces de rues et communiquant par des planches ou des ponts volants. A Canton, cette cité flottante est très-étendue, quoiqu'elle ne soit habitée que par la partie misérable et active du peuple, qui y trouve tout ce qui lui est nécessaire. On y voit des boutiques de toutes sortes étalant leurs marchandises sur le bord des canaux, et une foule de petits bateaux, ronds comme des coques de noix, qui circulent chargés de denrées. Ce sont des femmes qui les conduisent ; elles sont vêtues d'un jupon court serré à la ceinture, laissant voir le pantalon, et coiffées d'un mouchoir attaché sous le menton ; elles portent souvent sur le dos un de leurs enfants, et n'en manient pas moins leur godille en criant le nom de ce qu'elles vendent. Le soir, tout est éclairé par des lanternes de papier huilé, peintes de mille couleurs, et l'aspect de ces innombrables lumières qui se croisent, s'éloignent et se rapprochent est certainement un des plus singuliers spectacles que puisse voir un voyageur.

Il y a, dans ce quartier à part, des différences aussi marquées qu'à terre : un grand nombre de ces habitations est consacré au plaisir, entre autres celles que les Européens nomment Bateaux de fleurs (pl. 63); ils sont plats, très-longs (20 à 25 mètres de longueur et 4 à 5 de large), avec une plate-forme en avant et des côtés larges et saillants pour que les canotiers puissent marcher et pousser de fond ; au milieu se trouve une salle élégante entourée de sculptures à jour, dorées et peintes de couleurs éclatantes, dans lesquelles se retrouvent la délicatesse et la bizarrerie de la menuiserie chinoise. Des tables et des sièges en porcelaine y sont placés, et des pots de fleurs l'ornent de toutes parts ; le haut du bateau, souvent entouré d'une balustrade découpée, est surmonté d'un petit kiosque, où l'on sert les mets extraordinaires et dégoûtants du pays. Ces bateaux sont de véritables restaurants, semblables à ceux qu'on trouve à terre, car ce genre d'établissement, si commode et maintenant si répandu chez nous, est très-commun à Canton, où l'on mangeait à la carte bien avant qu'il y eût des tables publiques en France. La partie arrière est moins ornée ; elle renferme, dit-on, des déesses auxquelles les Chinois aiment à rendre de fréquents hommages, et dont le nombre atteste une grande dépravation de mœurs.

Ces bateaux sont mouillés devant le quartier riche, près des factoreries européennes, où se concentre tout le commerce : ils sont décorés de pavillons et de banderoles de soie bariolée, et toujours couverts de verdure, car les Chinois sont parvenus à amoindrir la nature et à faire croître dans des pots des arbres qu'ils ont su rendre nains pour en jouir dans leurs habitations. Quand les bateaux de plaisance se déplacent pour porter aux environs des gens riches qui font des parties de plaisir ou de débauche, ils sont remorqués par d'autres canots. La variété des formes et des ornements ne peut se rendre, il aurait fallu tout dessiner ; mais il suffit d'avoir le type général, dont la *pl.* 63 donne une idée exacte.

BATEAU DE TRANSPORT DU TIGRE.

Le commerce de Canton fait affluer sur le Tigre une foule de bateaux chargés de thé et de denrées précieuses. Ils sont plats, avec très-peu de tirant d'eau et se ressemblent tous beaucoup (*pl.* 64) ; leurs flancs, presque verticaux, se rapprochent peu l'un de l'autre vers les extrémités ; l'arrière plat, qui se relève en courbe, est percé par un gouvernail disposé ordinairement comme dans la *pl.* 66 ; à sa partie supérieure deux trous sont pratiqués pour le passage des godilles que manœuvrent des hommes montés sur le toit de la cabane. Le plat-bord, qui s'étend jusqu'à l'arrière en se relevant, déborde de 0^m,30 et fait suite à la plate-forme de l'avant sur laquelle on peut établir quelques avirons lorsque le fond est trop grand pour pousser à la gaule. Une cabane de planches recouvertes quelquefois de nattes occupe presque toute la longueur du bateau ; elle est élevée avec un toit presque plat dont les angles sont arrondis. De chaque côté sont groupés trois par trois des montants joints par des traverses qui leur donnent l'apparence d'échelles ; ils sont adossés à la cabane et portent à leur sommet des poutres sur lesquelles on place un pont volant.

Le mât est remplacé par une bigue posée sur les plats-bords et tenue par deux cordes ; elle porte une voile chinoise en nattes, dont les dimensions n'ont rien de fixe. L'avant est plat, et, comme il laisse rarement place pour plus de deux ou trois avirons de chaque côté, ces bateaux se font remorquer (*pl.* 64) par de longues embarcations de la forme d'un tronc d'arbre plat à ses deux bouts, bien qu'elles soient membrées et faites de plusieurs pièces ; l'équipage rame debout en poussant, contrairement à la manière habituelle des Chinois.

Ils transportent ainsi de fortes cargaisons, et un vaste espace est réservé aux marchandises légères, qui s'y trouvent couvertes et à l'abri de l'humidité. Leurs dimensions varient entre 12 et 20 mètres sans qu'il y ait de différences notables dans leurs formes et leurs dispositions : le bois n'est jamais peint, mais il prend une couleur sombre à cause du vernis huileux dont on l'enduit. Ces bateaux circulent en grand nombre dans les ramifications du Tigre, où leurs voiles semblent passer au milieu des champs ; car peu de pays sont aussi entrecoupés de canaux et offrent autant de facilité que les environs de Canton pour la navigation intérieure.

BATEAUX DE CANTON.

La *pl.* 65 représente quelques bateaux avec les toits ou cabanes dont ils sont surmontés : ils sont variés à l'infini, car il y en a pour des boutiques, des restaurants et tous les genres de commerce possibles ; tous conservent cependant le type général des formes rondes, des arrières élevés et des avants plats.

BATEAU SERVANT D'HABITATION ET DE LIEU DE DÉBAUCHE.

Ces maisons paraissent être des bateaux de transport qu'on utilise lorsqu'ils deviennent vieux : elles renferment des plaisirs grossiers, et sont pour le bas peuple ce que les bateaux de fleurs sont pour les gens riches. C'est l'asile de la tourbe de la population et des nombreux manœuvres qui, n'ayant d'autre ressource que la force de leurs bras, se transportent avec leurs familles où ils trouvent de l'emploi. Ces bateaux, en très-grand nombre, sont amarrés entre eux, et, lorsqu'ils ne peuvent plus servir ainsi, on les tire à terre, où, appuyés sur des pierres ou des piquets et presque méconnaissables, ils abritent encore de pauvres gens.

PETIT BATEAU DE PASSAGE DE MACAO.

On emploie de la même manière les petits bateaux de passage de Macao (*pl.* 67) qui, groupés sur de longs piquets, offrent un aspect très-pittoresque, surtout lorsque, à la marée basse, ils restent à près de 5 mètres au-dessus des vases : on les réunit pour former plusieurs chambres, on les exhausse avec des planches; leurs toits, surmontés de petites terrasses, prennent toutes sortes de formes, et une quantité prodigieuse de peuple vit dans ces réduits.

Quand ils sont en bon état, ils transportent les passagers d'un côté à l'autre du port de Macao : leur longueur n'excède ordinairement pas deux fois leur largeur, et, quand ils dépassent 4 mètres, ils perdent leur type original et se rapprochent des autres bateaux chinois. Ils sont plats avec des côtés arrondis, surmontés d'un bordage plus épais que les autres qui sont appliqués en dehors de l'avant et de l'arrière. L'arrière presque plat, mais oblique, porte une petite cabane fermée par une cloison, où la femme qui conduit blottit sa famille : elle a ordinairement un de ses enfants sur le dos, et attache une calebasse au cou des plus grands pour les empêcher de couler s'ils tombent à l'eau; ces petits malheureux ont ainsi la plus singulière figure qu'on puisse voir avec leur tête rasée, qui a l'air d'une seconde gourde plus blanche que la première. Devant la cabane est un toit mobile en rotin, couvrant un espace libre où les passagers s'asseyent sur des tabourets, et la batelière, placée au milieu, manœuvrant sa godille, qui s'appuie sur un clou fiché dans un banc saillant, se dirige très-bien au milieu de la cohue continuelle des endroits où l'on débarque. Ces canots, dont l'intérieur est très-propre, ne sont pas peints, mais enduits d'un vernis de couleur jaune. L'avant arrondi et taillé verticalement ne porte jamais de toit, car c'est là que se place une autre femme que le peu de largeur de cette partie force à ramer obliquement.

BATEAU SERVANT A ELEVER DES CANARDS.

Les Chinois, qui font couver les œufs de canards par des hommes, élèvent ces oiseaux dans des bateaux (*pl.* 68) changeant de lieux tous les jours pour leur faire trouver sur le bord des rivières une pâture abondante de vers et de petits poissons; quoique cette nourriture leur donne un mauvais goût très-prononcé, ces oiseaux, très-recherchés en Chine, s'y mangent même salés et aplatis comme des morues, et forment une branche considérable de commerce avec les pays voisins.

Ces bateaux ont, de chaque côté, une grande plate-forme à claie, entourée de treillages où sont renfermés les canards qu'on préserve du froid avec des nattes déroulées sur des tringles obliques, partant du bateau et reposant au bout des plates-formes. Une planche oblique et flottante, placée à l'extrémité, leur sert de pont pour descendre à l'eau chercher leur nourriture le long des berges et dans les roseaux : on assure qu'ils reconnaissent leurs demeures et qu'ils y rentrent comme dans une basse-cour. Il y a beaucoup de variété dans les dispositions de ces bateaux : les plus grands, de 15 mètres de long, portent une cabane servant d'habitation aux gardiens de ces singuliers troupeaux.

PHILIPPINES.

Les navires dont nous venons de nous occuper offrent le type de toutes les constructions de la partie orientale de l'ancien continent, type que, malgré les différences de latitudes et de climats, on retrouve dans les îles tributaires de la Chine et vers le Japon. Le peu de dessins sur ces pays, que donnent les relations des voyageurs, prouve cette analogie qui n'a rien d'étonnant, tant est grande celle qui existe dans les mœurs et la physionomie des deux peuples. Les Japonais ont tous les caractères chinois portés à l'excès, et leur industrie, quoique plus bizarre encore, est plus parfaite et plus estimée. Ces ressemblances nous ont empêché de joindre à cette collection quelques dessins d'une exactitude assez douteuse représentant des Jonques japonaises, et nous nous occuperons maintenant des îles Philippines, dont les bateaux tenant à la fois de ceux des Chinois et de ceux des Malais forment un genre mixte, qui nous fera naturellement passer des uns aux autres.

BALANCIER DOUBLE.

Nous trouvons à Manille le balancier double généralement employé par les Malais auxquels il paraît appartenir : il se compose de deux leviers $a\,a$ solidement attachés au bateau en c et c (*pl.* 70, *fig.* 1 et 2), s'étendant également des deux côtés, et se courbant presque toujours vers la mer, pour ne pas enfoncer lorsque les balanciers portent sur l'eau ; ces leviers sont formés de bois ordinaire ou de bambous liés ensemble, qui, étant très-élastiques, cèdent facilement aux chocs et à l'irrégularité des mouvements. A leurs extrémités sont attachés directement les balanciers, faits aussi de gros bambous dont le nombre, proportionné à la force du bateau, peut s'élever jusqu'à cinq. Ils ne sont pas parallèles au corps, mais s'en rapprochent toujours vers l'avant, et nous n'avons pu savoir la raison de cette disposition qui, par son obliquité, fait présenter à l'eau une plus grande surface et ne peut que retarder la marche.

Le balancier double a un effet inverse de celui du balancier simple, car il résiste par la difficulté qu'il éprouve à enfoncer dans l'eau, et non par son poids : l'un a la partie qui agit, sous le vent, l'autre est toujours au vent : ainsi, dans le premier cas, il doit être aussi léger que possible, ce qui fait employer le bambou ; et, dans le second, il faut qu'il soit d'un bois lourd, qui ne coule cependant pas. Il est rare, dans le balancier double, que les deux côtés touchent l'eau à la fois, et cependant c'est dans cette prévision qu'on cherche à le rendre léger, quoique l'effort de la voile produise, dans tous les cas, émersion d'un côté et immersion de l'autre, et que le résultat soit le même. L'effet de chacun des balanciers sur le bateau doit aussi être contraire, car, si le simple le rend ardent et trouve d'autant moins de résistance que la brise est plus forte, le double tend à le faire arriver et force à placer la voilure en arrière pour compenser cet effet. Les planches de cet ouvrage montrent que cette position des voiles est générale, tant elle est commandée par l'action du balancier double, qui trouve d'autant plus d'obstacles à vaincre que le vent le fait plus enfoncer dans l'eau ; aussi ne laisse-t-il pas autant que l'autre profiter d'une

17

belle brise. Il fatigue beaucoup ses leviers par le désaccord constant des mouvements que la mer imprime aux deux côtés, et doit être très-long pour que, sans être trop large, il puisse déplacer assez d'eau; il ne permet pas de déployer beaucoup de voile, mais il est bon pour marcher à l'aviron sur une mer tranquille dont alors il effleure à peine la surface, et c'est sans doute cet avantage qui l'a fait adopter par les peuples malais dont les mers sont toujours belles.

Il est aussi très-propre à soutenir de grands bateaux, et on l'applique à des caboteurs de plus de 60 tonneaux, presque semblables aux nôtres pour la forme aussi bien que pour la charpente, mais qui, étant plus étroits, ont besoin de soutien; ils ont de forts leviers en bois ordinaire solidement liés au corps et des balanciers de cinq gros bambous attachés à plat sous les leviers, ce qui forme deux radeaux assez larges. Ces navires fréquentent les ports de Luçon et portent souvent une voilure comme celle de nos Chasse-marée, à cela près qu'ils y ajoutent les lattes chinoises sans leurs écoutes; ils placent les haubans sur les leviers et ont, en général, trop d'analogie avec nos constructions pour qu'il ait été nécessaire de les insérer dans cet ouvrage.

BILALO.

Le Bilalo ou Guilala, qui sert au transport des passagers de Manille à Cavite, arsenal presque abandonné de la marine espagnole, réunit beaucoup de dispositions locales à des formes européennes : le corps (*pl.* 69), d'environ 20 mètres de long sur 5 de large, est évasé, fin aux extrémités, tandis que le milieu est très-plat; aussi n'a-t-il que 0^m,80 à 0^m,90 de tirant d'eau. Le Bilalo est membré et bordé, et porte sur l'arrière du grand mât une vaste cabine où, chaque jour, on voit réunis une foule de passagers que leur diversité rend très-pittoresques : ce sont des Tagals, avec leurs belles chemises brodées, pendantes en dehors du pantalon, et leurs femmes, serrées dans une pièce d'étoffe tournée autour des hanches, et portant de petites chemisettes; à côté, des gens de la montagne aux larges chapeaux coniques, avec des espèces de collets de feuilles sur les épaules et à la ceinture pour se préserver de la pluie; puis des Chinois dans toute la variété de leurs costumes commodes et bizarres; des moines et des prêtres séculiers, qu'on respecte encore, et dont le nombre montre quel est l'état de la religion aux Philippines. Les canotiers, qui se servent d'avirons à pelles rondes, sont placés à l'intérieur et sur des plates-formes extérieures en bambou établies à l'avant du bateau, pour qu'il puisse contenir plus de monde.

Les Bilalos ont deux mâts; le plus grand, placé un peu sur l'avant du milieu de la longueur, est tenu par six haubans attachés sur les leviers roidis par des poulies et porte une voile à demi-antenne, à laquelle la vergue, longue et relevée, fait prendre une forme presque triangulaire. Le mât de misaine, beaucoup plus court que l'autre, est soutenu par de nombreux haubans attachés sur le levier de l'avant et auxquels se tiennent les hommes lorsqu'ils se placent près du balancier pour résister à l'effort du vent; nous ignorons par quelle raison ils ne se mettent jamais que sur ce levier, dont l'action ne peut être plus efficace que celle de l'autre. La voile de misaine, beaucoup plus petite, est ainsi que la grande en étoffe de coton, et a aussi deux bandes de ris : ces voiles seraient beaucoup trop grandes pour des bateaux aussi étroits, sans le balancier qui les soutient et les rend capables de les porter avec des brises très-fraîches; aussi le service des Bilalos n'est-il interrompu que par les mauvais temps de l'époque où la mousson change de direction.

CABOTEUR DE LA LAGUNE.

A l'est de Manille se trouve un grand lac communiquant avec la mer, et dont les eaux rarement agitées portent un grand nombre de bateaux construits très-légèrement, servant à transporter les productions de ces terres fertiles, mais mal cultivées. Ils ont des membres faibles et espacés, des fonds plats et des extrémités assez aiguës (*pl.* 70, *fig.* 1 et 2); l'avant a sur les côtés des flasques *f f'* comme celles des Jonques; le pont, en planches volantes, est recouvert d'un long toit courbe ou d'une cabane en nattes soutenues par des montants (*pl.* 71). Les baux *e e*, qui percent les bordages, sont réunis par des bambous attachés aux deux leviers, et quelques autres, fixés en dessous pour soutenir le bateau lorsqu'il est trop chargé, forment des radeaux sur lesquels on marche pour pousser de fond et où l'on place aussi des marchandises. Ces caboteurs, qui marchent bien, mais ne peuvent porter que de faibles cargaisons, ont un balancier double qui leur permet d'employer de grandes voiles semblables à celles de la Chine; seulement, elles sont faites de joncs parallèles liés entre eux par des fils attachés à la vergue et aux lattes qui sont alternativement placées des deux côtés (*fig.* 4). Ces voiles, très-inégales, n'ont qu'une écoute, et la plus grande est placée derrière pour résister à l'effet du balancier double; les mâts sont tenus comme ceux des Bilalos; le grand a ses haubans en *a* et en *g*, et celui de l'avant les a tous attachés sur le même levier en *h h*.

L'extrême largeur des balanciers empêchant ces bateaux de descendre la rivière, on a cherché à en obtenir qui fussent stables et légers, et qui pussent, tout en naviguant sur la Lagune, parcourir des canaux étroits et accoster à terre; on a donc, pour ainsi dire, collé les balanciers au corps, en donnant à celui-ci des renflements latéraux dont l'action, diminuée par la petitesse des leviers sur lesquels ils agissent, est compensée par la plus grande quantité d'eau qu'ils déplacent. Ils ont, à très-peu de chose près, la forme de la *fig.* 3 (*pl.* 70); le bateau n'est immergé que jusqu'aux points *n* et *n*, de sorte que, bien qu'il ait peu de liquide à séparer, il n'en est pas moins stable, puisque la moindre inclinaison fait appuyer sur l'eau l'un des côtés *m n*. Nous en vîmes plusieurs dans la rivière de Passit, et nous pûmes, en nous plaçant dans la direction de la quille, dessiner assez exactement la courbe des parties inférieures de l'un d'eux abattu en carène. Il nous a semblé que cette forme singulière pourrait être très-utilement appliquée à nos embarcations, qui auraient alors plus d'espace et porteraient mieux la voile; elle serait surtout très-avantageuse pour l'arrière des chaloupes, auxquelles on pourrait donner des façons fines surmontées de renflements capables de leur faire supporter le poids d'une ancre.

CASCO.

Ce bateau de charge, qui navigue sur le lac et sur la rivière de Passit, ne vient en rade que pendant les jours calmes de la mousson de nord-est : sa forme est rectangulaire (*pl.* 72, *fig.* 1, 2, 3 et 4), l'avant seul est un peu relevé, et l'arrière, qui porte un long gouvernail, est plat; le corps est fait de grosses planches irrégulièrement cousues par de petits amarrages plats couverts d'un mastic blanc; les extrémités et les angles du fond, fortifiés par des courbes, sont taillés dans le bois plein, et le haut de l'arrière est quelquefois une planche clouée.

Les Cascos sont traversés par de forts baux saillants *b b'*, sous lesquels sont attachés de très-gros bambous *a a'* et *a a'* servant aux mêmes usages que ceux des caboteurs de la Lagune. On couvre les marchandises embarquées avec des nattes de rotin formant des portions de toits courbes (*pl.* 72) qui, lorsqu'elles ne servent pas, sont posées les unes sur les autres au-dessus d'un pont de peu d'étendue, où se tiennent les gens de l'équipage. Les voiles qu'on emploie sur la Lagune (*pl.* 73) sont semblables à celles des caboteurs, si l'on y ajoute un transfilage allant d'une latte à l'autre en embrassant le mât. Ces bateaux, dont la seule qualité est de porter des charges considérables, marchent mal et dérivent beaucoup; ils durent très-longtemps lorsqu'on a soin de les enduire d'une matière huileuse qui les préserve des vers, et on les rencontre en grand nombre à Manille, où ils servent au chargement des navires.

PIROGUE DE PÊCHE.

On trouve aussi dans la baie de Manille des pirogues d'une belle marche (*pl.* 74), faites d'une seule pièce, qu'exhaussent d'assez hautes fargues unies au corps à écart croisé et clouées (*fig.* 4). L'arrière, conservé plein, est percé d'un trou vertical *e* ayant une fente *e e'* pour le passage du gouvernail dont la fusée, ronde et un peu grosse, tourne dans ce trou; comme il descend très-bas, il peut être exhaussé pour passer sur des bas-fonds, où l'on gouverne avec un grand aviron g (*fig.* 5) fixé à une cheville sur le côté extérieur d'une planche f clouée à plat sur l'arrière. La pirogue a plusieurs bancs posés sur des renforts, qui portent des planches longitudinales, et les leviers a a et a' a', faits en bambous, sont liés par des amarrages c c' qui les embrassent ainsi que des traverses placées plus bas et retenues par des renflements conservés dans le bois (*fig.* 4): ces leviers sont très-longs et attachés sur les bambous des balanciers, qui sont gros, mais jamais doublés.

La voile est formée de joncs parallèles aux vergues, liés par des attaches perpendiculaires qui les unissent aussi aux lattes, comme on le voit à côté de la *fig.* 1; pour la serrer ou en réduire la surface, il suffit de tourner la vergue inférieure au moyen de la traverse d, dont elle est percée, et de la rouler ainsi sur elle-même, méthode très-simple, d'un usage général à Manille. Ces bateaux de pêche, très-légers, qui marchent bien à la voile et à l'aviron, n'ont d'autre défaut que le trop d'espace qu'occupent leurs balanciers; ils sont ordinairement montés par cinq ou six hommes coiffés de chapeaux de paille coniques de près d'un mètre de diamètre. D'autres pirogues du même genre ont des extrémités dont la partie supérieure est plate, très-large et en bois massif sculpté sur les côtés; elles offrent trop de ressemblance avec les premières pour qu'il ait été nécessaire de les copier; du reste, elles se modifient beaucoup et sont quelquefois très-petites (*pl.* 74, *fig.* 7, 8 et 9). La voile de la *fig.* 9 est à livarde, avec une pièce de bois i i' sur le côté où l'écoute s'attache en patte d'oie.

PIROGUE DE LA LAGUNE.

Sur le même lac on voit encore des pirogues à balancier (*pl.* 74, *fig.* 5, 6 et 7) dont la largeur est augmentée dans les parties hautes par une planche horizontale e e qui supporte les fargues f f et sous laquelle sont des bancs qui débordent et concourent à les soutenir. Les leviers sont retenus par des amarrages passés sous la traverse g qui est enfoncée horizontalement dans une rainure pratiquée dans un renflement que l'on conserve dans le bois. La voile, en nattes, est à livarde et ses deux côtés latéraux sont joints à des lattes de bambous h h', k k'.

Ces pirogues sont en partie couvertes de toits volants qu'on dispose en peu de temps et qui se transportent facilement: ils sont en nattes posées sur des bambous dont on ne laisse au milieu qu'une lanière qui se courbe et dont les bouts sont taillés en fourche (*fig.* 5 et 7) pour embrasser la fargue. Toutes les pirogues de la Lagune, qui sont très-variées, emploient le balancier double et des voiles de formes diverses, mais semblent préférer celle à livarde; on peut avoir une idée de leur aspect par celle représentée sur le devant de la *pl.* 71.

BANKA.

Le Banka, qui n'a pas de balancier (*pl.* 75), et ne sert que comme bateau de passage sur la rivière et la rade de Manille, est d'une seule pièce de bois d'environ 5 à 7 mètres de long, 0^m,72 de large et 0^m,55 de profondeur; il aurait fort peu de stabilité sans deux gros bambous attachés sur les côtés, un peu au-dessus de l'eau, qui, le soutenant dès qu'il incline, l'empêchent de chavirer et arrêtent aussi l'eau qui entrerait dès qu'il y a un peu de mer, à cause du peu d'élévation des côtés. Les passagers, au nombre de trois ou quatre seulement, s'asseyent sur des bancs placés vers l'arrière, et sont abrités par un tissu de rotin très-serré, soutenu par des piquets qui, liés entre eux par leurs sommets, compriment et courbent le toit. Ces bateaux n'emploient jamais de voile, mais marchent très-bien à l'aviron et surtout à la pagaie; ils sont le moyen de transport le plus prompt et le plus commode du pays, et tous les jours ils arrivent en foule à Manille chargés de denrées; ceux qui ne fréquentent que les rivières et la Lagune ont 10 à 12 mètres de long, sans être cependant plus larges que les autres.

SALAMBA.

Cette machine à pêcher, que nous avons improprement nommée Taraya sur la *pl.* 75, est établie sur un radeau, qui se transporte facilement d'un lieu à l'autre; elle se trouve surtout dans la rivière de Passit et près du petit phare de son embouchure, où les groupes qu'elle forme ressemblent de loin à de grandes araignées remuant lentement leurs pattes. Le filet rectangulaire des Salambas est soutenu par deux longs bambous solidement liés à d'autres qui les retiennent en arrière : les premiers sont attachés en croix avec du rotin, et ce point de jonction est suspendu au bout de deux pièces de bois réunies comme pour une chèvre. Celles-ci reposent dans des mortaises sur une pièce ronde servant de charnière, placée horizontalement entre des taquets à l'extrémité du radeau, et portent aussi, vers l'arrière, un arc-boutant perpendiculaire, lié par des rotins au sommet de la chèvre, de sorte qu'en pesant sur l'extrémité de l'arc-boutant on force tout le système à se relever et l'on fait sortir le filet dont les deux autres angles sont attachés au bateau même; alors, en soulevant sa partie voisine avec une petite corde, il ne reste plus dans l'eau que le sac du filet, dans lequel le poisson se prend avec un haveneau. Pour régler l'effet de la bascule, on suspend des pierres à l'arc-boutant de l'arrière, en disposant la longueur des cordes de telle sorte qu'elles posent les unes après les autres sur le radeau, et perdent ainsi leur action à mesure que le filet offre moins de résistance en se relevant ; ces poids sont si bien calculés qu'un enfant peut aisément faire agir la machine.

Le radeau est formé de bambous rangés dans le sens de la longueur, attachés à d'autres placés en travers, et plus éloignés entre eux : il y en a ainsi cinq ou six couches longitudinales superposées. Pour contre-balancer le poids de la machine, qui n'agit que sur une extrémité, on met plus de bambous en travers de ce côté, et on place à l'autre une cabane de joncs couverte en chaume ; les pêcheurs, qui paraissent l'habiter toujours, se transportent avec tout ce qui leur est nécessaire, en se poussant de fond sur les bancs; ils ne prennent ainsi que de petits poissons, et se tiennent près de terre et dans la rivière, où ils rentrent tous à l'époque des typhons. Quand le radeau a 10 mètres de long sur 4 de large, et le filet 15 à 18 mètres sur 8 ou 10 de côté, on installe des bambous sur l'avant pour tenir les deux angles du filet écartés; nous avions déjà vu un système semblable dans l'Inde, et notamment à Cochin; mais, au lieu d'être mobile, il était établi sur une petite jetée de piquets, et quelquefois manœuvré par un treuil.

MALAISIE.

Nous allons parler maintenant des constructions de la Malaisie, parfaitement assorties aux mers où l'on trouve le plus d'îles, de détroits tortueux, et où les grands trajets sont le plus rares. Les habitants de cet immense archipel, qui paraissent tirer leur origine d'une source commune, offrent partout les mêmes caractères physiques et moraux : ils sont généralement petits, secs, bien faits, et leurs membres, quoique grêles, n'en ont pas moins de vigueur ; ils ont une physionomie désagréable, le nez épaté, les lèvres épaisses, l'œil fin et farouche à la fois. Naturellement guerriers, la religion de Mahomet a pris facilement racine chez eux, et les a bientôt comptés tous au nombre de ses sectateurs : ils en observent les rites avec piété, et respectent les dévots qui, malgré la distance, ont fait le pèlerinage de la Mecque. Réunis en petits États soumis en apparence au régime despotique, ils sont restés turbulents et se sont maintenus presque libres par la crainte qu'ils inspirent à leurs maîtres ; un grand nombre de leurs îles sont demeurées indépendantes, et les Européens, après plusieurs tentatives malheureuses, ont été forcés de les abandonner. Bornéo par exemple, les îles Solo, Palawan, et quelques autres ont résisté, et se sont même rendues redoutables pour les petits bâtiments étrangers. Leurs habitants sont très à craindre, car ils possèdent à la fois l'adresse et la ruse, l'industrie et la bravoure; ils sont bons marins, et leurs navires sont plus dangereux peut-être que d'autres mieux faits, parce qu'ils sont propres à la guerre de pirates que favorise si bien leur pays. Les calmes sont fréquents dans ces mers, et le bâtiment européen, privé de moteur, forcé d'attendre sans agir un ennemi qui vient prendre position avec la célérité que lui impriment deux ou trois rangs de rames, est attaqué par son endroit le plus faible, et ne peut résister au courage de ces hommes ivres d'opium et avides de butin. Beaucoup ont été ainsi capturés, et si de pareils malheurs sont devenus plus rares, c'est uniquement à cause de la crainte causée par les vengeances sanglantes qu'on a tirées de plusieurs massacres, et non par le manque de moyens de nuire; mais, si une guerre entre les peuples de l'Europe faisant cesser la surveillance offrait aux Malais quelques chances d'impunité, ils lanceraient de nouveau sur les détroits leurs navires, halés maintenant à terre, et redeviendraient pirates; car ils se montrent sur mer ce que les Bédouins sont dans les plaines de l'Algérie : amis quand ils sont les plus faibles, ennemis dans le cas contraire. Aussi est-il très-remarquable de voir de petites colonies fondées par la compagnie hollandaise, vivre en paix et sans le secours d'aucune force militaire, au milieu d'un peuple aussi remuant. Ces comptoirs font tout le commerce des îles, excluent les autres Européens par l'entremise de quelques agents isolés, dont la résidence est gardée par les Malais eux-mêmes, et ce n'est que par une grande sagesse que les Hollandais ont pu se maintenir ainsi, tout en obtenant des profits considérables. Ils ont eu l'art de rendre leur joug assez léger, assez utile même pour le faire préférer à tout autre, et, comme ils règnent par la confiance, ils n'ont que peu de dépenses à faire pour une administration toute commerciale. Leur conduite n'a cependant pas été partout la même, car ils se sont établis par la force à Java, dont ils ont fait le centre de leur puissance et le point d'appui de toutes les autres petites colonies. Dans leurs guerres, qui ne réussirent que grâce à des auxiliaires malais, ils éprouvèrent que ce peuple était trop difficile à dompter pour qu'on fît peser le joug sur toutes ses îles; ils ont donc su se borner à être assez puissants pour pouvoir réprimer les moindres mouvements, et ont surtout évité de mécontenter la population, parce que leurs profits ne sont pas basés sur des impôts comme dans l'Inde, mais sur le commerce; aussi sont-ils maintenant tranquilles possesseurs du pays où ils ne craignent aucune concurrence.

Ils tinrent longtemps secrètes les sources où ils venaient puiser les denrées précieuses dont ces terres abondent; depuis qu'on les a cultivées dans d'autres colonies et qu'ils en ont perdu le monopole, ils se sont portés vers d'autres objets, et les Malais ont secondé leurs vues en se montrant propres à toutes les industries et désireux de gagner, maintenant que, soumis à des maîtres plus équitables que leurs petits sultans, ils savent qu'ils conserveront le fruit de leurs travaux. Ce sont eux qui font tout le cabotage de leurs îles, et ils semblent tenir à honneur de porter le pavillon hollandais : nous ne parlons ici que de Java, de Célèbes et des Moluques, car Bornéo est restée indépendante, et Sumatra, où le commerce du poivre attire les navires de toutes les nations, ne possède que depuis peu des comptoirs hollandais.

On trouve dans cette dernière île les constructions malaises dont les types généraux sont une grande largeur, des extrémités effilées et le maître-bau presque toujours placé au milieu, ou un peu sur l'avant : il faut y ajouter l'emploi fréquent du balancier double, celui des mâts triples, des voiles roulées et des rangs de rames superposés. On y voit aussi le gouvernail latéral, et, en examinant tous les navires que nous avons rencontrés pendant nos voyages, chacun de ces systèmes sera détaillé.

PRAO D'ACHEM.

Sur la côte nord de Sumatra se trouve la ville d'Achem, qui est toujours restée indépendante, et dont la domination s'étendait jadis sur la moitié de l'île; elle arma même plusieurs expéditions, les plus considérables peut-être qu'aient vues ces mers, pour tenter de chasser les Portugais de Malacca; mais depuis longtemps elle ne règne plus que sur quelques points de Sumatra, et encore sa puissance n'est-elle guère que nominale, car les petits radjas de l'île s'exemptent souvent des tributs dus au roi d'Achem, et se dispensent même de son consentement pour faire la guerre ou la paix.

Il sort encore à présent d'Achem beaucoup de caboteurs, construits ordinairement comme ceux des *pl.* 76 et 77. Leurs couples, dont deux ou trois sont d'une grosseur exagérée, sont forts mais espacés, et les bordages très-larges; la quille est étroite et peu élevée (son épaisseur n'est qu'estimée); le maître-couple est presque au milieu, et les formes, arrondies au centre, sont fines aux extrémités, qui se ressemblent beaucoup; la carène, généralement blanche, est terminée par une préceinte sculptée aux extrémités et plus épaisse de 0^m,03 que les bordages; une autre, située plus haut, se termine à l'avant, qui est plat (*pl.* 76, *fig.* 3); le pont, au niveau de cette dernière, s'étend jusqu'au mât de misaine, où se trouve un creux garni d'une claie placée à la hauteur de la préceinte inférieure. Sur l'arrière est une cabane couverte de nattes de rotin pressées par des lattes, et tout le tableau (*fig.* 2) est orné de sculptures, dont le bois reste nu ainsi que le reste du navire. L'intérieur est divisé par des cloisons transversales dont l'une est devant le mât de misaine, l'autre au grand mât, et la troisième au-dessous de *h h* : derrière est un pont inférieur posé sur les pièces *d c g*, où se tiennent les hommes qui dirigent les gouvernails. Un puits carré et calfaté, descendant jusqu'au fond du navire pour vider l'eau, se trouve en *z z*; le vaigrage, qui n'existe quelquefois que dans les parties inférieures, n'a que 0^m,02 d'épaisseur.

Les gouvernails demandent quelques détails, car ils peuvent servir de modèle pour tous ceux qu'emploient les Malais : ils sont en dehors des deux côtés de l'arrière (*fig.* 1 et 2) et ont chacun une forte fusée ronde reposant en *g* sur l'échancrure semi-circulaire d'un bau plat *b b* (*fig.* 1, 2, 5 et 6). Le haut de cette fusée appuie contre le pont ou sur un autre bau également entaillé; sa partie inférieure est embrassée par une estrope *x x* passant sous les baux *b* et *c*, puis au-dessus de *d*, retenue ensuite par une cheville *y y* appuyée sur *d* et roidie par sa partie supérieure qui agit ainsi avec un long levier pour maintenir le gouvernail. Un autre bau *a a*, situé sur l'arrière, sert à appuyer la fusée lorsque l'estrope cède trop; la barre est oblique vers l'avant, ou plus souvent perpendiculaire au safran, dans le plan duquel elle ne se trouve jamais. Les Prâos n'emploient que le gouvernail de sous le vent lorsqu'ils sont en route; l'autre reste en place, mais libre, et ce n'est que pour évoluer qu'ils les mettent tous les deux en mouvement. La fusée est introduite entre la muraille et un bordage, qui, s'en détachant en avant d'*y* (*fig.* 1, 2 et 5), est éloigné par une planche triangulaire et perpendiculaire qui bouche cet espace, dont l'intérieur est aussi bordé. Une autre planche plus élevée *h e*, soutenue par des taquets entaillés (*fig.* 2), se sépare également du navire dont elle forme le bordage supérieur, et c'est entre celui-ci et le bord que passe la cheville *y y* (*fig.* 1, 2 et 4); au-dessus, les membres paraissent, et leurs têtes sont réunies par une lisse ornée de sculptures vers l'arrière.

La mâture des Prâos d'Achem, semblable à celle de nos Chasse-marée, est tenue par des haubans en rotins parallèles ou en cordage de coco passant dans des taquets cloués sur le bordage (*fig.* 1 et 4). Chacun des deux mâts de l'avant, enfoncé dans l'arrière d'une pièce de bois *n* (*fig.* 4, 7 et 8), qui perce le pont et repose sur une carlingue, est traversé par une cheville pour le faire basculer, et retenu de trois côtés par la pièce *n* sans appuyer sur le bas de la fente. Pour le maintenir sur l'arrière, le tout est embrassé par une estrope en rotin *o o*, serrée solidement par des coins *p*, qui la laissent libre quand on les enlève, et il suffit alors de l'élever un peu pour que le mât puisse pivoter et s'abattre. Le petit mât de l'arrière, appuyé sur le pont, est lié à une traverse attachée elle-même sur le platbord et sur la lisse supérieure; le bâton de foc, amarré aux traverses de l'avant et tenu par deux haubans et une sousbarbe, porte un foc sans rocambot, dont l'amure passe dans un trou pratiqué à l'extrémité du bâton; la gaule de l'arrière ne sert qu'à hisser le pavillon.

Les voiles en coton sont ralinguées, et chacune d'elles est unie à deux vergues dont la plus haute, qui est aussi la plus petite, est suspendue par son milieu et dirigée par des bras disposés comme chez nous. La vergue inférieure porte à ses extrémités de petites pièces de bois *k*, dans lesquelles elle tourne pour rouler la voile afin de la serrer comme dans la *fig.* 2, ou seulement d'en diminuer la surface; une corde attachée au bout de *k* sert d'écoute en passant dans des trous pratiqués sur la lisse. Ces voiles, quoique semblables, pour la forme, à celles que nous nommons carrées, sont orientées comme celles des Chasse-marée (*fig.* 1); leur amure, se rapprochant du mât, leur donne de l'inclinaison et relève le point d'écoute. Les focs, que nous employons depuis si peu de temps, sont d'un usage général parmi les Malais; mais nous ignorons à qui l'idée première en est due.

Les Prâos n'ont pas tous le même corps ni la même mâture; ainsi quelques-uns sont entourés d'un empaillage, comme dans l'Inde, et la petite voile de l'arrière est à corne : celui de la *pl.* 77, dessiné à Analaboo, a la carène blanche, les extrémités supérieures noires, et l'arrière prolongé comme les Chebecs. Ils emploient tous des ancres de bois, dont le câble repose sur la traverse de l'avant. Ils marchent bien, prennent d'assez fortes cargaisons, et sont armés de longs pierriers portés par des fourchettes plantées sur les traverses *ff*; mais cet armement est peu redoutable, tant ces pièces probablement d'origine portugaise sont rongées par la rouille et en mauvais état.

BATEAU DE PÊCHE D'ANALABOO.

La charpente des canots malais se rapproche beaucoup de la nôtre : on y trouve les couples, les bordages et les serre-bauquières disposés de la même manière, comme le montrent les *fig.* 9 et 10 (*pl.* 76) représentant un bateau de pêche d'Analaboo d'une construction grossière, mais solide. La quille est remplacée par un bordage plus épais que les autres, et le gouvernail de la forme d'un aviron, fixé au montant de l'arrière, repose sur une coche dans laquelle il est maintenu par une estrope.

PETITE PIROGUE DE PULO-RAJAH.

Cette petite barque (*pl.* 76, *fig.* 11, 12 et 13) est faite d'une seule pièce de bois noirci par l'huile dont il est frotté et auquel on n'a conservé que peu d'épaisseur; aussi est-il renforcé par quelques membres. Les bancs qui reposent sur le corps sont retenus par des renflements sous lesquels ils sont introduits (*fig.* 13). L'avant et l'arrière ont des parties plates épaisses de 0^m,10, découpées comme l'étrave d'un canot, sans que le corps ait de quille ni de façons rentrantes.

PIROGUE DE PÊCHE DE PULO-RAJAH.

Un corps semblable à celui de la petite pirogue dont nous venons de parler sert de base à la construction de celle-ci (*pl.* 78, *fig.* 1, 2, 3, 4 et 5): il est exhaussé par un empaillage en feuilles de latanier ou de vacoa, maintenues par des lattes horizontales extérieures, aboutissant aux planches qui bouchent les extrémités (*fig.* 3), tandis qu'à l'intérieur, des montants, qui soutiennent le tout, sont appliqués et liés sur le corps (*fig.* 4 et 5). La latte supérieure *a a*, plus large que les autres, porte des traverses *b b*, à l'une desquelles est attaché le mât, qui repose sur l'un des renforts du fond; elles servent aussi d'appui à des morceaux de bois courbes formant, avec le tolet qu'elles soutiennent, une fourche qui porte l'aviron retenu par une estrope (*fig.* 1). Le fond est fortifié par des courbes sur lesquelles reposent des claies *e e* de joncs ou de lanières de bambou unies par des attaches transversales. La voile, en nattes tressées ou en joncs parallèles, se roule par la vergue inférieure, et a peu de surface à cause du manque de stabilité de la pirogue. Les pagaies (*fig.* 6), d'un bois dur travaillé avec soin, ne servent que pour marcher à l'aviron lorsqu'on n'emploie pas le gouvernail; celui-ci, *mm*, porté sur la coche *i* et sur le creux de la pièce courbe *g g* (*fig.* 1, 2 et 5), est maintenu par une estrope en rotin, embrassant sa partie ronde et tenue par la cheville *f n* attachée au sommet du montant *f*. La barre courbe perce la fusée en faisant un angle de 45° avec le plan du safran.

PIROGUE NOMMÉE TOUCANG.

Le gouvernail dont nous venons de parler sert aussi bien au vent que sous le vent, mais il y a d'autres bateaux malais qui sont obligés de le changer de côté; tel est celui des *fig.* 7, 8, 10 et 11 (*pl.* 78), qui, attaché au montant *n*, est tenu par une estrope dans les coches *o*, d'où la pression de la dérive tendrait à l'arracher s'il n'était toujours placé sous le vent. Les bateaux qui l'emploient, nommés Toucangs, très-nombreux à Malacca et à Sincapour, marchent bien à l'aviron et même à la voile, quoiqu'ils soient très-volages; leur bordage et leur membrure sont un peu lourds, mais bien travaillés; les bancs, fixés à une serre-bauquière, ont des râblures sur lesquelles reposent les planches volantes du pont. Leurs formes sont assez plates au centre, mais les extrémités, qui se ressemblent beaucoup, sont évidées et très-fines; le maître-couple est au milieu, la quille est à peine sensible, et la voile, qui se roule, est à livarde ou à vergue, en nattes ou en joncs parallèles.

PINDJAJAP.

L'île de Sumatra, dont nous avons examiné quelques bateaux, forme avec la presqu'île de Malacca le long et riant détroit dont on suit la route sinueuse pour se rendre aux mers de la Chine. Peu de pays sont aussi favorisés de la nature ou offrent une plus riche végétation : c'est là que croissent le mangoustan, dont le goût vanté surpasse tout ce que nous connaissons de meilleur, la banane, l'ananas, et une quantité d'autres fruits qui y sont supérieurs à ceux des autres pays chauds; le muscadier, apporté des Moluques, s'y trouve en abondance, ainsi que l'aréquier, dont la noix, nécessaire aux Malais pour le bétel, est aussi employée par les Chinois pour leurs admirables teintures. Tous les établissements européens du détroit sont situés dans les îles voisines de la péninsule dont ils concentrent les productions; mais la côte de Sumatra, loin d'être montagneuse comme celle de l'ouest, n'est qu'une longue suite de terres basses et insalubres, près desquelles les caboteurs malais seuls peuvent naviguer.

Parmi les bateaux de cette côte qui fréquentent les comptoirs anglais, on doit remarquer le Pindjajap (*pl.* 79) à cause de quelques analogies qu'il offre avec les anciennes galères dont il a les formes effilées aux extrémités, le peu de largeur, le faible tirant d'eau et la légèreté de construction. Il est ras sur l'eau avec un plat-bord surmonté d'une haute fargue peinte en noir et bordée par deux lignes blanches tandis que le reste du corps est galipoté. Cette fargue forme un grand rectangle qui se sépare du navire dès qu'il se rétrécit, et continue vers l'arrière jusqu'à un petit tableau soutenu par le prolongement de l'étambot, comme à bord de quelques vieux Chebecs. A l'avant, ses deux côtés restent parallèles et se réunissent à une traverse au-dessous de laquelle se trouve un long prolongement horizontal de l'étrave; de nombreux avirons, à pelles rondes ou longues, établis sous la fargue, donnent une impulsion rapide à ce bateau que sa légèreté doit rendre propre à la piraterie. Les trois mâts, qui ressemblent à des gaules tant ils sont minces, ont quatre haubans en rotin répartis en avant et en arrière, et portent des voiles rectangulaires en coton ou en nattes de joncs parallèles dont la forme et la disposition rappellent celles des Pràos d'Achem.

L'intérieur des Pindjajaps est verni, très-bien tenu et orné de sculptures; le pont est fixe à bord des plus grands; mais, ordinairement, il est remplacé par une claie ou des planches volantes posées sur une serre-bauquière au-dessous de la fargue; la membrure, légère, soignée et disposée comme la nôtre, est rarement couverte d'un vaigrage. Les dimensions de ces navires varient beaucoup, et les plus grands que nous ayons vus avaient 17 mètres de long, 3m,40 de large et 2m,10 de creux; les plus petits n'ont souvent qu'un seul mât : ils apportent de Sumatra des épices, des noix d'arec séchées, des amandes de coco, et ne paraissent fréquenter que la partie méridionale du détroit.

Ils se fixent au mouillage d'une façon singulière en attachant leur câble à un mètre ou deux de la pointe d'un gros piquet qu'on enfonce dans la vase jusqu'à ce que la corde soit au ras du terrain; une seconde corde plus petite, amarrée au sommet de ce premier piquet, est tenue par un second, qui empêche le plus gros d'être couché et

19

arraché par l'effort du câble. Ils se fixent ainsi par cinq et six brasses avec beaucoup de solidité, puisque d'assez grands bateaux résistent de cette manière aux grains violents qui arrivent de Sumatra. Pour les petits bateaux, les Malais enfoncent aussi trois piquets, écartés au bas et réunis au sommet, au pied de l'un desquels ils attachent le câble qui passe entre les deux autres.

ANCRE MALAISE.

Les ancres en bois dont se servent les peuples de la Malaisie et du midi de l'Asie sont sans doute meilleures qu'on ne le croit généralement, puisqu'elles suffisent à des navires de plus de 600 tonneaux, très-élevés sur l'eau, qui naviguent dans des mers tourmentées par les typhons. Les bras de ces ancres, appliqués sur la verge (*pl.* 80), sont percés par des chevilles de bois et liés par des amarrages en rotin serrés par des coins et aussi solides que le fer. Leur extrémité taillée obliquement ne porte pas d'oreille, et ils sont quelquefois soutenus, au tiers de leur longueur, par des attaches qui les unissent entre eux en même temps qu'à la verge. Le jas, que son élasticité empêche de casser s'il enfonce dans la vase, est ordinairement en bambous attachés ensemble, et toujours placé au milieu de la verge, mais jamais près du câble; s'il n'est pas assez lourd, on le charge de pierres.

De pareilles ancres pourraient être très-utiles à un navire européen, et, en les voyant pour la première fois, nous fûmes frappé des services qu'elles auraient pu rendre à bord de l'Astrolabe. Cette corvette, qui avait perdu, quelques mois auparavant, toutes ses ancres à jet et n'en avait pas moins continué une navigation périlleuse dans les archipels du grand Océan, les aurait remplacées par celles de bois rendues plus solides encore par des ferrures mises à chaud pour en réunir les différentes parties.

SAMPANN-POUCATT.

C'est le nom d'un bateau d'une construction à peu près chinoise que nous avons vu à Sincapour : son maître-bau est placé au tiers ou au quart à partir de l'arrière, qui est assez fin, mais toujours arrondi; l'avant, très-élancé, forme un coin aigu dont le dessous est plat, ainsi que les fonds du navire; le tirant d'eau est petit, et ce bateau paraît n'avoir que peu de stabilité, quoiqu'il soit assez large. Il a une quille, une étrave très-forte, et son arrière, pointu plutôt que rond, est terminé par un étambot portant un gouvernail à ferrures. La longueur du Sampann-Poucatt (*pl.* 80) est de 16 mètres environ, sa largeur de 3 à 4 mètres et son creux de 3; il est membré, bordé et ponté; sa fargue, peu élevée, porte de nombreux avirons sur tolets, et il ne diffère des bateaux chinois que par sa voilure qui se rapproche de celle des Malais (*pl.* 80, en second plan).

Nous vîmes à Sincapour plusieurs de ces embarcations, entièrement armées par des Chinois, faisant la grande pêche dans le détroit, et on nous assura que ces Sampanns étaient semblables aux contrebandiers d'opium des environs de Canton. Si tel est réellement le but de ce genre de construction, il n'est pas étonnant que nous ne l'ayons pas vu en Chine, où le commerce de ce poison est puni de mort; ils ont, dit-on, une marche très-remarquable surtout à l'aviron, et se laissent rarement atteindre par les croiseurs de la douane.

CABOTEUR MALAIS NOMMÉ TOUP.

Ce caboteur présente une très-grande analogie avec notre Chasse-marée, comme le montre la *pl.* 81. C'est à peu près la même mâture et le même gréement, mais les voiles diffèrent en ce qu'elles sont plus carrées et faites de nattes; le foc seul, toujours en coton, s'établit sur un bout-dehors qui se rentre au mouillage. Le maître-bau est placé au milieu de la longueur, mais les extrémités sont différentes, et l'avant, qui a une forte étrave, est plus renflé et plus élevé sur l'eau que l'arrière; le gouvernail, le pont et les détails de charpentage ressemblent trop aux constructions européennes pour qu'il soit nécessaire d'ajouter des explications à la *pl.* 81. On rencontre le Toup dans la plupart des pays malais, et ses dimensions sont de 15 à 18 mètres de long. 3 mètres à 3m,50 de large et environ autant de creux ; il paraît bien marcher, porter d'assez fortes cargaisons, et, lorsqu'il embarque des denrées légères, on l'exhausse par des piquets et des nattes.

LANTCHA.

Quoique l'extérieur de ce bateau présente beaucoup de dispositions malaises, il se rapproche aussi de nos constructions par les formes de sa carène fine aux extrémités. Il porte des fargues détachées peintes en noir avec deux lignes blanches, comme les Pindjajaps : on y trouve le double gouvernail installé comme nous l'avons déjà expliqué, et l'avant, élancé, a un prolongement comme celui des Chebecs, usage très-répandu dans les détroits. Le Lantcha (pl. 82) est exhaussé par des piquets et des empaillages surmontés de traverses qui soutiennent un pont factice, sur les côtés duquel on voit de longs avirons à pelle ronde. Les Malais font très-facilement ces arrangements accidentels avec des bambous attachés par des rotins, et leurs navires prennent ainsi des aspects bizarres, surtout de loin, lorsque, sans distinguer les détails, on ne voit qu'une énorme masse dont la hauteur est presque la moitié de la longueur. Les haubans sont en rotins liés de distance en distance, et attachés bout à bout sans être tordus ni tressés ; ils tiennent des mâts courts et grêles sur lesquels se hissent des voiles de Chasse-marée en toile ou en nattes avec une vergue inférieure, comme les Trabaccalos de l'Adriatique. A l'époque de l'arrivée des Jonques de Siam et de Chine, ils affluent à Pulo-Pinang, et surtout à Sincapour, où ils apportent des épices et surtout des noix d'arec ; ainsi que les Toups, ils paraissent ne fréquenter que la partie occidentale de la Malaisie.

CANOT DE PULO PINANG.

La jolie petite île de Pinang (noix d'arec), située à l'entrée du détroit de Malacca, a la réputation méritée d'être le séjour le plus sain et le plus agréable des mers de l'Inde ; elle est d'une fertilité admirable, et son port toujours tranquille, où viennent les navires malais des côtes voisines, a fait acquérir de l'importance à un pays jadis désert, que le roi de Quéda donna en dot à un capitaine anglais qui s'empressa d'en faire hommage à la compagnie des Indes. On y construit des bateaux légers, semblables aux canots européens, à cela près qu'ils n'ont pas de quille (fig. 1, 2 et 3, pl. 83). Leur membrure est faible, et les bordages, minces et assemblés à plat, sont cloués et calfatés ; ils portent deux voiles à livarde et marchent bien à l'aviron, qu'ils préfèrent à la pagaie. On ne les emploie que comme bateaux de passage, la pêche étant faite par des pirogues dans le genre de celles dont nous allons parler.

SAMPANN DES ANAMBAS.

Les îles Anambas, qui se trouvent dans la partie méridionale de la mer de Chine, offrent l'aspect riant et pittoresque des pays volcaniques des tropiques, où les montagnes aiguës sont couvertes d'une épaisse végétation ; elles sont en dehors de la zone où règnent les terribles typhons, et jouissent d'un beau temps presque continuel. On y trouve un grand nombre de ports explorés avec soin en 1831 par le commandant Laplace, avant lequel cet archipel et celui des Natunas étaient presque inconnus, et ne figuraient sur les cartes que comme un amas d'îles placées au hasard. Elles sont habitées par quelques Chinois et par des Malais adonnés à la pêche du trépan, espèce d'holothurie, qui, séchée au soleil, devient un mets très-recherché en Chine, et forme un des principaux revenus des petits princes de Bornéo, auxquels appartient le monopole de cette branche de commerce.

Nous avons pu examiner avec soin les pirogues des Anambas, car l'une d'elles (fig. 4 et 5, pl. 83) fut embarquée à bord de la Favorite avec les Malais qui nous servaient de pilotes : elle était large, avec des fonds très-plats et des extrémités aiguës à façons rentrantes. Le bordage et la membrure étaient disposés à l'européenne ; le pont, de planches volantes ou de claies en lattes de bambous reposant sur la serre-bauquière, était interrompu sous la cabane ; sur l'avant, les côtés étaient exhaussés par un empaillage auquel faisait suite une fargue b a et b' a', séparée de celle du bateau *b c c* et *b c c'*, et supportée par des courbes clouées sur les prolongements des bancs : en outre, des bambous attachés près du grand mât s'élevaient vers l'arrière, où une traverse liée à un montant les soutenait. Cet échafaudage ne sert qu'à poser les bambous nécessaires à la pêche du trépan : on les ajuste les uns au bout des autres pour piquer, avec la fourche qui termine le dernier, l'holothurie qui vit sur le sable où sa couleur noire la fait distinguer à de grandes profondeurs ; et, pour mieux la découvrir, les Malais ont des chapeaux de plus d'un mètre de diamètre, qui font de l'ombre sur l'eau et préservent les yeux des pêcheurs de la réflexion du soleil. Le gouvernail était un aviron court, attaché en *d* et appuyé sur l'une des coches *e* ; la voile, très-grande pour le bateau, en joncs légers et parallèles tenus par des attaches (*fig.* 18), se roulait par le bas au moyen du tourniquet *f* (*fig.* 4). Ces bateaux marchent bien, sont légers et très-volages ; ils sont peints en noir avec des raies blanches tracées sur les moulures des fargues.

PETITE PIROGUE DE TÉREMPA.

On ne trouve guère cette pirogue (*fig.* 6 et 7, *pl.* 83) qu'à Térempa, le seul village un peu peuplé des Anambas ; ses fonds sont plats et ses extrémités aiguës, surmontées de montants cloués ; elle est mince et faite d'une seule pièce de bois poli, travaillé avec soin et frotté d'huile. C'est la plus petite embarcation que nous ayons rencontrée ; aussi ne porte-t-elle qu'un homme, qui peut l'emporter à terre à lui seul, tant elle est légère, et qui, pour ne pas chavirer en changeant de position, se sert d'une pagaie double (*fig.* 8), propre à ramer des deux côtés [1].

BATEAU DE PÊCHE D'ANGERS.

Les canots dont il vient d'être question ont le maître-bau placé au milieu de leur longueur ; mais cette règle n'est pas toujours suivie par les Malais, et nous avons vu, au petit village d'Angers (prononcer Anières), sur la côte de Java, dans le détroit de la Sonde, de grands bateaux de pêche dont le maximum de largeur est très-rapproché de l'avant (*fig.* 9 et 10, *pl.* 83). Leurs membres sont espacés, mais forts, leurs bordages épais, et le pont est formé de planches volantes ou de lattes de bambous posées sur des hiloires mobiles et sur les serre-bauquières ; la voile a la forme d'un trapèze aussi long que le bateau, mais bas, car le mât n'a que les deux tiers de sa longueur ; la vergue supérieure est en bambous réunis par des attaches, et celle d'en bas n'est qu'une tige traversée par une poignée (*fig.* 4) pour rouler la voile faite de nattes très-fines.

Les tolets employés par la plupart des embarcations de Java forment une espèce de crampe en bois *t* (*fig.* 9, 10 et 12) enfoncée dans deux trous pratiqués dans le plat-bord ; ils sont aussi faits d'un morceau de bambou taillé en fourche près d'un nœud tel que *t*, qui embrasse le plat-bord par ses deux branches et est percé d'une petite pièce courbe qui s'y enfonce ; l'aviron, attaché à ces tolets, est en deux morceaux comme en Chine. Les pirogues du détroit de la Sonde ont des dispositions semblables, mais les petites emploient plutôt la pagaie, dont les formes sont très-variées (*fig.* 15 et 17).

PIROGUE DE BATAVIA.

Les plus petits bateaux de pêche des environs de Batavia ressemblent à celui de la *pl.* 83 (*fig.* 13 et 14) : ils sont bien construits, larges et peu profonds, membrés et bordés, avec une quille à peine sensible et des extrémités courbes peintes en rouge, revenant vers le centre ; ils marchent mieux à l'aviron ou à la pagaie qu'à la voile, ne pouvant employer celle-ci qu'avec de faibles brises, à cause de leur peu de stabilité. Presque tous ont, à 0ᵐ,12 du

1) Il existe au musée naval une de ces pirogues, rapportée en 1825 par M. le baron de Bougainville.

plat-bord, un pont de petites planches ou de lattes de bambou posées sur des rainures pratiquées dans les côtés des bancs. Ils ont le gouvernail malais, se servent d'avirons en deux pièces, et leurs voiles à livarde en nattes très-fines sont d'une grande surface relativement au bateau.

BATEAU DE TRANSPORT DE BATAVIA.

Le commerce de Batavia occasionne un batelage continuel pour le transport des nombreuses denrées que cette métropole des colonies hollandaises expédie par les navires européens. Ce service est fait par de grandes embarcations d'une construction très-solide (pl. 91, fig. 1, 2, 3 et 4), auxquelles des formes plates permettent de traverser la barre pour passer entre les longues jetées qui encaissent la rivière, et remonter les canaux qui pénètrent dans diverses parties du quartier chinois, où se trouvent les magasins; les Européens n'y viennent que pour leurs affaires, leur résidence étant éloignée du bord de la mer, qui est très-malsain, malgré les travaux d'assèchement qu'on y a exécutés. Ces bateaux, à côtés plats, ont l'avant relevé ainsi que l'arrière, auquel est fixé un bloc de bois percé d'un trou vertical que traverse la fusée ronde du gouvernail, qu'on peut élever pour passer sur de petits fonds. Les extrémités sont pontées, mais le milieu reste vide pour placer les marchandises qu'on couvre de panneaux mobiles, et cet espace est entouré de fargues obliques en dehors desquelles on marche pour pousser à la gaule (fig. 2, 3 et 4). Le mât, placé dans une coulisse formée de trois planches verticales, dans laquelle il est retenu par une clef en fer, porte une voile de coton ayant une espèce de gui qu'une cargue soulève. Pendant la belle saison ces bateaux appareillent, le matin, avec la brise de terre, et, le soir, le vent du large les ramène à l'entrée des jetées sur lesquelles ils se tirent à la cordelle.

CABOTEUR MALAIS.

On remarque dans la Malaisie beaucoup de diversité dans les grandeurs et les formes des caboteurs, qui, offrant un mélange singulier des dispositions locales combinées avec les nôtres, forment un genre mixte. Quelques-uns ont adopté nos poupes carrées et notre gouvernail, en conservant leurs avants et leurs cabanes, qui chez d'autres paraissent posées sur des arrières pointus; il y en a qui portent des voiles carrées, mêlées à des voiles de Chasse-marée, ou qui n'emploient que ces dernières. Plusieurs d'entre eux, que le gouvernement hollandais a équipés en guerre sans changer leur voilure, sont armés de pierriers et d'un ou deux canons de bronze à pivot; ils croisent dans les détroits ainsi que sur la côte de Java pour surveiller les Malais qui ne sauraient peut-être résister à la tentation de piller les navires marchands isolés et sans défense, que les calmes retiennent devant leurs villages. La trop grande ressemblance de ces chaloupes canonnières avec les bateaux du pays nous a empêché de les joindre à cette collection.

Nous avons préféré représenter des caboteurs d'une construction entièrement malaise; ils sont très-courts, le plus grand (pl. 84) ayant 6 mètres de large sur 20 de long; leurs fonds sont larges et plats, mais les extrémités très-fines sont semblables entre elles; la quille est droite et assez courte, l'étrave et l'étambot étant courbes. Ces bateaux sont membrés et bordés avec soin; leur carène est blanche, tandis que le haut du corps, peint en noir, paraît d'autant plus élevé que les Malais y accumulent une quantité de ballots, de nattes et de bambous. La partie supérieure de l'arrière repose sur une traverse placée au sommet de l'étambot; elle est percée sur les côtés par deux baux situés l'un au-dessous de l'autre, ayant des trous ronds pour le passage de la fusée du gouvernail, qui est alors verticale, tandis qu'elle est oblique lorsqu'elle est fixée comme à bord du Prào d'Achem. L'avant porte, au lieu de beaupré, une longue plate-forme très-étroite, entourée d'une balustrade peinte en couleur brillante et terminée par une planche d'où sort le bâton de foc. Les trois mâts, tenus par des haubans à rides, ont des voiles en nattes ou en coton, qui ressemblent aux taille-vent; cependant elles ont quelquefois une forme plus malaise, et leur partie

20

inférieure est unie à une vergue comme le montre le bateau le plus éloigné de la *pl.* 84, exhaussé d'un toit de nattes et de treillages d'où pendent les avirons; cela lui donne un aspect aussi lourd que bizarre, sous lequel il est difficile de deviner des formes capables de procurer une assez bonne marche.

PRAO-MAYANG.

Ce genre de caboteur, très commun dans la Malaisie, conserve toujours à peu près le même aspect, quoique ses dimensions varient beaucoup, car les plus petits ne sont que des bateaux de pêche de 8 mètres de long, tandis que ceux qui font le cabotage vont jusqu'à 15 et même jusqu'à 20 mètres. Ils sont très-larges, et leur maître-bau, situé un peu sur l'avant, souvent au milieu, mais jamais sur l'arrière, a quelquefois près du tiers de la longueur. Ils ont peu de creux et de différence de tirant d'eau; leur centre, très-renflé, est plat et large au fond, tandis que les extrémités, fines et effilées, ont des parties rentrantes très-prononcées et semblables entre elles, car les deux bouts du navire sont presque symétriques. Ces bateaux prennent de fortes cargaisons; ils portent bien la voile, acquièrent une assez belle marche, et naviguent depuis le détroit de la Sonde jusqu'à l'extrémité orientale des Moluques.

Leur construction, solide et soignée, ressemble beaucoup à la nôtre dans ses détails : l'étambot et l'étrave, qui sont larges, leur donnent un air écrasé en se repliant sur eux-mêmes (*pl.* 85); ils sont quelquefois consolidés par des courbes latérales faisant suite à une lisse ronde au-dessus de laquelle les couples s'élèvent pour former une galerie et soutenir une fargue ou une continuation assez haute de la muraille qui n'est pas prolongée jusqu'à l'arrière; parfois la fargue est intérieure, comme une suite du vaigrage, et les membres sont visibles en dehors. Les Prao-mayangs ne sont couverts qu'à leurs extrémités, et ces portions de pont sont terminées par de fortes planches obliques (*pl.* 86) qui les séparent du milieu du navire; c'est là que se trouve un plancher plus bas sur lequel on place les marchandises à l'abri d'un toit, en nattes serrées fortifiées par des traverses, qui descend au-dessous de la petite galerie dont nous avons parlé. Quelquefois ils semblent avoir été exhaussés après coup, comme celui de droite de la *pl.* 85; la partie haute ne s'étend pas alors jusqu'à l'arrière sur lequel est posée, séparément, une espèce d'armoire avec des moulures peintes en rouge et en vert. Ainsi disposés, ils sont très-hauts sur l'eau, et ont trois mâts semblables à ceux des caboteurs précédents (*pl.* 84); mais les véritables Prao-mayangs n'en ont qu'un seul, d'une longueur égale à celle du bateau; il est placé au quart ou au tiers à partir de l'avant et maintenu par des haubans ordinaires; il perce le toit et porte une grande voile basse en nattes, de la forme d'un trapèze, dont le côté avant est la moitié ou le tiers de celui de l'arrière, et dont le fond, ainsi que l'envergure, est égal à la longueur du navire. La vergue est formée de bambous superposés, liés par de nombreux amarrages plats, comme les antennes de la Méditerranée; ces vergues, plates et hautes, paraissent lourdes à l'œil, mais sont, de fait, solides et très-légères; tant le bambou est avantageux pour de pareils usages; aussi les navires de guerre hollandais l'ont-ils adopté pour leurs bouts-dehors de bonnettes, et on ne saurait trouver rien de plus convenable. La vergue inférieure n'est qu'un gros bambou lié à la ralingue, et solidement sous-relié vers l'extrémité pour ne pas être fendu par l'effort de la traverse qui le perce pour aider à rouler la voile afin de la serrer ou d'en diminuer la surface.

Les Prao-mayangs ont tous le gouvernail latéral assujetti à de fortes planches saillantes; les plus grands en portent un de chaque côté, sans doute parce qu'il serait trop lourd pour être démonté, car celui de sous le vent est seul mis en action; mais, lorsque cette difficulté de dimension n'existe pas, ils n'en ont qu'un placé dans l'angle que fait une pièce oblique avec le flanc de bateau (*pl.* 86), et attaché par une estrope de rotin à un bau saillant qui se trouve au-dessous. En d'autres cas, la tête est amarrée à celle d'un montant courbe (*pl.* 99) planté sur le banc, dont l'extérieur sert à fixer le milieu du gouvernail; du reste, toutes ces dispositions, quoique très-variées, tiennent aux mêmes principes et sont si commodes, que les gouvernails sont toujours enlevés au mouillage. Les Prao-mayangs à voiles en forme de trapèze ne virent de bord que vent arrière, parce qu'ils sont obligés de gambiller, et ils roulent ordinairement la moitié de la voile avant de faire cette évolution; mais ceux à trois mâts virent vent devant, en laissant leurs voiles collées sur le mât comme nos taille-vent.

Quelques-uns (*pl.* 86) ont les côtés de l'arrière surmontés de planches saillantes comme les fargues détachées des Pindjajaps, couvertes de peintures et soutenues par une traverse qui porte quelquefois un toit de joncs; on trouve toujours, dans cette partie, un montant sculpté peint en bleu, en rouge et en vert brillant, dont le sommet forme une fourche correspondante à une autre semblable, clouée sur le mât pour poser des bambous. Les plus petits, qui n'ont aucune de ces installations, ne portent pas de foc; leur plat-bord n'a pas de galerie, et, au lieu de cabane, ils n'ont qu'un toit mobile.

L'aspect de ces caboteurs est singulier en ce qu'ils sont courts, très-élevés et ramassés sur eux-mêmes; leurs carènes, peintes en blanc, sont bien entretenues, et le haut du corps, souvent orné de lignes vertes, rouges ou bleu de ciel, est noir, ainsi que les galeries et les sculptures.

COUGNAR.

Les voiles du Cougnar (*pl.* 87), semblables à nos voiles carrées, mais ayant beaucoup plus de chute que d'envergure, sont portées par des vergues horizontales suspendues par le milieu, et ont une bande de ris et des cargues-points; les trois mâts, assez élevés, sont tenus par des haubans à rides, et celui de l'arrière porte une petite voile à corne. Le corps, dont les formes sont assez effilées, est large, mais bas sur l'eau, surtout vers l'avant, près duquel se trouve placée en travers et obliquement une planche à laquelle le plat-bord et le pont viennent se terminer, comme à bord des Prâo-mayangs: quelques-uns ont un pont ordinaire, d'autres ne sont couverts d'un toit qu'au milieu: ils paraissent bien marcher et porter d'assez fortes cargaisons, mais les détails de leur construction n'ont rien de particulier.

TOUP.

Nous avons déjà vu ce caboteur dans le détroit de Malacca (page 74), mais celui que nous avons dessiné à Sourabaya (*pl.* 88) a une mâture plus élevée et des formes encore plus européennes: c'est presque un petit Lougre disposé pour naviguer dans de belles mers, et les Hollandais ont surtout choisi ce genre de navire pour armer en guerre. Sa longueur ordinaire est de 16 à 18 mètres sur 4 de large et environ 3m,50 de creux.

PIROGUE DE PASSAGE DE SOURABAYA.

C'est une pirogue d'une seule pièce de bois (*pl.* 88), à fonds plats avec des extrémités arrondies et des côtés un peu rentrants, exhaussés quelquefois de fargues clouées, séparées à l'avant et ornées de moulures peintes; le reste du corps est blanc, et l'intérieur, très-propre et couvert d'une tente, peut contenir deux passagers. L'un des deux Malais qui conduisent, placé derrière, nage et gouverne avec une pagaie; l'autre, assis à l'avant, se sert d'un aviron, et saute à terre dès que le bateau entre dans la rivière, pour le remorquer en marchant sur les longues jetées de bois qui encaissent les eaux jusqu'en dehors des vases.

BATEAU DE TRANSPORT.

La distance qui sépare la rade de la ville, et le peu de profondeur de la rivière entre les jetées où les caboteurs seuls peuvent accoster, occasionnent à Sourabaya un batelage actif effectué par des bateaux de 13 à 15 mètres de long sur 2m,50 à 3 mètres de large (*pl.* 89); ils sont bordés et membrés solidement, avec des bancs qui traversent les côtés, et, comme ils n'ont de pont qu'aux extrémités, le milieu laisse un grand espace libre pour placer les marchandises, qu'on préserve par des portions mobiles de toits en rotin fortifiés par des lattes; l'avant, assez bas, est séparé du milieu par une planche devant laquelle se placent les rameurs, tandis que l'arrière, plus élevé, forme une courbe où s'attache un aviron pour gouverner. Ces bateaux plats, peu creux, assez effilés aux extrémités, prennent de fortes cargaisons, mais marchent mal à l'aviron et n'emploient jamais de voile; leur carène est blanche, et les parties hautes sont ornées de peintures noires et blanches dont la planche 89 donne la disposition.

BATEAU DE TRANSPORT DE LA RIVIÈRE DE SOURABAYA.

Cette rivière, navigable jusqu'au pied des montagnes, arrose un pays riant et fertile, dont les productions descendent dans des embarcations de 10 à 12 mètres de long sur 1^m,50 ou 2 mètres de large : elles ont de l'analogie avec celles de la rade, mais souvent aussi ce ne sont que de très-gros troncs d'arbres creusés (*pl.* 90), de près de 15 mètres de long, soutenus sur les côtés, comme les Cascos de Manille, par des radeaux de bambous, sur lesquels on place des marchandises et où les hommes peuvent marcher pour pousser de fond. Ces bateaux, sans formes bien arrêtées, sont disposés suivant la nature de leur cargaison.

PRAO-BÉDOUANG.

Ce n'est que vers la partie orientale de Java, et surtout à Bezouki, qu'on rencontre ces pirogues spécialement destinées à la pêche : la partie inférieure de leur corps est une longue pièce de bois creusée, exhaussée par une ou deux planches (*pl.* 92) que réunissent des tiges verticales clouées à l'intérieur en guise de membres; quelquefois aussi elles n'ont qu'une petite fargue cousue par des amarrages intérieurs (*pl.* 91, *fig.* 5, 6, 7, 8 et 9). Comme elles sont très-étroites, elles emploient le balancier double en bambou, avec les leviers de l'avant un peu inclinés vers la mer, formés de deux morceaux de bois taillés en biseau et enfoncés dans un bambou *e' e'* (*fig.* 8). Celui-ci est fixé sur le plat-bord par deux amarrages passant sous une traverse *h h'* engagée sous un renflement que l'on conserve dans le bois. Le levier de l'arrière, très-relevé (*fig.* 7 et 9), est joint aux balanciers par un amarrage, et par une tige *f g* qui les perce; ses deux pièces sont aussi coupées en biseau dans les parties qui entrent dans le bambou *e e* (*fig.* 9), où elles sont tenues par des coins. Quand ce levier est attaché directement au balancier (*pl.* 92), il est très-courbe et maintenu par une corde; nous n'avons pu savoir pourquoi il était toujours relevé, tandis que celui de l'avant, plus exposé à être atteint par les vagues, ne l'est jamais; c'est sur ce dernier que se mettent les hommes pour contre-balancer l'effort de la voile, quoiqu'ils chargent ainsi l'avant et gênent le bateau quand il tend à se relever.

Le gouvernail (*fig.* 5 et 6), placé entre le corps et l'un des morceaux de bois *b*, amarré sur une traverse, est retenu par une estrope *c*, attachée en *e*, qu'il suffit de lâcher pour le retirer et le passer de l'autre côté sans en détacher la tête fixée à un amarrage *a'*, réunissant le haut des deux montants *a a*, plantés sur une planche horizontale; cette planche supporte aussi une fourche *d* servant à placer la voile ou les bambous des lignes de pêche. Le gouvernail est toujours sous le vent, et ce n'est qu'afin d'en mieux montrer la disposition que nous l'avons représenté au vent dans la *fig.* 5. Des tronçons de bambous attachés en travers sur le plat-bord sont comprimés par une tringle *k k*, dont nous ne devinons pas l'usage, les Prào-bédouangs étant trop étroits pour employer l'aviron.

Les voiles semblent n'être disposées que pour marcher au plus près; elles ont la forme d'un long triangle isocèle dont le petit côté est la moitié des autres, qui sont transfilés à des bambous unis par un amarrage au sommet de l'angle dirigé du côté du vent (*fig.* 5); l'un d'eux, remplaçant la vergue, est soutenu par une corde sous laquelle se place un bambou terminé en fourche, dont on se sert pour élever la voile jusqu'à ce qu'on puisse en appuyer le pied au fond de la pirogue; cette espèce de mât n'a d'autre soutien que la corde de la vergue attachée au vent sur le levier de l'arrière, de sorte que la voile tombe si elle masque, car le hauban du levier de l'avant ne la soutient pas non plus. La vergue inférieure se trouve horizontale et la voile oriente parfaitement au plus près, mais vent arrière et même largue, elle n'offre que très-peu de surface, et est relevée par le vent qui glisse en dessous, le point de jonction des vergues ne pouvant pas être mis sur le côté. Celle de l'avant a une drisse ordinaire et un angle moins aigu. relevé par une corde qui l'attire vers l'extrémité d'un bâton de foc qu'on n'emploie pas ordinairement. Elles sont toujours en nattes, et la dernière laize est en coton, d'une couleur désignant le port auquel appartient le bateau : quelquefois les laizes, très-courtes, sont disposées comme *pl. 92*, et des flocons de feuilles de latanier pendent au bout des vergues.

Il y a d'autres Préo-hédouangs, très-étroits et de 14 à 16 mètres de long (*pl. 92*), dont le corps, plongé dans l'eau, est exhaussé par des planches clouées entre elles, et à chaque extrémité sur un montant oblique et massif, qui repose au bout de la pirogue; comme ils ont quelquefois 1m.50 de creux, ils portent un petit pont en claies posées sur des traverses placées de manière à tenir les hommes assez élevés : on en voit aussi quelques-uns ayant les formes de nos canots (*pl. 91* en second plan), mais plus étroits, ce qui leur rend nécessaire le balancier double; ils sont bordés et membrés, les traverses qui supportent le pont percent les bordages et se montrent à l'extérieur, et ils ont. comme les plus grands. une cabane de rotin et de chaume maintenu par des lattes. On rencontre ces pirogues jusque dans le détroit de Bali, et, sans changer de formes, elles ont des dimensions très-différentes, car quelques-unes n'excèdent pas 5 mètres de longueur, 0m.35 de largeur et 0m.50 de creux : leur voile, soutenue par un bambou oblique et par un mât, n'est alors qu'un petit triangle dont l'angle aigu est en bas, à plus d'un mètre au-dessus du bateau : le corps est d'une seule pièce, avec des extrémités aiguës, comme le montre la pirogue qui se trouve sur le devant de la *pl. 95*. Elles sont toutes peintes en blanc. ainsi que leurs balanciers. et tenues avec propreté; leur légèreté est telle que quatre hommes en portent facilement une de grandeur moyenne, pour la placer à terre sur des morceaux de bois attachés en croix; elles marchent bien à la pagaie et à la voile, et sont très-usitées pour la pêche sur la côte orientale de Java, mais nous ignorons si elles servent aussi dans les îles situées vers l'est.

GRAND CABOTEUR MALAIS.

Nous avons dessiné ce navire (*pl. 93*) sur la plage de Banjoewangy, établissement hollandais du détroit de Bali; il a, comme toutes les constructions malaises, une belle carène blanche, fine aux extrémités et très-propre à la marche. Sa longueur est de 16 à 18 mètres, sa largeur de 4 et sa profondeur de 3m.50, non compris la partie supérieure, qui est couverte de sculptures peintes où dominent le rouge et le blanc; l'avant et l'arrière, très-bas. paraissent en être séparés, et sont surmontés de fargues détachées, très-ornées, soutenues par des traverses sculptées. Les détails de charpentage, qui ressemblent aux nôtres, sont très-soignés; une forte pièce de bois, destinée à soutenir le gouvernail, dont nous ignorons la disposition, sort de chaque côté de l'arrière dans une direction oblique : l'entre-pont est au niveau de la partie supérieure du corps, et le pont, percé de plusieurs panneaux, dont l'un est couvert d'une cabane. porte sur l'avant deux montants, comme ceux de nos bittes; ces montants descendent au fond du navire pour mieux soutenir les pièces de l'arrière du mât triple, dont nous verrons l'usage très-répandu aux Moluques, mais nous regrettons de n'avoir pu connaître d'une manière précise la voilure, que l'on dit avoir la forme d'un trapèze.

CABOTEUR MALAIS RECEVANT LE FEU.

Ce navire (*pl. 94*) est un diminutif du précédent. plus court, avec des fonds moins fins; on y voit mieux la disposition de l'avant qui donne aux caboteurs malais l'aspect de jolis petits bâtiments. qu'on aurait chargés d'une haute et lourde cabane couverte d'un toit de jones, au-dessus duquel on dispose quelquefois une plate-forme en bambous, comme dans le Gange. Sa longueur est de 8 à 10 mètres sur 2m.30 à 2m.75 de large: il emploie deux gouvernails latéraux et porte une longue voile en trapèze, au sommet d'un mât triple, que représente clairement la planche 95.

21

PRAO-PENDJALENG.

Le système que nous désignons (*pl.* 95) sous le nom de mât triple (1) consiste en deux mâts, placés derrière un troisième et percés par une ou deux chevilles séparées, enfoncées dans des montants qui appuient sur le fond du navire et sont liés par une traverse dans laquelle entrent leurs extrémités. Ces mâts, en bambous à bord des petits bateaux, sont joints entre eux par des cordes prises dans des amarrages qui en entourent les bouts et les empêchent d'éclater lorsqu'ils portent, pour le passage de la drisse, une pièce de bois percée d'un clan dont le pied enfonce dans le tube que forme le bambou. Les mâts basculent en arrière; mais, lorsqu'ils sont dressés, c'est celui de l'avant qui retient les autres en appuyant au fond d'un trou, où il est maintenu par une clef ou cheville. Tous les mâts triples sont à peu de chose près disposés de cette manière, et nous les verrons employés à bord d'assez grands navires, ainsi que sur des bateaux de pêche, tels que le Prào-pendjaleng, qui n'est qu'une grande pirogue de 14 à 15 mètres de long sur 1^m,10 de large et 1^m,50 de creux. Sa partie inférieure, d'une seule pièce creusée, est exhaussée, comme dans les Prào-bédoangs, par des bordages qui portent un empaillage extérieur assez éloigné du corps pour permettre de passer des avirons; cet empaillage est joint à des piquets soutenus par des tiges obliques comme les tolets du Bengale, sur le haut desquels s'attachent d'autres avirons. Le corps, peint en blanc, a des fonds plats au milieu, mais effilés aux extrémités, qui sont terminées par des planches, et le haut de l'avant est aussi bouché par une planche. Les leviers blancs aussi, reposant sur la partie solide du corps, sont joints aux bambous des deux balanciers par des pièces de rapport courbes, tenues par des chevilles de bois. Le gouvernail est latéral, et la voile en nattes, qui se roule par le bas, est un trapèze plus long que le bateau.

CABOTEURS DE MACASSAR.

C'est à Bezouki, comptoir hollandais situé à l'est de Sourabaya, que nous avons vu ces deux navires (*pl.* 96); celui de gauche, qui ressemble à beaucoup d'autres caboteurs malais, peut être comparé à un bateau ayant de jolies formes écrasées sous la lourde maison de couleur noire qui domine l'avant, qui est très-bas, et auquel on descend comme par étages. Le milieu est couvert d'un toit en joncs portant, sur les côtés, de petites galeries entourées de feuilles de palmier, où se placent les rameurs, qui sont obligés, à cause de cette position très-élevée, d'employer de longs avirons à pelles rondes. Les gouvernails extérieurs, maintenus à deux bancs saillants, ont leur barre perpendiculaire au plan du safran. Les mâts triples portent des voiles en nattes, longues et basses, de la forme d'un trapèze, liées à des vergues dont la supérieure est formée de bambous attachés avec du rotin; le plus petit des deux mâts est sur l'arrière, comme en Arabie, ce qui se rencontre souvent aussi dans les pays malais. Le vaste intérieur de ce bateau n'étant pas complétement ponté laisse assez d'espace au-dessus de la cargaison pour que l'équipage puisse y loger.

Ce caboteur appartient au détroit de Macassar, ainsi que celui représenté sur la droite de la même planche, qui montre la disposition de leur arrière; il porte des voiles à cornes, hissées sur l'une des tiges de l'arrière des mâts triples. Ces deux caboteurs ont de belles carènes, larges au centre, mais très-fines aux extrémités, comme quelques bateaux de pêche provençaux, qui, de tous ceux de nos pays, ont le plus de rapport avec les formes malaises; ils paraissent bien marcher, mais ne peuvent servir que dans des mers aussi tranquilles que celles qu'ils fréquentent, car l'échafaudage dont ils sont chargés ne pourrait résister aux chocs et aux mouvements.

(1) « Il est rare, mais non pas sans exemple, qu'il y ait quatre bambous réunis. » (*Relation de l'expédition de l'Uranie* commandée par M. Freycinet, tome 1er, page 184.)

BATEAU CHINOIS.

Les Chinois des colonies hollandaises de Java ou des Moluques construisent encore leurs embarcations comme dans leur pays (*pl.* 97, *fig.* 1, 2 et 3); les détails, les formes et surtout le gouvernail de leurs bateaux y sont exactement pareils à ce que nous avons vu chez eux, et nous n'avons pas représenté la voile parce que la disposition en a été déjà expliquée. Ils ne mettent de pont que derrière, le reste est vaigré, la membrure légère et les bordages cloués et assemblés à plat : la *fig.* 4 représente la godille chinoise que nous avons déjà décrite (page 61).

COROCORE DE COUPANG.

À l'est de Java s'étend une longue chaîne d'îles peu connues, paraissant n'être habitées que sur les bords des baies, et ce n'est qu'à Timor qu'on retrouve des comptoirs hollandais, dont l'administration toute commerciale a rencontré peu d'obstacles, car les habitants de cette partie méridionale de la Malaisie sont beaucoup plus tranquilles que ceux des îles du nord. Aucun établissement n'ayant pu subsister jusqu'à présent dans le détroit de Macassar et dans les îles Solo, nous ne connaissons pas d'une manière précise leurs constructions, qu'il est cependant permis de croire semblables à celles des points mieux explorés, dont nous avons relevé des plans corrects : nous y ajouterons un Corocore de Coupang (*pl.* 97, *fig.* 6, 7, 8 et 9), emprunté à l'atlas du voyage de la *Coquille*, commandée par M. Duperrey, auquel nous devons les détails suivants :

« Dans ce Corocore, comme dans tous ceux que nous avons eu occasion de voir aux îles Moluques, il n'entre pas un seul morceau de fer. On réserve, à l'intérieur des bordages, des taquets destinés à fixer la membrure, qui ne s'élève jamais au-dessus du petit fond; cette membrure est unie aux taquets et aux bancs par un fort lien de rotin ou de quelque autre substance textile, telle que le brin du coco; les bordages sont, en outre, liés entre eux au moyen de petites chevilles placées dans leur épaisseur. »

« La solidité dans le sens de la longueur est assurée par deux bambous placés en dehors du plat-bord, qui se croisent à l'avant et à l'arrière, où ils sont liés soit par une cheville qui les traverse, soit par un amarrage, et ils contribuent à consolider les deux parties de l'arrière qui servent à l'établissement du gouvernail. Les coutures entre les bordages sont remplies avec des brins de coco, du coton et une résine exotique que l'on mêle à de la chaux afin de l'empêcher de fondre au soleil. »

GRAND COROCORE ÉCHOUÉ.

Nous vîmes pour la première fois à Manado, comptoir hollandais près de la pointe nord de Célèbes, ces navires à deux rangs de rames, sur lesquels les Malais indépendants exercent la piraterie, et dont la disposition pourrait peut-être expliquer la forme des anciennes galères. Le corps de cette espèce de birème (*pl.* 98) a de belles formes, surtout aux extrémités, qui sont symétriques, le maître-bau étant au milieu et n'excédant pas 4 mètres, tandis que la longueur entière est de plus de 20. Les fonds sont plats, les façons rentrantes et aiguës, et la muraille presque verticale vers le haut du milieu; la quille, courbe et peu saillante, forme, en se relevant, les parties extrêmes surmontées de longues pièces de bois. Les bordages sont calfatés et réunis aux membres par un procédé particulier expliqué plus loin (page 90) au sujet d'un navire du même genre vu à la Nouvelle-Guinée; ils ne sont cloués qu'aux écarts, sur les couples qui sont rares, mais très-gros, mal équarris et peu soignés comme tout le reste du navire. Le bordage supérieur, fortifié par un listeau rond, souvent enveloppé de feuilles de latanier, supporte des pièces de bois horizontales liées aux couples par des amarrages, ressortant de 2m,50 à 3 mètres; celles du milieu dépassent les autres parce que le bateau est plus large dans cette partie. Ces supports laissent entre eux des espaces libres dans lesquels on dispose, sur le plat-bord, des avirons comme dans nos embarcations : de plus, on lie à leurs extrémités des courbes ou des montants verticaux auxquels sont attachées des planches percées de trous pour le passage d'une seconde rangée d'avirons; les hommes qui les manient se tiennent sur une plate-forme de bambou, de sorte que le Corocore représenté (*pl.* 98) peut en armer soixante. Cette disposition très-simple, qui permet aux hommes d'agir librement, n'a d'autre inconvénient que de placer leur poids, à l'extérieur, à une trop grande hauteur, et d'exiger quelquefois l'emploi du balancier double pour obtenir une stabilité convenable; ce procédé est sans doute préférable au lest, qui, en faisant plonger davantage, augmente le volume d'eau qu'il faut déplacer et le poids qu'il faut mouvoir, tandis que le balancier, agissant sur un grand levier, tient le navire en équilibre sans avoir beaucoup de liquide à diviser. On comprend aussi combien il devient facile d'augmenter le nombre des rangs de rameurs : il suffit de placer une planche oblique intermédiaire, dont les avirons se meuvent entre les supports, et c'est probablement ainsi que sont disposées beaucoup de trirèmes malaises, car les birèmes que nous avons vues auraient pu être promptement armées d'un troisième rang; il y en avait à Manado de vingt rames par rang, dont la longueur approchait de 30 mètres. Les Malais ne paraissent pas avoir adopté le système des avirons *scaloccio* des galères du moyen âge auxquels on appliquait jusqu'à huit hommes, ce qui fut regardé alors comme un grand perfectionnement parce qu'on pouvait ainsi obtenir un moteur plus puissant en occupant moins de place et sans augmenter le nombre des rangs. Cette amélioration très-importante pour les mers d'Europe, si souvent agitées, fit faire de grands progrès aux galères; mais, sur les canaux des îles malaises, dont la surface est toujours unie, les naturels ont pu s'en tenir à leurs premières idées, et continuer à ne mettre qu'un homme par aviron, comme le prouve le peu de longueur de ceux que nous avons vus, appartenant à des navires échoués. Ces avirons, très-maniables, sont formés, comme dans l'Inde, d'une planche ovale attachée à un bâton.

La marche de ces navires est, dit-on, remarquable, et leurs formes, effilées comme celles de nos meilleures embarcations, font comprendre qu'ils obéissent facilement à l'impulsion puissante qui leur est imprimée; nous n'avons pu avoir de données exactes sur leur célérité, parce qu'ils n'emploient tous leurs rameurs que pour des expéditions militaires, un équipage aussi nombreux étant gênant pour porter des marchandises; mais, toutefois, on est convaincu, après les avoir considérés, qu'ils doivent acquérir, avec une mer calme, une vitesse que les bâtiments à vapeur peuvent seuls surpasser, et dont nos meilleurs canots ne doivent pas approcher.

Ces Corocores ne sont pas pontés et n'ont qu'une cabane de joncs et de feuilles de palmier, dont la dimension dépend de la nature de cargaison : on la dispose en peu de temps, et elle ne reste sans doute pas en place pendant la guerre, pour laquelle elle serait fort embarrassante. Ils ont un ou deux mâts triples avec de longues voiles rectangulaires ou en trapèze, disposés comme à bord de tous les navires malais.

COROCORE A MATS TRIPLES.

On rencontre aux Moluques ce caboteur large et très-fin aux extrémités, membré et bordé, ayant peu de creux. Sa carène est blanche, tandis que les parties supérieures sont peintes en noir (*pl.* 99); ses extrémités sont courbes et basses, parce que la partie qui, à bien dire, forme le corps, est surmontée d'une haute enceinte, portant ordinairement, au lieu de pont, un toit qui s'étend quelquefois jusqu'à l'extérieur; quoique son inclinaison soit très-faible, on place, sur les côtés et sur les têtes des membres, des plates-formes horizontales pour marcher plus commodément; ces têtes de couples, saillantes, sont réunies par une lisse formant ainsi une balustrade comme à bord des Prào-mayangs. Cette espèce de maison, de près de 3 mètres de haut, occupe au moins les quatre cinquièmes de la longueur et contient une grande quantité de marchandises; elle est garnie de nattes et divisée en plusieurs chambres par des cloisons en rotin comme dans les maisons malaises; la longueur de ce Corocore est de 16 à 20 mètres, et sa largeur de 5 mètres. Ses gouvernails, placés à peu près au quart de la longueur à partir de l'arrière, sont de la même forme que les nôtres, mais ont des fusées rondes et droites, passées dans deux bancs saillants, dont le plus bas entre dans le navire, tandis que l'autre est parfois soutenu au-dessus du pont par des montants verticaux; chaque gouvernail est supporté par une cheville qui le perce, et dirigé par une barre perpendiculaire au plan du safran ; quelquefois, au lieu de passer dans des trous, la fusée repose sur une échancrure et est retenue par une estrope; alors le gouvernail n'est pas droit, mais incliné vers l'avant comme celui des pirogues.

Quelques-uns, ayant un gréement et une voilure trop semblables aux nôtres pour être représentés, portent deux mâts à pible avec le plus petit placé derrière, ce qui leur donne l'air de Bombardes de la Méditerranée. Il en est de même d'autres Corocores qui ont un gréement très-léger et deux petits mâts portant des voiles rectangulaires; mais les plus remarquables (*pl.* 99) sont ceux qui semblent avoir une mâture européenne entée sur les lignes malaises : les trois mâts réunis dont nous avons parlé y remplacent notre bas mât, et les deux de l'arrière, placés en dehors de montants pareils à ceux d'un guindeau, sont traversés par un essieu et peuvent s'abattre en pivotant vers l'arrière pour reposer sur le toit quand le navire est désarmé. Le mât de l'avant, qui fait l'office d'étai, est un peu plus long, afin que les autres restant dans un plan presque vertical , il puisse descendre au fond du navire, où il est maintenu dans un trou par une clef qui le perce. Au-dessus de ces trois pièces réunies, s'élève un mât de hune et de perroquet dont le pied est lié aux deux bignes de l'arrière par de gros amarrages qui, couvrant le point de jonction, nous ont empêché de voir la forme des parties en contact; le mât de l'avant n'est pas embrassé par toutes ces attaches, il semble toucher seulement le pied du mât de hune, qui est tenu, par des galhaubans et des étais roidis avec des caps de moutons en tout semblables aux nôtres, ainsi que les vergues, les voiles et leur gréement. Celui de l'arrière, pareil au premier, porte une brigantine dont la corne est hissée sur l'une des bignes, et le beaupré d'une seule pièce, qui sort du haut du navire ou de sa partie basse, comme dans nos anciens vaisseaux, soutient souvent des planches obliques entre lesquelles se placent les focs. Il y a toujours beaucoup de désordre dans ce gréement, qui ne peut servir que sur d'aussi belles mers; car, lorsque le navire est agité, la roideur de ces tiges de bois rend les chocs si secs, qu'elles ne pourraient résister aux secousses ; aussi , bien qu'un pareil système paraisse ingénieux , il serait inapplicable en Europe.

Pendant un séjour à Amboine, nous vîmes arriver un navire malais de 15 mètres de long (*pl.* 99 en second plan), portant les deux mâts triples, avec une haute voile carrée à bandes de ris sur le plus grand , et une brigantine sur celui de l'arrière; il était couvert d'une longue cabane en joncs, et sur les côtés se trouvaient des plates-formes saillantes, entourées de nattes et de planches percées pour le passage des avirons comme à bord du Corocore de Manado.

PIROGUE DE MANADO.

Le corps de cette pirogue (*fig.* 10, 11, 12 et 13. *pl.* 97), d'une seule pièce, est exhaussé par de larges planches liées avec de petits amarrages plats et unies les unes aux autres par des attaches passées dans des renflements qu'on conserve dans le bois (*fig.* 13); ces planches, jointes aux deux bouts par des coutures intérieures très-bien exécutées, sont exhaussées aux endroits où reposent les leviers, faits en bois ordinaire; celui de l'avant (*fig.* 13) est courbé et assujetti par une autre pièce tordue en sens inverse, dont les extrémités lui sont jointes par des tiges verticales; celui de l'arrière, au contraire (*fig.* 12), est droit, et lié aux bambous des balanciers par des tiges courbes maintenues par d'autres droites, attachées au bout du levier sur lequel il y a de petites fourches pour placer les bambous des lignes de pêche; le mât, introduit dans un tuyau qui s'attache au levier de l'avant, porte une longue voile rectangulaire en petits joncs parallèles réunis par des lignes transversales de fils qui les joignent aux deux vergues.

PIROGUE DE PÊCHE DE MANADO.

Cette embarcation (*pl.* 100, *fig.* 1, 2 et 3) n'est qu'un long tronc d'arbre creusé et soutenu par deux balanciers

22

en bambous unis aux leviers avec des tiges tenues par un amarrage croisé comme un trévire (*fig.* 3); la voile, en forme de trapèze, est d'un tissu semblable à celui dont nous venons de parler.

Les *fig.* 4, 5 et 6 représentent une autre pirogue de Manado à leviers droits, portant un échafaudage léger sur lequel on met des nattes pour garantir les pêcheurs du soleil : ces leviers sont unis au corps par des attaches passées sous une traverse, et au balancier par des tiges courbées par des amarrages (*fig.* 6).

GROSSE PIROGUE DU LAC DE TONDANO.

Ce bateau grossier (*pl.* 100, *fig.* 7, 8 et 9), qui ne porte jamais de voile, n'est employé que sur le lac de Tondano, situé à quelques lieues de Manado dans une région élevée, aussi fertile que pittoresque. Il est d'une seule pièce de bois, exhaussée par une fargue cousue, dont la partie supérieure est ornée de moulures qui règnent tout autour; ses formes sont très-arrondies; il a une étrave, mais pas d'étambot, quoique le gouvernail soit porté par des ferrures. On trouve sur le même lac d'autres pirogues longues de 8 mètres sur 0m.50 de creux et 0m.60 de large, qui ne sont que des arbres creusés, encore cylindriques, dont les extrémités sont bouchées par des planches; elles n'ont même pas de bancs, et les Malais rament debout en se servant de pagaies doubles en chêne, d'une forme semblable à celle des Anambas (*pl.* 83, *fig.* 8). Quelques autres, encore moins soignées, n'ont que 5 mètres de long et placent une planche près de l'avant pour asseoir le passager.

BATEAU DE PÊCHE D'AMBOINE.

La jolie petite île d'Amboine est la dernière vers l'est, qui renferme un établissement européen; son port l'a fait choisir pour le chef-lieu de tous les comptoirs hollandais dispersés dans les Moluques, et c'est le seul point fortifié de manière à résister à une attaque sérieuse; c'était une position très importante à l'époque où les Hollandais avaient le monopole de plusieurs épices, dont ils savaient tirer un meilleur parti que les Portugais. Bien que l'activité de ce commerce ait diminué, on voit encore à Amboine beaucoup de Chinois, laborieux comme dans toutes les autres colonies, qui habitent le quartier marchand situé au midi du fort Victoria, tandis que les Malais, répandus au nord le long de la côte, vivent dans le repos et l'apathie, ne s'adonnant qu'à la pêche, car, comme tous les peuples des pays chauds, ils préfèrent le poisson à la viande.

Quelques-uns de leurs bateaux mettent à la voile le matin et descendent le long canal que forme la baie pour aller pêcher au large. Ils ont de belles formes, larges et plates au milieu, des extrémités semblables, et peu de profondeur, quoiqu'ils soient souvent exhaussés par une fargue (*pl.* 101, *fig.* 1, 2 et 3, *et pl.* 102). Leur exécution est grossière, les couples rares, gros et formés de trois pièces solidement unies; le bordage de 0m.025 à 0m.030 d'épaisseur est calfaté, et quelques virures de vaigrage ajoutent à la solidité du corps, dont toutes les parties sont clouées. La quille est courbe, et l'étambot, qui lui fait suite, se prolonge au delà du plat-bord; il n'existe pas d'étrave, et l'avant est surmonté d'une longue tige sur laquelle se trouve une petite sculpture.

Les balanciers sont remplacés chez ces pêcheurs par des échafaudages solides et légers sur lesquels montent quelques hommes pour faire contre-poids à la voile. Les Malais déploient beaucoup d'adresse en suivant les fréquentes inégalités de la brise dans la baie; car leurs bateaux sont très-volages à cause des poids élevés dont ils sont chargés et du manque de lest qu'ils n'emploient qu'à bord des caboteurs, à l'exemple de leurs voisins. Pour soutenir ces plates-formes, ils mettent des pièces de bois équarries et saillantes *b b* (*fig.* 1, 2 et 3), liées aux bancs situés au-dessous (*fig.* 3); elles portent, près de leurs extrémités, des montants *k k*, au sommet desquels est un cadre qui soutient un treillage à jour en petits bambous, maintenus par une autre pièce *a a*, attachée au-dessus de la première et ondulée à sa partie supérieure pour retenir les bambous des lignes de pêche. Toutes ces pièces, unies seulement par des amarrages, ne pourraient résister aux mouvements du roulis si elles n'étaient soutenues par des tiges légères c c, qui, partant de l'extérieur des plates-formes, sont attachées aux montants, aux traverses, ainsi qu'aux bancs, et se croisent au fond du bateau. La voile, faite de nattes, est rabantée à la vergue supérieure et fixée à celle du bas par des amarrages aux angles et un anneau de rotin au milieu ; elle a une bouline, ce qui est emprunté aux Européens et fort rare dans ces mers. Le mât qui la soutient est formé de trois tiges de bambou (*fig.* 4) réunies au moyen de rotin tourné sur lui-même embrassant les têtes, fortifiées par des lattes que servent des attaches pour empêcher les extrémités d'éclater ; la drisse est passée dans une pièce de bois *m*, percée d'un clan, avec un pied arrondi introduit dans l'un des bambous. Les deux mâts de l'arrière, plus courts, doivent être presque droits ; leurs pieds reposent dans des cavités pratiquées dans des pièces saillantes *f f* clouées au bordage supérieur, où ils sont retenus par l'effet de la drisse attachée à un banc. La tige de bambou de l'avant est percée, dans le sens de la quille, d'un trou assez large pour introduire un piquet pointu *e*, dont le bout arrière est attaché à un barrot, et le milieu maintenu par une corde passée dans des renflements qu'on conserve dans les bordages ; cette cheville *e* retient le mât dans la cavité *d* et l'empêche de tomber en arrière. Ce mât triple, facile à mettre en place, est d'un usage commode et très-répandu dans la partie orientale des îles malaises.

L'équipage de ces bateaux est ordinairement composé de douze hommes qui ne se servent pas de leur pagaie (*fig.* 5) comme les autres peuples : ils rament d'abord assez doucement, accélèrent progressivement les coups et finissent par les répéter aussi rapidement que possible ; puis, lorsque le bateau a acquis sa plus grande vitesse, ils s'arrêtent brusquement en donnant tous ensemble un coup de manche sur le plat-bord, se reposent un moment et recommencent ensuite. Ces mouvements sont réglés par des chants nasillards ou par les sons encore plus monotones du tam-tam, instrument favori des Malais, qui ne sauraient s'en passer ni pour leurs travaux ni pour leurs plaisirs ; ils aiment à entendre pendant des heures entières frapper avec les doigts sur cette peau tendue et sans timbre qui ne rend que des sons étouffés.

Les lignes de pêche sont attachées au bout de longs bambous, et, pour s'éviter d'en soutenir le poids, les canotiers en introduisent le pied dans un trou fait au milieu d'un des morceaux de bambou *g g* (*fig.* 5), fixés sur les bancs ; ils sont assis sur des tiges du même bois placées dans le sens de la longueur.

BATEAU POUR PÊCHER À LA SEINE.

Ces jolies embarcations (*pl.* 101, *fig.* 6, 7 et 8), très-effilées aux extrémités, entre lesquelles il existe beaucoup de ressemblance, sont plates au milieu ; la quille, peu saillante, s'unit par une courbe régulière à l'étrave et à l'étambot, dont l'obliquité exclut l'emploi d'un gouvernail ; elles sont ornées de sculptures à jour assez mal faites, représentant ordinairement des fleurs peintes en blanc, tandis que le bateau, ainsi que celui dont nous venons de parler, n'est jamais peint, mais tout au plus frotté d'huile. La membrure et le bordage, disposés comme les nôtres, sont fortifiés par une carlingue et une serre-bauquière qui ne porte que deux bancs dont l'un est destiné à soutenir le mât et la voile dont ces canots se servent très-rarement. On place dans l'espace libre du milieu les seines et leurs funes, de sorte que les canotiers assis sur le plat-bord ne se servent que de pagaies.

Lorsque ces bateaux ne sont pas destinés à la pêche, leurs dimensions sont très-fortes ; on en voit de 25 à 28 mètres de long sur 5 de large, différant très-peu de celui que représente la *pl.* 101, qui servent aussi de bâtiments de plaisance aux rajahs ou aux autorités hollandaises. Nous mesurâmes à Amboine le canot du gouverneur sur lequel une cabane était construite, et qui portait deux mâts avec des voiles à cornes, des flèches-en-cul et deux focs ; le gouvernail était adapté à un étambot au-dessous de la partie relevée de l'arrière, percée pour le passage de la fusée ; du reste, les formes étaient tout à fait les mêmes, et seulement on se servait d'avirons au lieu de pagaies. Cette belle embarcation de 16^m,24 de long sur 2^m,92 de large et 1^m,08 de creux n'a pas été jointe à cette collection à cause de ses dispositions européennes ; mais elle est représentée dans l'atlas historique du voyage de la corvette l'Astrolabe en 1826, 27, 28 et 29, et se trouve à la *pl.* 144 *bis*, *fig.* 1, 2 et 3.

PIROGUE A BALANCIER.

Une seule pièce taillée très-mince et assez étroite (pl. 101, fig. 9, 10 et 11) forme le corps de cette pirogue, ce qui l'oblige à porter deux balanciers joints aux leviers par un petit cercle de bois flexible attaché sur lui-même ainsi qu'aux deux pièces qu'il doit réunir. Ces balanciers, assez élevés pour ne jamais toucher l'eau en même temps, peuvent être facilement démontés, leurs leviers n'étant unis aux corps par aucun amarrage, mais seulement passés sous des tiges horizontales attachées au-dessus des bancs; en écartant les leviers, on les dégage, et tout le cadre peut être emporté pour être placé à terre le long des cabanes. Ces pirogues, qui ne sortent que rarement de la baie d'Amboine, sont de formes et de dimensions très-variées, mais nous avons cru inutile de les représenter toutes, les fig. 9, 10 et 11 en donnant les types généraux.

BOUANGA.

Nous avons été heureux de trouver, dans la relation des voyages du chevalier Pagès, de 1767 à 1776, la description d'une trirème malaise accompagnée d'un dessin que nous avons copié exactement (pl. 103 et pl. 104, fig. 1). Quoique les principales dimensions n'y soient pas données, nous avons placé une échelle approchée, déduite de la longueur assignée aux leviers. La charpente des côtés, sur lesquels se mettent les rameurs, différente de celle que nous avons détaillée au sujet du Coracore de Manado, doit avoir le défaut d'exiger une grande différence entre les leviers des avirons et de rendre leur manœuvre fatigante, quelle que soit d'ailleurs leur légèreté; il est vrai qu'elle doit aussi produire plus de vitesse, puisque la résistance d'un bateau si étroit est très-faible relativement à la puissante impulsion d'un aussi grand nombre de rameurs. On en appréciera les dispositions en lisant la description donnée par l'ouvrage que nous avons cité (1).

« Je donnerai ici l'idée d'un bâtiment nommé Bouanga, qui n'est peut-être qu'une amplification de celui que M. Anson a décrit aux îles Mariannes : ce sont des pirogues très-longues et pointues; le bois du corps du bâtiment est élevé au plus d'un pied au-dessus de l'eau; mais à ce même corps est enté l'œuvre morte, qui est extrêmement légère, à peu près dans le goût de celle de nos anciens Chébecs. Elle a de chaque côté deux galeries de bambous de 2 pieds de large en amphithéâtre qui règnent dans presque toute la longueur du bâtiment, laissant peu de distance à remplir de l'avant et de l'arrière. Le premier degré de cet amphithéâtre, placé à côté et en dehors du plat-bord, est élevé d'environ un pied et demi sur le pont, et le second, également à côté et en dehors du premier degré, a sur lui seulement un pied d'élévation. La première galerie ou degré est soutenue par des courbes attachées à des allonges très-saillantes laissées de distance en distance plus allongées que l'œuvre morte; ces deux galeries et le pont servent à avoir trois rangs de rameurs, dont les échaumes (2) et les avirons sont placés les uns au-dessus des autres, dans le goût des sabords des vaisseaux ; ils sont tellement disposés, que le second rang de rames vient frapper dans le vide intermédiaire que laisse le premier rang, et qui est nécessaire à l'allongement des bras des rameurs. Enfin le troisième rang vient frapper l'eau également dans le vide du second rang perpendiculairement, mais en dehors ou au large du premier rang.

« Ils suppléent aux échaumes du premier rang par des trous au bord ou à l'œuvre morte, où passe la rame; et les échaumes du second et du troisième rang sont formées par quatre arcs-boutants dont deux, venant l'un de l'avant, l'autre de l'arrière, à l'inclinaison de 45°, contribuent à la solidité d'un troisième placé à leur point de rencontre et perpendiculairement; celui-ci, qui forme l'échaume, et les deux premiers, qui le buttent, sont

---

(1) Voyage autour du monde et aux deux pôles, pendant les années 1767, 68, 69, 70, 71, 72, 73, 74, 75 et 76, par M. Pagès, capitaine des vaisseaux du roi, tome Ier, page 169.

(2) On nomme échaume la cheville à laquelle est attaché l'aviron par l'estrope : c'est le tolet actuel.

dérangés de la ligne perpendiculaire par un quatrième qui les éloigne du bord et les incline vers l'horizon, pour donner un plus long bras de levier au rameur; ce dernier arc-boutant est attaché sur le bord d'une espèce de lisse ou garde-corps qui est à la galerie de bambou, en sorte que (pour mieux entendre ces arrangements) les deux premiers arcs-boutants et l'échauine ou troisième arc-boutant sont d'un bout attachés sur le bord de la galerie et le quatrième sur son balcon, et, de l'autre bout, ils contre-tiennent tout l'échauine ou troisième arc-boutant auquel ils sont liés; en sorte, aussi, que les deux premiers et longs arcs-boutants forment un triangle isocèle, partagé par une perpendiculaire, qui est l'échauine, et incliné en dehors par le quatrième arc-boutant sur un plan formé par le plat-bord ou par le balcon et le bord de la galerie de bambou.

« D'ailleurs la construction de leurs rames n'est pas comme la nôtre; le bras du rameur doit être robuste, tout le poids étant dans le bout de la rame, qui n'est formée que par une longue barre, au bout de laquelle est une planche oblongue.

« On juge bien que ces galeries et le nombre des rameurs doivent donner au bâtiment un balancement considérable; voici comment ils y remédient : à environ un sixième de la longueur du bâtiment de l'avant et de l'arrière, sont placés en travers deux gros bambous qui s'éloignent de chaque côté du bord de 20 à 25 pieds, suivant la grandeur du vaisseau. Ils ont dans leurs deux bouts deux autres bambous liés horizontalement et qui les joignent en travers, ce qui, de chaque côté du vaisseau, forme deux grands cadres, ou seulement un grand cadre posé de plan sur le bâtiment. Les deux côtés de ce cadre, qui sont placés en travers sur le bâtiment, ont une tonture qui les fait s'étendre de chaque côté jusqu'à fleur d'eau, où ils sont joints par les deux autres côtés de ce même cadre; ces côtés-ci présentant, par les trois bambous dont ils sont composés, une grande surface à l'eau, empêchent les trop grands balancements du vaisseau; l'on a grand soin que ce cadre soit solidement attaché au corps du bâtiment, car de lui dépend son salut; il sert, en outre, en temps calme à placer des rameurs dans toute sa longueur, qui se servent de la pagaie et rament à différentes mains, les uns en dedans, les autres en dehors du cadre de balancement.

« Il est difficile de croire la vitesse avec laquelle vont ces bâtiments à la rame, et que sur une pirogue surhaussée de quelques mauvais bambous il soit possible de placer environ cent cinquante rames et quarante pagaies, ce qui paraît cependant moins étonnant lorsqu'on fait attention que, de chaque côté, il y a trois rangs de rameurs et deux rangs de pagaies sur les cadres de balancement.

« Les Indiens mahométans se servent de cette espèce de bâtiment pour la course et enlever des Indiens espagnols; ils vont les vendre à Bornéo et à Batavia. Ces mahométans sont braves, et, comme ils sont généralement très-nombreux sur leurs bâtiments, ils font leurs attaques à l'abordage. Ils commencent à nettoyer le vaisseau ennemi en faisant pleuvoir une quantité prodigieuse de zagaies ou de petits dards; ils sautent ensuite à bord, le criss ou le campilan à la main. Ils font peu usage des armes à feu, et ils n'ont que quelques canons qu'ils ont pris sur les Européens. Ils diffèrent en cela des Indiens plus voisins des Hollandais qui commencent à fabriquer grossièrement des fusils. »

COROCORES DE GUÉBÉ.

M. Pellion a donné (1) un dessin aussi exact qu'élégant des Corocores qui nous accostèrent devant l'île Pisang (Banane); nous lui empruntons aussi la description :

« Ces embarcations, dit-il, ont environ 45 pieds de longueur (13m.77) et une largeur de 7 à 8 pieds au milieu (2m.14 à 2m.45); à partir de ce point, les deux parties de l'avant et de l'arrière sont symétriques et se terminent en

(1) *Relation du voyage autour du monde entrepris par ordre du Roi et exécuté sur les corvettes l'Uranie et la Physicienne* commandées par M. Louis de Freycinet, publiée à Paris, chez Pillet, imprimeur-libraire, en 1839, tome II, page 11.

coins aigus. Les pièces d'étrave et d'étambot, fort élancées d'abord, s'élèvent ensuite tout à coup et presque verticalement, jusqu'à 6 ou 8 pieds de hauteur. Les bordages des deux côtés sont minces, polis et bien liés, quoique sans clous, ainsi qu'on le pratique à Timor.

« Ces vaisseaux ne manqueraient donc ni d'élégance ni de qualités s'ils n'étaient déparés par un échafaudage monstrueux ; leur centre, en effet, est, dans la moitié environ de sa longueur, recouvert d'une plate-forme ou d'un toit en feuilles de palmier, que soutient de chaque côté un double rang d'épontilles : tout cela a l'air d'un hangar flottant, assez solide, toutefois pour supporter une quarantaine d'hommes. En outre, des traverses en bois solidement fixées font à tribord et bâbord une saillie de 3 à 4 pieds, et donnent ainsi naissance à deux galeries latérales que déborde en dehors un madrier assez épais, lequel sert de point d'appui aux avirons. Deux espèces de chandeliers fourchus, installés sur la même ceinture, reçoivent au besoin la mâture, la voile et les espars de rechange, ce qui a l'apparence d'un bastingage.

« Sur ces galeries est pratiqué un clayonnage en lattes de bambou où s'assied la première file de rameurs : il existe de chaque côté une seconde rangée de pagaies, que manœuvrent des hommes placés en dedans, dans le Corocore. Quand le navire est à la voile, la galerie du côté du vent lui sert de balancier, et, à cet effet, on y multiplie le nombre des hommes suivant le besoin : la disposition des rames, telle que nous venons de l'expliquer, fait encore concevoir qu'en plaçant en échelon une nouvelle galerie au-dessus de la première on arriverait exactement aux trirèmes des anciens.

« Les avirons, comme les pagaies, se composent de deux pièces, une hampe ou manche, et une pale. La première est un morceau de bois de 12 à 15 pieds de long sur 2 pouces de diamètre, dont l'un des bouts est ouvert dans le sens de la longueur pour recevoir la seconde pièce, consistant en une planche circulaire percée de plusieurs trous dans lesquels passent les ligatures qui doivent les assujettir.

« Trois bambous placés en triangle et réunis au sommet composent la mâture ; deux d'entre eux figurent nos haubans, le troisième, mis de l'avant et venant arc-bouter à la jonction des deux premiers, sert d'étai. Ordinairement on dispose au sommet de cette mâture une sorte de crochet dans lequel passe la drisse de la voile : celle-ci de forme rectangulaire est tissée de feuilles de palmier : deux vergues en bambou servent à l'orienter et sont placées l'une au sommet et l'autre au bas de la voile, dont tout le gréement consiste en deux écoutes et une drisse : au lieu de la carguer, on l'amène et on la roule sur la vergue inférieure.

« Les gouvernails, au nombre de deux, fixés, l'un à tribord, l'autre à bâbord, offrent une disposition tout à fait conforme à celle des Corocores de Timor, avec lesquels d'ailleurs les embarcations de Guébé ont le plus grand rapport. Lorsque ces bâtiments s'approchèrent de nous, leur manœuvre se faisait au bruit d'une espèce de tambour. »

PIROGUE DE L'ILE WAIGIOU.

Cette pirogue (pl. 104, fig. 2, 5, 4 et 7) est copiée d'après l'atlas du voyage de la corvette la Coquille : « elle a deux balanciers tellement relevés que l'un d'eux seulement touche l'eau ; leurs traverses sont liées à de petits montants piqués dans le flotteur. La voile, aussi longue que la pirogue, est en nattes et se met sur un mât formé de deux bigues qui s'amènent avec elle. La longueur ordinaire est de 4^m,30, la largeur de 1^m,33, l'écartement des deux balanciers de 4 mètres et la largeur de la plate-forme de 2^m,66. On en voit aussi de 6^m,70 de long sur 0^m,66 à 1 mètre de large. »

GRAND COROCORE DE DOREY.

Il est étonnant de trouver un aussi grand navire (*pl.* 105, *fig.* 2, 3 et 4) sur la côte nord de la Nouvelle-Guinée qu'habite une race noire, paresseuse et ignorante, visitée seulement par les habitants de quelques îles peu éloignées telles que Waigiou et Guébé, qui sont les dernières terres où l'on trouve encore quelques traces de civilisation et d'industrie. Aussi est-il présumable que ce Corocore avait été amené par des Malais établis près du petit village de Koihoui, où nous avons pu facilement le mesurer : il était ombragé par une toiture en feuilles d'aréquier et soutenu, à un mètre au-dessus de l'eau, par des traverses portées sur des piquets sans qu'on s'expliquât comment il avait été placé ainsi, car on n'avait pas pu le tirer à terre pour le pousser ensuite, et au-dessous l'eau avait déjà plus d'une brasse. Au premier coup d'œil jeté sur les figures de la planche 105, on est frappé de la ressemblance de ce Corocore avec celui de la planche 95 : on y retrouve tout ce qui est nécessaire à l'établissement de deux rangs de rames, qu'il devait avoir réellement, car nous vîmes à terre les planches percées des avirons extérieurs, avec leurs supports courbes ; mais n'en connaissant pas alors l'usage, nous n'en prîmes pas les dimensions non plus que celles de plusieurs autres pièces plus importantes par leurs dispositions que par leur grandeur. Il eût sans doute été facile de les porter approximativement sur les figures, mais nous avons préféré ne pas les y ajouter afin qu'il n'y eût rien dans cet ouvrage qui ne fût parfaitement exact.

Les formes de cette grande embarcation sont fort belles ; les fonds ne sont pas trop plats, et les extrémités fines et élancées diffèrent un peu, le maître-bau étant plus près de l'avant. La quille, se relevant par une courbe douce, remplace l'étrave et l'étambot, car elle s'étend jusqu'aux extrémités, qui sont surmontées de longues tiges plates ; elle fait pour ainsi dire corps avec les deux bordages qui la touchent (*fig.* 4) : car ce qui est en trois pièces distinctes chez nous n'est ici qu'un seul morceau creusé dans le bois comme le corps d'une pirogue ; les parties saillantes sur les côtés, qui suivent les façons comme le feraient nos premiers gaboards, sont liées au navire, et, par suite, lui joignent la quille. Pour fixer les planches aux membres, les naturels suppléent aux clous par des parties saillantes g g (*fig.* 5), conservées sur chaque bordage, épais de 0,35, et placées aux points qui doivent être en contact avec les couples ; elles ont 0,30 d'épaisseur et sont percées d'un trou pour passer l'amarrage qui embrasse le membre. Il faut un bois très-dur et surtout très-compacte pour que ce mode de jonction soit solide, car les pièces réunies ne se touchant que par une petite surface n'ont point autant d'adhérence que lorsqu'elles sont entièrement appliquées et clouées. Cette méthode coûte sans doute beaucoup de travail, puisqu'il faut tailler chaque planche dans le bois plein pour conserver les saillies, nous ignorons si la forme, lorsqu'elle est gauche, est ainsi obtenue, ou si le bois est courbé au moyen du feu, dont nous n'avons vu aucune trace. Les amarrages, en rotin coupé en petites lanières, sont assez forts pour résister au calfatage, qui est indispensable, les bordages n'étant joints entre eux que par quelques chevilles à pointes perdues, enfoncées dans l'épaisseur pour les empêcher de jouer.

Les couples, situés sous les traverses et sous les leviers c c des balanciers, sont en petit nombre, mais gros et formés de trois pièces (*fig.* 4) ; la plus basse e e, placée comme nos varangues, double les deux plus hautes d d d'environ 0,35 et leur est liée par les attaches des bordages. Les portions supérieures d d appliquent l'une contre l'autre des parties horizontales réunies par des chevilles, et leurs côtés qui représentent nos allonges sont appuyés sur les bordages, mais montent à peine jusqu'au dernier ; les extrémités des différents couples sont jointes l'une à l'autre par une tringle liée par des amarrages, qui va d'un bout à l'autre. L'avant et l'arrière dénués de membres ne montrent aucune trace de couture, et nous pensons que les bordages y sont unis par des chevilles à pointes perdues qui, si elles ne les empêchent pas de s'écarter, les maintiennent au moins dans leurs positions respectives de sorte que la réunion produite par les membres voisins suffit pour les tenir collés et pour résister au calfatage ; la disposition des bordages du fond semble confirmer cette opinion.

Quoique ce petit navire ait une largeur égale au cinquième de sa longueur et puisse, par conséquent, porter de grandes voiles, les Malais lui ont ajouté le balancier plutôt à cause de l'installation des rames que pour obtenir plus de stabilité. Les leviers, posés sur le plat-bord, sont fixés par de forts amarrages plats passés sous les parties horizontales des couples (*fig.* 4), et leurs extrémités sont unies aux balanciers par des branches *c c*, dont une petite portion du tronc est coupée et appliquée sur ces derniers (*fig.* 4 et 5). Aux leviers sont attachés des supports verticaux soutenant des traverses sur lesquelles reposent des tringles *a a*, qui vont presque d'un bout à l'autre et servent sans doute à porter les rameurs du rang intérieur, tandis que ceux du second rang se placent sur les tringles *b b* fixées aux leviers, et nagent en dehors des balanciers. On comprend, en comparant les *pl.* 98 et 165, combien cette installation est simple et commode sur des mers aussi unies, avec quelle célérité elle peut être disposée et quelle impulsion puissante elle permet de donner.

Ce Corocore est en partie couvert par deux toits en chaume de larges feuilles d'aréquier, cousues les unes aux autres en se doublant, et unies à des tringles de petits bambous joints par des traverses; le tout est supporté par des colonnes sculptées amarrées aux couples ainsi qu'aux leviers (*fig.* 1); le gouvernail, un peu courbe (*fig.* 10), a sa fusée passée dans la pièce *h h*, qui, embrassant l'arrière, a ses deux bouts attachés sur une traverse; il a un renflement percé d'un trou pour le passage d'une corde destinée à le retenir, et, comme il a une barre, il est probable qu'on ne l'emploie pas comme un aviron. Du reste, ne l'ayant pas vu en place, nous ne pouvons préciser sa disposition, qui ne nous fut indiquée que par les signes peu intelligibles des naturels; c'est aussi par cette voie que nous avons su que le mât était triple, la voile très-longue et à peu près rectangulaire comme toutes celles des Malais.

PIROGUE DE HAVRE DOREY.

Dorey est le dernier point où le balancier double soit en usage; il y a sans doute été introduit par les Malais, car plus à l'est, sur la côte de la Nouvelle-Guinée, on emploie le balancier simple que l'on trouve même déjà dans ce port pour de petites pirogues, qui ne sont que des troncs d'arbres grossièrement creusés, tandis que d'autres, à balancier double, sont plus soignées et présentent beaucoup d'analogie avec celles dont nous venons de nous occuper. Le corps (*pl.* 104, *fig.* 13, 14, 15 et 16), formé d'une seule pièce, est exhaussé aux extrémités par des parties faites aussi d'un seul morceau creusé, quoiqu'il soit plus facile d'en obtenir de pareilles en deux pièces; elles sont attachées sur le bateau et réunies l'une à l'autre par des lattes de bambou, dont l'une est appliquée sur le corps, l'autre sur la première et ainsi de suite, ce qui augmente beaucoup l'élévation. Sur la plus haute de ces lattes, sont fixées de petites traverses coudées à chaque point où doit se trouver un levier; sur celles-ci est posée une longue tringle qui va d'une extrémité à l'autre en suivant les contours de la pirogue, et sur laquelle sont placés les leviers liés entre eux par une autre tige semblable placée à 0m,30 en dehors.

Les leviers, en bois ordinaire, sont fixés par des amarrages en rotin passant sous une tringle (*fig.* 16) placée au-dessous de renflements conservés dans le corps et liée à une traverse qui se trouve au-dessus pour qu'elle ne puisse changer de place si les amarrages lâchaient. Les balanciers, en bois léger autre que le bambou, sont unis aux leviers au moyen de tiges verticales enfoncées dans les premiers et amarrés sur le côté des seconds par une portion de branche.

Un toit léger, que supportent des montants attachés aux leviers (*fig.* 15 et 16), couvre ces pirogues; il est en feuilles d'aréquier cousues entre elles, reposant sur trois bambous horizontaux, et maintenues par d'autres bambous joints aux premiers et posés au-dessus du chaume afin de le comprimer pour l'empêcher d'être emporté par le vent. Des bancs de lattes, à dossier, se trouvent dans le milieu, et tout l'intérieur a cet aspect de propreté qui tient à l'emploi du bambou et du rotin, dont toutes les parties accessoires sont formées; le mât triple à trois tiges à peu près d'égale longueur, réunies par un amarrage en rotin et reposant au fond de la pirogue sans position fixe; cependant, lorsque le mât de l'avant est le plus long, il s'appuie seul au fond, tandis que chacun de ceux de l'arrière est percé à sa base par une traverse qui repose sur le plat-bord et sur les tiges attachées aux leviers. La voile de forme rectangulaire, unie à deux vergues de bambous et formée de joncs parallèles joints par des attaches, se roule par le bas, et, lorsqu'elle est vieille, les joncs, devenus mous et spongieux, tombent en pourriture, de sorte qu'il n'en reste que des parcelles pendantes aux fils qui embrassent les deux vergues. Du reste, cette voile, petite pour le bateau, orientée mal; son écoute est nouée au milieu du bas, et deux petites cordes, faisant l'office de bras, la font changer de position. Sa drisse, attachée aux leviers, passe dans un trou pratiqué dans le bambou du milieu, au-dessus de l'amarrage qui réunit les têtes des mâts, et ce n'est que sa résistance qui retient ce trépied et l'empêche d'être emporté lorsque la voile produit un peu d'effort. À bord de ces pirogues, on rame et on gouverne avec des pagaies de formes différentes (*fig.* 7 et 12); il y en a de 3 mètres de long avec une pelle ronde attachée au manche par des lanières de rotin croisées, dont les naturels se servent quelquefois comme d'un aviron, mais ils obtiennent ainsi moins de vitesse qu'en pagayant; quoique leurs pirogues marchent bien, ils ne pourraient tenter de longs trajets avec elles, parce qu'elles n'ont de qualités qu'en eau tranquille.

Les *fig.* 8, 9 et 10 représentent une autre pirogue de Dorey copiée du voyage de la Coquille : « longue de 10 mètres, large d'un seul au milieu et soutenue par un balancier double; son avant est orné de planches trèsminces, grossièrement sculptées à jour et supportant des têtes de papous ornées de plumes; la voile est accrochée à l'un des mâts au lieu d'être hissée avec une corde. »

PIROGUE DE L'ANSE DE L'ATTAQUE.

Les navigateurs se sont longtemps tenus écartés de la côte nord de la Nouvelle-Guinée, dont les habitants, connus sous le nom de Papous, sont réputés pour leur férocité, et le commandant Durville fut le premier qui la reconnut à petite distance; mais, privé d'une partie de ses ancres, il ne put tenter d'y mouiller ni d'entrer dans les baies, à cause des bancs de corail : ce ne fut donc que par hasard que nous aperçûmes quelques pirogues, et que nous pûmes constater que le genre malais ne s'étendait pas plus loin que les environs de Dorey. Plusieurs bateaux sortis d'une anse s'approchèrent de notre corvette, alors en calme à deux lieues de terre, s'établirent en ligne au nombre de quinze, et s'arrêtèrent à une portée de pistolet; puis, comme effrayés de la grandeur de notre navire, les guerriers, l'arc à la main et tout à fait à découvert, parurent se consulter. Il était évident qu'ils n'avaient jamais vu d'Européens, et que les armes à feu leur étaient inconnues; car, après avoir poussé un cri aigu, ils lancèrent quelques flèches : mais un coup de canon à mitraille, tiré au-dessus de leurs têtes, leur inspira une telle frayeur, qu'ils ramèrent avec force en s'enfuyant jusqu'à terre, croyant sans doute que ce tonnerre, qu'ils avaient entendu siffler et dont les traces sur l'eau les avaient dépassés, n'avait pas de limites et pouvait les atteindre partout. Pendant le temps qu'ils mirent à se consulter, nous montâmes dans la hune, d'où il nous fut possible de dresser un plan de leurs pirogues, dans lequel il n'a pu se glisser que des erreurs de dimensions. La longueur du corps est d'environ 5 mètres (*pl.* 105, *fig.* 7, 8 et 9) et la largeur de 0m,40, les extrémités sont plates et obliques, avec un dessus couvert qui laisse une ouverture entourée d'une petite fargue ou hiloire, dans laquelle se place un des deux rameurs; le balancier, en bois ordinaire, est joint par quatre tiges grêles à de longs leviers sur lesquels est établi un treillage en petites branches attachées, qui déborde la pirogue et se relève du côté opposé au balancier, au moyen de supports obliques (*fig.* 9). Quelques-unes avaient un ornement sculpté en spirale à l'une des extrémités (*fig.* 7 et 9), et ne portaient rien qui fît présumer qu'elles employassent des voiles; peut-être les habitants n'osent-ils pas s'en servir et lui préfèrent-ils la pagaie, dont la pelle est pointue, mais courte; car il est à remarquer que, pendant toute notre exploration de cette côte, nous n'aperçûmes aucune voile à l'horizon.

GRAND OCÉAN.

Après avoir examiné l'ancien continent et la Malaisie, il nous reste à parcourir l'immense océan qui les sépare de l'Amérique et, s'étendant d'un pôle à l'autre, occupe près de la moitié de la surface du globe. Les Espagnols furent les premiers qui l'aperçurent des montagnes du Mexique, et, quelque temps après, Magellan, comprenant Galilée comme l'avait déjà fait Colomb, contourna le nouveau continent, osa tenter le trajet de ces mers dont nul ne soupçonnait l'étendue, et vint périr dans les îles Philippines. Un seul de ses navires, échappé à des dangers sans nombre, retourna en Europe, ayant ainsi exécuté le premier voyage autour du monde, forcé les incrédules à avouer que la terre était ronde, et éclairci une foule de questions importantes de physique et d'astronomie, douteuses jusqu'alors. D'autres navigateurs sillonnèrent bientôt le nouvel océan : Mendana, Quiros, Abel Tasman, Bougainville et Cook y découvrirent une foule de petites îles, sans trouver cependant près du pôle sud le continent que l'on croyait nécessaire à l'équilibre terrestre. De nos jours toutes ces terres ont été explorées de nouveau, non plus avec l'esprit avide et aventureux des premiers navigateurs, mais dans le but d'étendre les connaissances humaines, et des marins ou des savants les ont analysées et décrites avec ce goût de l'exactitude que facilite la perfection actuelle des instruments. Ils ont observé des analogies générales entre les peuples qui sont groupés par races distinctes : ainsi vers l'occident, où les îles sont grandes, rapprochées et élevées, ils ont trouvé une race noire comme celle de l'Afrique, qui en est cependant très-éloignée et séparée par des populations tout à fait différentes ; elle habite des lieux malsains, témoigne de l'aversion pour le travail et n'a d'énergie que pour être féroce. Les archipels qu'elle occupe n'ont pas encore reçu d'établissements européens ni même de missionnaires, car on doit observer que les efforts des apôtres du christianisme n'ont jamais été activement dirigés vers les noirs. Aussi les nègres du grand Océan sont restés, comme ceux d'Afrique, tranquilles possesseurs de leurs terres, et, s'ils sont moins misérables que ceux-ci, c'est uniquement parce qu'ils habitent des pays plus fertiles.

Au midi de ces archipels, se trouve la Nouvelle-Hollande, vaste continent, tout à fait à part, dont le sol et les animaux semblent être d'un autre monde. La population, faible et misérable, ne trouve d'aliments que sur les côtes, car l'intérieur est aride, désolé et presque entièrement privé d'eau ; son industrie est tout à fait nulle, et elle semble placée sur la limite qui sépare l'homme de la brute. Il n'est donc pas étonnant que cette contrée n'offre rien qui se rapporte au sujet qui nous occupe.

La race noire, ainsi que nous venons de le dire, occupe la partie voisine de l'Asie, s'étend vers l'est sous l'équateur, et ses derniers rejetons finissent aux îles Viti, qui sont aussi le dernier point où l'on trouve l'usage du bétel, si répandu chez les Malais ; elle est entourée d'archipels peuplés d'hommes cuivrés, qui semblent se lier, par les Carolines, à ceux de même couleur de la Malaisie, avec lesquels cependant ils ont encore moins d'analogie qu'avec les anciens habitants de l'Amérique. Ils ont de beaux traits, des cheveux lisses, des membres bien proportionnés, et, quoique d'un naturel guerrier, sont moins méchants que les nègres. Leurs ressemblances physiques font voir qu'ils proviennent d'une source commune, ce que confirment la similitude de leurs idées religieuses et leur langage, qui est à peu près le même dans toutes les îles. Le Tabou, qui rend sacrés certains objets auxquels il est dès lors défendu de toucher, se trouve aussi chez eux avec toutes ses bizarreries, ainsi que l'idée d'un Être suprême et d'une vie future. Ils ne manquent ni de mémoire ni d'intelligence, se transmettent par tradition les faits passés auxquels ils attachent beaucoup d'intérêt, et leur industrie est même assez étendue, relativement à la faiblesse de leurs ressources ; ils connaissent les terres qui les avoisinent jusque dans un assez grand rayon, enfin ils possèdent des facultés mal développées, mais aussi complètes que celles des peuples de notre continent.

On les désigne sous le nom général de sauvages, bien que cette dénomination ne soit pas applicable à tous ;

car ils connaissent les commodités de la vie, ont des habitations fixes, des propriétés, et quelques idées de commerce. Ils possèdent une organisation sociale déterminée, dans laquelle on retrouve des analogies avec la nôtre, car il est des bases premières qui existent partout et sont indispensables à toute société, telles que le droit de propriété et de transmission aux enfants. Ils ont aussi une aristocratie bien marquée, jouissant de privilèges héréditaires, qui condamnent dans quelques archipels une partie de la population à une sorte d'ilotisme. Leurs guerres sont mieux conduites que chez la race noire; ils y déploient plus de méthode, se réunissent en plus grand nombre et font des expéditions maritimes plus considérables. Les armes et les pirogues sont ce qu'ils ont le mieux perfectionné, car leurs ustensiles sont de la plus grande simplicité; ils n'ont, d'ailleurs, presque aucun besoin, vivent sous le plus beau climat du monde et jouissent d'une chaleur tempérée qui fertilise la terre sans la dessécher. Les productions de leur sol fournissent à leur nourriture et à leurs vêtements en ne demandant qu'un léger travail; aussi, sans être indolents, ils passent leur vie dans une tranquille insouciance : le besoin ne les force point à agir, mais le plaisir les y excite, leur donne de l'activité, et certes leur existence était heureuse pendant qu'elle était ignorée. Les Européens sont malheureusement venus tout bouleverser sous le nom de civilisation, et ces belles îles ne tarderont pas à subir le sort des Antilles et de la partie orientale de l'Amérique du Nord, dont les Anglais ont anéanti la population en moins d'un siècle. Ils apportent tous leurs vices sans laisser leurs qualités, et excitent l'avidité de jouir sans donner l'énergie d'acquérir de quoi satisfaire ces nouveaux goûts; partout où ils ont pris pied, ils ont détruit ce qui existait sans rien édifier à la place. La petite industrie de ces peuples, plutôt originale qu'utile, a disparu graduellement : divinités, habitations, ornements, costumes, tout a été changé; les usages religieux, qui avaient un but d'utilité et d'hygiène, ont été abandonnés, et ces hommes, qu'animaient jadis leurs danses et leurs chants nationaux, maintenant couverts de haillons européens, sont tristement accroupis sous des cabanes délabrées. Ils ne font plus ni ces parures pour les femmes ou pour les chefs, ni ces sculptures si délicates exécutées avec des coquilles : le fer et l'acier qu'on leur a fait connaître ne leur servent à rien, et il n'y a plus qu'un petit nombre de ces îles où il soit possible de se procurer les ornements, les ustensiles de chasse ou de pêche et les anciennes idoles; ces objets, dont il ne reste que quelques dessins épars, ont été brûlés par des fanatiques ou échangés pour être vendus comme curiosités : ce fait général est une suite toute naturelle de la conduite des Européens, qui, dès qu'ils sont les maîtres, exploitent tout à leur profit.

Les pirogues, qui sont la partie la plus curieuse de l'industrie de ces îles, auraient disparu aussi, si elles avaient pu satisfaire aux fantaisies des curieux; elles ont heureusement échappé à la destruction, mais il en périt tous les jours, soit par les accidents, soit par les vers qui les rongent, et l'on n'en creuse plus de nouvelles parce que les naturels, dégoûtés de leurs anciens arts, préfèrent acquérir les vieilles embarcations que les baleiniers échangent pour quelques fruits lorsqu'ils abandonnent ces mers à la fin de la pêche. Ces pirogues étonnèrent les premiers marins qui les virent, par leurs échafaudages extérieurs et leurs longues charpentes, dont l'usage n'est possible qu'avec des bateaux aussi légers, qui peuvent, comme un morceau de liège, suivre les moindres impulsions des vagues; elles ne peuvent non plus servir que dans les mers paisibles, où règnent les vents réguliers qui, bien qu'assez forts, ne soulèvent jamais les lames gigantesques des hautes latitudes : ce n'est donc que grâce à la beauté du climat qu'il est possible aux naturels de franchir les distances qui séparent leurs archipels, et il ne leur en faut pas moins beaucoup de courage pour perdre la terre de vue et aller sans boussole à la recherche de petites îles basses dont on n'aperçoit pas les cocotiers à plus de sept milles de distance et qui, étant clair-semées, peuvent facilement être manquées. Les marins savent tous combien, malgré la boussole et le loch, la position du navire devient incertaine dès que les observations astronomiques manquent pendant quelques jours; les courants induisent en erreur, et cela suffit pour causer des naufrages ou forcer à une prudente inaction : ces difficultés sont bien grandes, puisqu'elles arrêtèrent jadis les Romains, qui cependant possédaient de grands navires et quelques moyens de connaître leur route. On doit donc admirer la hardiesse de peuples ignorants et dénués de ressources, qui, au lieu de se borner à naviguer dans un rayon limité, franchissent des espaces de trois cents lieues pour aller chercher des îles dont ils ne connaissent la distance et la direction que par des traditions incertaines. Il y a sans doute chez eux de ces vieux marins tenant tout leur savoir de ouï-dire et d'expérience, dont la pratique est tout pour la conduite du navire ; il en a été de même en Europe, avant qu'une science aussi étendue que profonde ait appris à parcourir avec sécurité des mers qui n'ont jamais été vues que par d'autres ; et c'est là, sans doute, le plus beau résultat des immenses travaux des astronomes et des marins.

Nous vîmes, à Guam, des naturels qui arrivaient de l'île Satahoual ; ils venaient de parcourir 150 lieues sans rencontrer aucune terre ; et, si l'étendue de l'archipel des Mariannes leur donnait la certitude d'y arriver, la difficulté de retrouver ensuite leur petite île n'en était pas moins grande. Le but de leur long voyage était cependant bien peu de chose, à nos yeux du moins, car rien n'est relatif comme la valeur des objets de nos désirs et même de nos besoins : ils apportaient de l'huile de coco contenue dans des tubes de bambou, des coquilles, des écailles de tortue, et venaient chercher des outils. L'un d'eux avait une lame de scie qui pour lui était un trésor, car cet instrument, qui nous paraît si simple, semble prodigieux à ces hommes auxquels il évite le long et pénible travail de hacher tout un tronc d'arbre pour obtenir une planche ; aussi, quand ils la comprenaient, la scie était-elle toujours au nombre des objets qui les étonnaient le plus.

La conservation des vivres est aussi une des principales difficultés pour les grands trajets ; l'eau peut être contenue dans des bambous ou des calebasses ; les bananes se gardent longtemps ; l'amande du coco, quoiqu'elle rancisse en vieillissant, n'en est pas moins une substance très-nourrissante, mais ce n'est que dans les pays où croît l'arbre à pain qu'il est possible d'obtenir une espèce de biscuit de mer. On le fait en jetant le fruit à moitié cuit dans un trou que l'on couvre de feuilles et de terre, où il fermente plusieurs jours, et devient une pâte blanche d'un goût aigre, dont on forme des boulettes oblongues de $0^m,12$, qu'on enveloppe dans des feuilles d'arbre à pain, découpées comme celles du platane, mais deux fois plus grandes ; ainsi disposées, on les remet dans les trous remplis de galets chauffés, où les naturels cuisent tous leurs aliments, et ces gâteaux, après être restés quelques heures exposés à une chaleur concentrée qui les durcit, sont susceptibles d'être conservés pendant plusieurs mois : la mastication en est assez difficile, mais ils sont d'un goût sucré qui n'est pas désagréable. Avant l'arrivée des Européens, il n'existait pas d'animaux qu'on pût manger ; ce n'eût d'ailleurs été d'aucune ressource pour la mer, puisqu'il aurait fallu les nourrir et les désaltérer, choses tout à fait impossibles sur d'aussi petits esquifs.

Dans la plupart des îles peuplées par la race cuivrée, les connaissances géographiques sont assez étendues : on y rencontre de ces hommes hardis qui ont parcouru tout leur archipel, dont ils connaissent les moindres détails et dont ils ont même quelquefois osé sortir. Les naturels de Tonga-tabou ont de fréquentes relations avec les îles Viti ; ceux de Taïti et des îles basses ou Po-motou étendent leur navigation dans tout cet archipel, et vont même à Toubouaï, qui n'est qu'une petite île isolée. Ils ont longtemps donné des renseignements dont les premiers navigateurs purent tirer parti ; et quelques-uns comprennent assez les positions relatives des terres tracées sur le papier pour déterminer de nouvelles îles d'après celles qu'on leur indique.

ARCHIPEL DES CAROLINES.

Aux îles Carolines, très-éloignées les unes des autres, les naturels déploient encore plus d'industrie et de hardiesse pour leurs pirogues, qu'on peut prendre pour le type de la perfection de ces petits bateaux ; ce sont les mieux construites du grand Océan, et elles étonnèrent les Espagnols qui les virent les premiers et en exagérèrent beaucoup la vitesse. Il y a une très-grande analogie entre toutes celles des différents groupes de ce long archipel, depuis sa partie voisine des Philippines jusqu'à ses dernières îles vers l'est.

Nous commencerons par les îles Elivi où elles diffèrent de celles que nous devons décrire plus loin par leur petitesse et l'obliquité de leurs extrémités fourchues. Dans l'île Gouap, située plus à l'est, elles n'avaient que 7 à 8 mètres de long; la voile, très-grande, mais dénuée de cargues, était portée par un mât incliné; le balancier, très-éloigné, était joint, par des piquets, aux leviers, couverts d'un treillage, s'étendant sur les longues tringles qui en unissaient les extrémités à celles de la pirogue; celles-ci, semblables à celles des Pros d'Elivi, avaient en dedans, pour fixer le point de réunion des vergues, un bloc cylindrique comme celui sur lequel on file les lignes de harpon dans les baleinières. Le faux côté du corps était peu marqué et n'existait même pas pour les petites pirogues de 4 à 5 mètres de long, semblables, du reste, aux grandes et se comportant d'une manière remarquable sur une mer battue par une brise assez fraîche. Toutes avaient une plate-forme opposée au balancier, mais quelques-unes étaient sans cabanes, car elles n'en portent peut-être que pour de longs voyages. Nous pûmes les dessiner facilement; plusieurs même sont représentées sur les planches 240 bis et 241 de l'album historique de la corvette l'Astrolabe, mais nous avons préféré ne pas les joindre à cet ouvrage, autant à cause de leur trop grande ressemblance avec les autres, que de la préférence que nous avons toujours donnée aux plans exacts. Nous avons mesuré à Umata, dans l'île de Guam, plusieurs Pros provenant de l'île Satahoual parmi lesquels nous avons choisi celui de la *pl.* 106, qui montre tous les détails de cette curieuse pirogue.

PROS DE SATAHOUAL.

Le corps est ordinairement de cinq morceaux assemblés sans rainures, percés suivant l'épaisseur par des chevilles à pointes perdues, et cousus par de petits amarrages plats, enfoncés dans le bois et couverts d'un mastic blanc, ainsi que les joints. Une seule pièce creuse, n'ayant rien d'analogue à notre quille, forme toute la partie inférieure et fait suite en dedans, aussi bien qu'en dehors, aux planches latérales unies aux extrémités qui se relèvent par une courbe élégante, terminée par des pièces massives surmontées de deux pointes (*pl.* 106, *fig.* 3). Aucun membre ne fortifie la jonction de ces parties pourtant très-minces, car elles n'ont que 0m,015 à 0m,020 d'épaisseur, ce qui paraît en désaccord avec la solidité de la charpente du balancier, et oblige à visiter les amarrages après chaque trajet, pour les resserrer et les mastiquer; seulement une planche s *fig.* 4) est placée sous les leviers et une aux coutures par des amarrages. Le haut du corps est recouvert par un liteau *c c*, évidé en dessous (*fig.* 4) et joint par de petites attaches, qui fait paraître la pirogue très-épaisse sur le plan (*fig.* 2); mais la section (*fig.* 4) en montre les dimensions réelles.

Les Pros, que les naturels nomment Oïa, n'ont guère que 13 ou 14 mètres de long, et leurs deux côtés ont une différence très-marquée; en effet, ils n'ont pas besoin d'être symétriques, puisqu'ils ne changent jamais de rôle, le balancier restant toujours au vent; ce sont, au contraire, les extrémités qui doivent être pareilles, puisqu'elles sont tantôt avant, tantôt arrière. C'est cependant le seul pays où les naturels aient senti l'avantage d'un côté de sous le vent, plat et presque vertical, pour moins dériver et compenser l'effet du balancier, qui tend toujours à faire lofer, tandis que le renflement du vent doit produire une tendance à arriver, et si la vitesse du bateau donne plus de force à l'effort du balancier, elle augmente aussi dans le même rapport l'influence inverse du côté du vent. Les *fig.* 2, 3 et 4 donnent exactement les courbures rapportées à la ligne tendue d'une extrémité à l'autre, et à la verticale qui en a été abaissée. Dans quelques autres Pros les côtés diffèrent beaucoup plus entre eux, cependant celui de sous le vent n'est jamais tout à fait plat, et s'il l'était, comme le porte le plan du voyage de l'amiral Anson, le bateau ne perdrait pour cela aucune de ses qualités; mais que d'essais il a sans doute fallu

25

tenter avant d'arriver à cet équilibre entre le moteur et des résistances si variables, et combien on doit admirer la simplicité et la justesse avec lesquelles les habitants de ces îles y sont arrivés. Les extrémités du corps n'ont pas de parties rentrantes, et toutes les sections verticales ressemblent à celle du milieu : l'extérieur du Pros, le balancier avec tout ce qui sert à le tenir, quelquefois même les caillebottis sont peints en gros rouge ainsi que les parties de l'extérieur laissées blanches sur les figures (*fig.* 1 et 3), les hachures représentent ce qui est peint en noir; ces deux couleurs paraissent bien tenir, et sont d'un usage général dans ces îles (1) : le bois des bancs, des tringles, des cabanes, de la mâture et des pagaies reste toujours à nu, et tout est tenu avec une propreté et un soin parfaits.

Une large charpente est disposée de la manière la plus ingénieuse sur le corps; les deux premiers leviers *a a*, qui le percent et lui sont à peine joints par de petites attaches, ont en dessus une pièce parallèle plus légère *d d*, posée sur le fléau, et une autre longitudinale *e e*, prise entre *a a* et *d d* (*fig.* 4 et 5), pour soutenir les bouts des deux supports obliques *b b* de la cabane de sous le vent. Deux pieux fourchus ou quatre piquets *k k*, liés à chacun des leviers, servent à les unir au balancier en s'enfonçant dans ce dernier et sont fortifiés par des liures passées dans des trous, qui embrassent ces pièces, ainsi qu'une autre horizontale *i i*, introduite entre *a a* et *d d*, dont les bouts sont aussi attachés. Cette solidité est nécessaire à cause de la proximité des points d'appui, et des efforts qu'ils supportent lorsque les mouvements de la pirogue diffèrent de ceux du balancier; celui-ci, toujours en bois plein, a la forme d'un prisme quadrangulaire, dont l'une des arêtes sert de quille, et dont les deux bouts sont tronqués en pointe. Tout l'espace compris entre les leviers est rempli par une claie de tiges attachées à quelques traverses, et c'est là qu'est fixée la petite cabane *n*, dont le fond et les côtés à jour sont en tringles rondes amarrées à distance sur ces châssis et fortifiés par des diagonales; son toit courbe est soutenu par des lattes croisées à angles droits, attachées au pourtour (*fig.* 4), auxquelles est cousu le chaume de feuilles de latanier maintenu par un fil 1 (*fig.* 1, 2 et 3). Cette cabane a du côté de la pirogue une porte pour entrer les provisions, qu'elle garantit seulement du soleil, car, étant à jour et placée au vent, elle laisse entrer les éclaboussures de la mer.

Les leviers sont fortifiés par de longues tringles obliques *m m*, quelquefois ornées de sculptures, attachées sur le plat-bord et soutenant un caillebottis de lattes soigneusement encastrées les unes dans les autres, ou seulement un treillage lié par des ficelles; il remplit une partie de l'espace compris entre *m m* et les leviers qui viennent s'engager sous de longues planches cousues, couvrant le milieu en laissant en dehors un espace libre pour pagayer de ce côté : elles portent au dessus du milieu du côté du vent, pour résister à l'effort du balancier, un renflement *p*, attenant souvent à la planche, avec une cavité au milieu, dans laquelle enfonce le pied du mât qui est un peu pointu et peut s'y mouvoir librement.

Sur la plate-forme dont il vient d'être question sont enfoncés des montants *h h*, soutenant de larges bancs et d'un côté, tandis que l'autre pose sur une planche *e e*, placée sur le bord de la cabane de sous le vent, dont les angles extérieurs sont unis aux montants *h h* par des tringles horizontales *h h*, dans lesquelles leur bout supérieur est encastré. Une pièce extérieure *f f*, parallèle à la pirogue, est attachée au-dessus des supports *b b* et porte la plate-forme de sous le vent, faite d'une claie serrée, entourée de quatre planches verticales *x x*, dont les bouts, qui entrent dans des mortaises, sont liés à *h h*. C'est en dedans de ce rebord que se trouve un toit *o*, confec-

_____

(1) Une note de la *Relation du voyage autour du monde, du capitaine de Freycinet*, contient au tome Ier, page 124, les détails suivants sur la peinture des Carolins. « Voici comment l'auteur de la relation sur les îles Pelew décrit la manière dont cette peinture extraordinaire est appliquée. Les couleurs sont broyées, dit-il, et jetées dans l'eau qu'on fait bouillir ensuite; les naturels enlèvent soigneusement l'écume qui surnage à la surface, puis, quand ils trouvent la liqueur suffisamment épaissie, ils l'étendent toute chaude sur le bois et la laissent sécher. Le jour suivant, on frotte la peinture avec de l'huile de coco, et, en répétant cette opération, pendant un temps convenable, avec des écales du même fruit, on parvient à lui donner un poli et une ténacité capables de résister à la mer. J'ajouterai que ce vernis est extrait de l'arbre à pain, c'est ce que nous verrons plus en détail en parlant des Mariannes, on le colore ensuite diversement. »

tionne sur un châssis comme celui de la cabane aux provisions, mobile, courbe et peu élevé, sous lequel vivent les naturels, qui n'y sont pas incommodés par la mer et qui, de plus, tiennent constamment leur poids sous le vent, ce qui devient important si la voile masque : ils peuvent incliner ce tout dans tous les sens pour se garantir.

Les côtés du corps sont unis par des bancs qui ont, en outre, des emplois particuliers : ceux des extrémités *q* sont plus épais et plus larges au milieu, où se trouve une cavité dans laquelle repose la vergue : ils sont enfoncés dans le corps, mais ne le percent pas comme les suivants *r*, maintenus par de petites chevilles : ceux-ci sont saillants sous le vent, tandis que les troisièmes *s* le sont au vent. Le gouvernail (*fig.* 6) a du côté qui fend la mer une entaille *t* et une corde *u*, attachée au vent au banc *s*, qui, perçant son sommet, tend, par son obliquité, à le soutenir contre la dérive : mais, comme il n'est pas, pour cela, maintenu contre le banc, l'effort seul de l'eau le démonterait aussitôt, si l'homme qui gouverne (*fig.* 1) n'était pas assis sur le plat-bord de sous le vent, ou sur un bâton attaché obliquement sur *s* et sur la pirogue (*fig.* 2), et contraint d'avoir toujours une jambe dehors pour appuyer sur le gouvernail, dont il tient la barre placée à cet effet sur l'arrière. On est étonné de trouver, sur des bateaux remarquables par beaucoup de dispositions ingénieuses, l'usage d'un gouvernail aussi imparfait, qui ne sert guère que grand largue et a besoin d'être souvent remplacé par deux ou trois pagaies qui fatiguent beaucoup les hommes lorsque le sillage est rapide; aussi, pour diminuer le travail de ceux qui gouvernent, on les aide avec l'écoute que deux hommes tiennent à la main, et qui doit être mollie pour arriver, et roidie pour lofer.

Le mât, toujours un peu moins long que les vergues, a souvent près de sa base un renflement pour attacher la drisse qui passe dans un petit trou rond percé à son sommet; un autre trou plus élevé a la forme d'un cœur renversé, afin qu'il y ait deux rainures sur lesquelles frottent les cargues douées à la vergue inférieure, l'une d'un bord de la voile, l'autre du côté opposé. Le mât est soutenu par deux étais attachés aux bancs *r* et capelés aux quatre cinquièmes de sa hauteur, ainsi qu'un hauban soutenant l'effort du vent, passé dans la traverse *ll* et amarré sur lui-même; deux autres, plus faibles, placés en dedans de la voile, viennent se fixer aux angles extérieurs de la plate-forme de sous le vent en *h* et en *h*, dans le but de maintenir le mât si la voile masque.

La surface de la voile des Pros carolins est de 80 ou 90 fois celle des parties immergées du corps et du balancier, rapport plus faible que celui des Warkamoowees de Ceylan. Cette voile, formée de nattes fines et flexibles, est très-solide; les laizes ont 0ᵐ,40 de large, mais au premier coup d'œil elles ne paraissent en avoir que la moitié, parce que la voile est double et que les bords, cousus entre eux d'un côté, le sont en même temps au milieu de la laize opposée, où tout est disposé de la même manière, ce qui double le nombre des coutures, comme on le voit en *t* et *t* (*fig.* 1). On y ajoute des ficelles *u u*, teintes en gros rouge, de la plus grande légèreté, à peu près de la grosseur de notre merlin, qui, transperçant la voile perpendiculairement à la direction des laizes de 0ᵐ,15 en 0ᵐ,15, la consolident tout en augmentant beaucoup son poids; leurs extrémités sont tournées autour des vergues d'une manière aussi serrée que le bitord qui fourre une manœuvre, liant ainsi par tous les points la voile aux vergues. Celles-ci, légères et carrées, d'une grosseur presque égale sur toute leur longueur, qui est la même pour les deux, sont réunies par une corde de 0ᵐ,20 de long, qui les traverse près de leur extrémité inférieure et qui, retenue par des nœuds, soutient celle d'en bas en dessous et derrière le banc *q*, lorsque la vergue supérieure est enfoncée dans la cavité.

Les Pros conservent toujours leur balancier au vent comme les Warkamoowees et virent de bord à peu près de la même manière; pour effectuer cette évolution, ils laissent aussi arriver jusqu'à ce que le vent soit du travers; alors l'écoute est lâchée, et la voile à moitié carguée, mais poussée par le vent, maintient le hauban du vent roide. On tire sur l'étai de l'arrière pour soulever la vergue supérieure, la faire sortir de son trou et aider les hommes qui portent l'angle à l'autre tout en le faisant passer par-dessus le pont; l'étai de l'avant est filé à retour à mesure que le coin de la voile approche de l'extrémité, jusqu'à ce que la vergue supérieure soit posée dans le premier banc q; alors la voile est bordée, et l'on peut faire route. Cette nécessité de passer tout au-dessus du pont où repose le mât entraîne à lui donner beaucoup d'inclinaison (*fig.* 1), car il faut qu'il soit plus long que la portion de vergue comprise entre l'angle inférieur et le point où la drisse est attachée, et son appui étant plus élevé que celui de la vergue, il s'ensuit qu'il est très-penché lorsque celle-ci est presque droite : la drisse et l'écoute sont frappées aux deux tiers des vergues à partir de leur point de réunion, de sorte que la ligne qui joindrait les deux points par lesquels la voile est retenue passe par son centre de figure, règle très-répandue dans le grand Océan. Cette manœuvre, si avantageuse pour louvoyer, fut plusieurs fois exécutée dans la baie d'Umata, et nous avions déjà assisté à plusieurs virements de bord des pirogues à balancier simple de Tonga-tabou qui agissent exactement de la même manière; seulement nous ignorons à quel moment les Carolins dépassent leurs haubans de sous le vent, qui probablement sont lâchés pour ne pas gêner le passage de la voile. Ils doivent cependant être maintenus roides au mouillage comme à la mer, à cause du mât qui, n'ayant pas d'appui, tomberait lorsque les mouvements font battre la voile; car, si le roulis, sur les bateaux à balancier, n'est pas aussi étendu que sur ceux soutenus par du lest, il n'en produit pas moins des chocs d'une extrême dureté, surtout lorsque la houle vient du travers et que le balancier, souvent abandonné un instant par l'eau et retombant de tout son poids, frappe dans le creux de la vague qui vient de passer et est aussitôt relevé par celle qui arrive. Il est donc étonnant que le corps frêle des Pros résiste à de pareilles secousses et que la réunion si faible de ses parties ne se relâche pas, ce qui n'est certainement dû qu'à son peu de largeur et à la légèreté qui le fait facilement obéir aux impulsions les plus vives.

Nous avons parlé du danger que courent les pirogues à balancier simple, lorsque leurs voiles sont coiffées, et nous avons vu, en rentrant à Umata, dans l'île de Guam, la manœuvre qu'exécutent les naturels dans ce cas. Un des Pros carolins qui nous accompagnaient depuis quelques heures vint à masquer; aussitôt tous les hommes se portèrent sur la plate-forme de sous le vent (*pl.* 107, en second plan), et, comme leur balancier coulait, ils filèrent les haubans de ce côté, descendirent la voile et le mât sur les leviers, où ils débarrassèrent tout, remâtèrent, hissèrent la voile et se remirent en route. La promptitude avec laquelle tout fut fait montrait combien cette singulière manœuvre leur était familière et prouvait en même temps les avantages de la plate-forme de sous le vent, dont ils ont eu seuls l'idée. Cependant il arrive quelquefois aux Pros de chavirer, mais alors leur équipage suffit pour les relever; une partie des hommes pèse sur le balancier, tandis que les autres agissent sur les supports de sous le vent, jusqu'à ce que leurs efforts réunis fassent tourner le bateau pour le ramener à sa position naturelle; alors ils le vident avec des escopes (*fig.* 8) en panier serré attaché à un manche; ils rattrapent toutes les parties du gréement et de la voilure, qui, détachées avant de commencer l'opération, flottent çà et là, et remettent bientôt tout en place. Pourtant ils redoutent les accalmies, qui diminuent tout à coup l'influence de la voile, tandis que la vitesse conserve au balancier toute la sienne, font venir au vent et peuvent faire masquer.

C'est surtout dans ces Pros, dont le balancier est très-épais, qu'on voit quel effort il produit pour faire venir au lof, quoique toute la voilure soit sur l'avant pour le contre-balancer; aussi vent arrière et même grand largue (*pl.* 107), ils ont beaucoup de peine à se maintenir en route, et chaque homme prend à son tour le gouvernail, qui est très-pénible à manier, car alors la voile et le balancier tendent à faire venir du même bord, et la meilleure allure est le plus près pour laquelle tout est compensé; c'est aussi celle sous laquelle ils acquièrent le plus de vitesse, et ils suivirent tous, en serrant beaucoup plus le vent, la corvette l'Astrolabe, qui faisait 7 à 8 milles à l'heure. Cette marche est loin de celle qu'on leur attribue dans quelques anciennes relations, mais elle n'en est pas moins fort belle, eu égard à la petitesse de ces embarcations, et même avec une brise plus fraîche ils doivent la dépasser, car ils ne diminuent pas de voile, et il n'y avait pas d'hommes sur les leviers pendant qu'ils nous suivaient (1). Lorsqu'ils courent largue, ou que le vent est très-fort, ils diminuent la surface de la voile en roidissant les deux cargues (2).

Les Pros que nous vîmes arriver de Satahoual (*pl.* 108) portaient chacun sur la plate-forme du vent un petit bateau de la même forme, d'une longueur égale au quart ou au tiers de celle du grand; ses extrémités étaient relevées, fourchues et sa peinture entièrement semblable, mais les deux côtés étaient symétriques; le balancier, beaucoup plus petit, était attaché à des leviers courbes, fixés sur les extrémités afin de laisser assez d'espace pour que la cabane du vent pût être placée entre eux lorsqu'il était à bord avec son corps près du mât et son balancier au vent. Pour mettre cette embarcation à la mer, les naturels l'inclinent afin de dépasser un des leviers, et ils la poussent sur le côté, ce que sa légèreté rend très-facile. Il n'y a que les Carolins qui aient ainsi une chaloupe dont la pesanteur n'ajoute sans doute pas à la stabilité de leurs pirogues, puisqu'il ne faut jamais que le balancier coule; ce sont eux aussi qui ont placé le plus de poids à l'extérieur en le distribuant avec beaucoup d'art, et il est singulier de voir tous ces peuples chercher la stabilité en dehors, tandis que ceux de l'ancien continent l'obtiennent par du lest intérieur. L'étendue de la plate-forme du vent permet aux hommes de se placer commodément pour résister à la voile, ressource dont ils paraissent cependant avoir rarement besoin. En général, tous les Pros que nous avons examinés, solides, légers et construits avec soin, ont peu de sculptures, et leur aspect est plus marin que celui des autres constructions du grand Océan : on est étonné, toutefois, de ne pas voir leurs extrémités couvertes. Ils portent chacun six ou huit naturels bien faits, d'une couleur plus foncée que ceux de Taïti ou de Tonga-tabou, ayant des traits réguliers et des cheveux lisses; ils ont l'usage de se tatouer et de s'orner de coquilles, et sont généralement d'un caractère assez doux; leurs îles n'ont jamais été témoin des scènes sanglantes qui en ont signalé tant d'autres.

PROS DE TINIAN.

Les îles Marianes, découvertes en 1521 par Magellan, reçurent de lui le nom de *las Velas latinas*, à cause des voiles des Pros qui lui rappelaient celles de la Méditerranée. Les vols dont les naturels se rendirent coupables leur firent plus tard donner celui d'îles des Larrons, et ce fut enfin un jésuite qui les appela Marianes, du nom de dona Maria, dont la piété fut la principale cause de la conquête de cet archipel : la dépopulation de ces îles eut lieu avec une telle rapidité, qu'en 1778 il fallut y apporter des habitants des Philippines; maintenant il n'y en a plus que trois d'habitées, car les Espagnols s'y sont montrés aussi cruels qu'au Mexique. Les chefs, qu'ils voulaient réduire à l'esclavage, préféraient se donner la mort et se firent presque tous massacrer, car ils n'étaient armés que de frondes et de lances. Les Espagnols, encouragés par le père San Victores, qui se signala par un zèle atroce, anéantirent en moins de vingt ans une population robuste et active, qui vivait heureuse sous un climat favorisé, et se distinguait surtout par sa hardiesse sur mer; les pirogues, que la noblesse seule avait le droit de conduire, marchaient avec une vitesse étonnante, qu'on exagéra encore en les appelant Pros volants, et

---

(1) M. Bérard, actuellement capitaine de vaisseau, mais alors embarqué comme élève sur l'*Uranie*, a navigué plusieurs jours sur des Pros, dont il n'estime la vitesse au plus près qu'à 6 milles, et il donne, dans la *Relation du voyage de la corvette l'Uranie* (tome II, première partie, page 124), une nomenclature curieuse de tous les noms que les naturels emploient pour les différentes parties de leurs navires. Le même ouvrage contient l'extrait suivant du capitaine Dampier, dont, dit-il, l'exactitude et la véracité sont si connues. « J'ai fait à Guam l'épreuve de la légèreté de ces vaisseaux; nous faisions route avec notre ligne de loch, elle avait 12 nœuds qui furent plus tôt passés que la demi-minute du sablier ne fut écoulée; suivant ce compte, ils font pour le moins 12 milles à l'heure; mais je crois qu'ils en pourraient faire 24 dans le même espace de temps. »

(2) L'une des figures de M. Bérard porte, du côté opposé au mât, une seconde cargue attachée près de l'écoute passée ensuite dans un anneau au milieu de la ralingue et enfin au mât. Nous ne l'avons point vu employer, et elle a été portée en lignes ponctuées sur la figure I. M. Bérard ajoute : « Nous avons vu plusieurs Pros avec un vent arrière mollir leurs drisses et roidir alors des retenues, attachées à la vergue entre la drisse et l'angle du bas et embrassant le mât, pour assurer un peu plus la vergue. Je ne crois pas que les deux cordes aient un autre usage. Au reste, les Carolins suivent rarement cette allure, ils aiment mieux faire une route composée et garder le vent du côté du balancier. »

26

produisirent la même impression sur l'amiral Anson, dans la relation duquel on trouve les premiers documents exacts, dont nous allons donner la traduction (1).

« Les Indiens de Tinian sont bien faits, courageux et paraissent très-industrieux d'après leurs ouvrages; car leurs Pros volants en particulier, qui, depuis des siècles, sont leurs seuls navires, semblent une invention aussi ingénieuse qu'extraordinaire, qui ferait honneur à toute nation, quelles que fussent son adresse et son habileté. En considérant combien ces Pros sont propres à la navigation de ces îles qui, placées sous un même méridien et dans les limites des vents alizés, demandent des canots disposés d'une manière particulière pour naviguer au plus près du vent, ou en examinant toute leur simplicité, l'habileté de leur construction et l'étonnante vélocité de leur marche, on trouve que sur chacun de ces points ils sont dignes d'admiration et méritent de prendre place parmi les productions mécaniques des nations civilisées. Comme les anciens navigateurs n'en ont pas donné une idée exacte, je vais tâcher d'y suppléer, autant pour contenter la curiosité des lecteurs que dans l'espoir d'être utile à nos marins et à ceux qui construisent nos vaisseaux. Je puis, du reste, bien remplir cette tâche, car j'ai déjà dit qu'un de ces bâtiments nous était tombé entre les mains à notre arrivée à Tinian; M. Brett le dépeça pour en dessiner et en mesurer avec le plus grand soin toutes les pièces, de sorte qu'on peut se fier à la description suivante :

« Ces bâtiments portent le nom de Pros, auquel on ajoute souvent l'épithète de volants, pour marquer l'extrême vitesse de leur marche; les Espagnols en racontent des choses étonnantes pour quiconque ne les a jamais vus voguer, mais ils ne sont pas les seuls témoins de faits extraordinaires à cet égard : ceux qui voudront en avoir de bien avérés pourront s'en informer à Portsmouth, où l'on fit, il y a quelques années, des expériences avec un Pros assez imparfait, construit dans ce port. D'après nos gens, qui les ont observés à Tinian, à la manière dont ils parcouraient l'horizon, ils devaient faire, avec un vent alizé frais, 20 milles en une heure, ce qui est une très-grande vitesse, quoique n'approchant pas de ce qu'on en rapporte.

« Leur construction (pl. 109, fig. 1, 2 et 3) s'éloigne de tout ce qui se pratique ailleurs, où tous les navires ont l'avant différent de l'arrière et les côtés semblables : ceux-ci, au contraire, ont la proue semblable à la poupe et les deux côtés différents; le côté de sous le vent est plat et celui du vent est courbe : cette forme, jointe à leur peu de largeur, les exposerait à chavirer, sans une espèce de cadre ajusté du côté du vent, qui soutient une poutre creuse (2) taillée en forme de petit canot. Cette addition extraordinaire tient par son poids le Pros en équilibre, et le petit canot par sa légèreté empêche de chavirer au vent, parce qu'il est toujours sur l'eau : le tout est généralement appelé balancier (out-rigger). Le corps du Pros, du moins de celui que nous prîmes, est fait de deux pièces jointes aux extrémités et cousues avec de l'écorce, car il ne s'y trouve pas du tout de fer; son épaisseur est de 2 pouces (0^m,050) au fond et de 1 sur les bords (0^m,025). Les dimensions de chaque partie, qui ont été exactement rapportées à la même échelle, sont portées sur la planche 109, dont voici les renvois :

« La fig. 1 représente le Pros sous voiles, vu du côté de sous le vent : la fig. 3 le montre par l'avant et la fig. 2 est le plan général sur lequel a b est le côté de sous le vent; h g et h f sont les leviers et les accessoires attachés au vent; k l, le bateau fixé au bout; m q et p q, les tiges pour le lier à l'avant et à l'arrière; e e, une planche mince posée au vent pour empêcher l'eau d'embarquer et pour asseoir les Indiens qui la vident, et quelquefois aussi pour placer les objets qu'on transporte : i est la partie du levier à laquelle se fixe le mât, qui est sou-

(1) A voyage round the world by George Anson esq., compiled from papers of the R. H. Lord Anson and published under his direction by Richard Walter, chaplain of H. M. S. Centurion. London, page 339.

(2) C'est sans doute des trous servant aux attaches du balancier qu'on veut parler, car une pirogue aussi petite, creusée comme une grande, serait à chaque instant remplie ou vidée en partie, et dès lors son action n'aurait plus rien d'uniforme, puisque sa pesanteur varierait. D'ailleurs, pourquoi rendre le balancier léger, puisqu'étant au vent, c'est par son poids qu'il doit résister à la voile? Plusieurs voyageurs comparent ainsi le balancier à un second bateau, c'est une erreur, et partout nous nous sommes assuré qu'il est en bois plein, et que ce n'est que de cette manière qu'il remplit son but.

tenu lui-même par l'épontille *i d*, par le hauban *i f* et par deux étais. La voile est en nattes, et le mât, la vergue, le gui ainsi que les leviers sont en bambous; le pied de la vergue est toujours placé dans l'un des trous *t* ou *v*, suivant le bord que l'on court. Pour virer de bord, on arrive un peu; alors, lâchant l'écoute, on dresse la vergue et, faisant courir l'angle des deux vergues le long du côté de sous le vent, on le fixe dans le trou opposé et la vergue inférieure prend une position inverse de celle qu'elle avait d'abord; quand il est nécessaire de prendre des ris ou de serrer la voile, on le fait en la roulant autour du gui (1). Les Pros sont généralement montés par cinq Indiens, dont deux placés à l'avant et à l'arrière dirigent alternativement le bateau avec une pagaie; les autres s'occupent à vider l'eau ou à manœuvrer la voile.

« On voit, par cette description, que ces Pros sont d'une commodité admirable pour voyager entre les îles, et qu'ils peuvent aller et venir en ne changeant que leur voile; ils ont aussi l'avantage de marcher avec une vitesse aussi grande et peut-être même plus grande que celle du vent. Quelque paradoxal que cela paraisse, c'est ce que nous voyons aussi à terre pour les voiles des moulins ordinaires, qui se meuvent souvent plus vite que le vent, ce qui est même un de leurs avantages sur ceux qui ont un mouvement horizontal : les premiers sont dans le cas d'un navire au plus près, les seconds d'un navire vent arrière; car plus leurs voiles vont vite, plus elles échappent à l'impulsion, tandis que le moulin ordinaire reçoit sensiblement du vent autant de force quand il est en mouvement que lorsqu'il est arrêté.

« En voilà assez sur la construction et sur l'usage de ces bâtiments extraordinaires auxquels aucun autre ne peut se comparer, quoiqu'on trouve, dans quelques endroits des Indes orientales, des navires qui leur ressemblent.

« On pourrait inférer de ce qui précède que les Pros sont les modèles des autres pirogues et qu'ils ont été inventés par quelque génie remarquable de ces îles, que les peuples voisins n'ont fait qu'imiter. »

La description du chapelain du *Centurion* est exacte, ainsi que son plan, sur lequel cependant il y a des erreurs de disposition, suite naturelle de la manière dont il dit l'avoir dressé, puisqu'il s'est contenté de faire mesurer le Pros sans le voir manœuvrer par les habitants. Il fait reposer le mât au fond et le fixe au levier, croyant sans doute qu'il ne pourrait tenir droit sans cela; mais il change ainsi la manière dont il est employé dans tout le grand Océan, et, en le plaçant trop bas, il ne lui fait pas assez élever la voile pour qu'elle soit comme celle des autres pirogues. Pour s'en convaincre, il n'y a qu'à supposer que le mât soulevé ait son pied posé sur la planche *c e*, la voile se relèvera et tout sera disposé comme dans les autres, ainsi qu'on peut aisément le voir en traçant au crayon ce que nous venons d'indiquer.

PIROGUES D'UMATA.

L'île de Guam, sur laquelle le joug espagnol s'est appesanti particulièrement, était jadis occupée, comme Tinian, par une population active et vigoureuse, qui aima mieux se laisser massacrer que de se soumettre à l'esclavage, et qui disparut bientôt entièrement. Les habitants actuels, provenant des Philippines, offrent un malheureux contraste avec les naturels qui les entourent, autant à cause de leur petit nombre que de la lèpre dont ils sont tous rongés, et qui se présente chez eux sous des formes si hideuses, qu'on comprend et qu'on approuve, en la voyant, la sévérité excessive de nos anciennes lois sur les lépreux, et les moyens extrêmes qu'on employait pour se délivrer d'un fléau qui, se transmettant de proche en proche, s'étend sur plusieurs générations. Les Espagnols qui résident encore dans ces îles en sont aussi attaqués, mais ils ne paraissent pas y attacher une grande importance. Les habitants de Guam sont si paresseux, qu'ils vivent dans de mauvaises

---

(1) Il y a ici probablement une erreur, car nulle part on n'en agit ainsi dans le grand Océan, et cette opération, si facile avec une voile rectangulaire, est impossible avec celle en forme de triangle.

cabanes, cultivent à peine une terre d'une fertilité remarquable, et, quoiqu'ils communiquent souvent avec l'ancien continent, ils sont beaucoup plus misérables que les sauvages leurs voisins. On peut juger de l'état où ils sont tombés en comparant leurs pirogues (*pl.* 109) à celles dont nous venons de parler : la première (*fig.* 4, 5 et 6) a le corps taillé à pans dans un gros tronc d'arbre exhaussé par une fargue clouée, sur la partie supérieure de laquelle est une saillie latérale du même bois, avec des renforts pour les tolets, sur lesquels on met des avirons semblables à ceux de l'Inde (*fig.* 10); le haut de l'arrière est bouché par une planche clouée. Le balancier est tenu par des leviers courbés, attachés sur le plat-bord, et par des amarrages dont l'un, qui se trouve au milieu, passe sous une traverse maintenue par un renflement.

La seconde (*fig.* 7, 8 et 9) n'est qu'un arbre creusé et arrondi à l'extérieur, soutenu par un balancier simple et n'emploie jamais de voile, non plus que l'autre, ce que l'on pourrait presque taxer de honteux, lorsqu'on voit arriver de si loin les Pros volants, construits par des sauvages connaissant à peine le fer.

PIROGUES DE DIFFÉRENTS GROUPES DE L'ARCHIPEL DES CAROLINES.

L'atlas du *Voyage autour du monde de la corvette la Coquille* contient plusieurs plans de pirogues du grand Océan : bien qu'ils n'aient pas été relevés rigoureusement et que les dimensions en soient seulement estimées, nous avons pensé qu'on les verrait avec plaisir figurer dans cette collection, où ainsi presque aucun bateau intéressant ne sera omis. Le capitaine Duperrey, commandant de l'expédition, a bien voulu nous communiquer les détails suivants extraits de ses notes et de celles de MM. Bérard et Lottin, concernant les Pros représentés sur les planches 110 et 111 :

« Les Pros du groupe des îles Hogoleu (*pl.* 110, *fig.* 1, 2 et 3), de 6m,50 à 9m,75 de long sur 0m,54 de large, sont d'une construction élégante et soignée; les diverses pièces qui les composent sont si bien réunies, qu'on n'en aperçoit que difficilement les coutures; la carène est noire et le reste d'un beau rouge. Le côté opposé au balancier paraît plat; cependant plusieurs Pros sont parfaitement symétriques : le flotteur ou balancier a 0m,11 à 0m,17 de largeur, et sa longueur égale la moitié de celle de la pirogue. Sur le plat-bord du vent est posée horizontalement une planche qui empêche l'eau d'embarquer; une autre, plus large, se trouve dans le même but sur les leviers, réunis par une plate-forme, et, malgré ces précautions, le balancier fait quelquefois jaillir l'eau jusque dans l'intérieur. Du côté opposé est une autre plate-forme portée sur quelques montants, saillante d'environ 1m,62, élevée de 0m,65 ou 0m,97 au-dessus de l'eau et servant à placer les provisions. C'est aussi là que se tient le chef, tandis que l'équipage se met sur la plate-forme du balancier, de sorte que sur dix ou douze hommes il n'y en a qu'un ou deux dans la pirogue. La voile, enverguée sur deux de ses côtés, est une natte triangulaire aussi longue que le Pros; le mât n'est qu'une perche légère reposant dans un trou pratiqué sur le bord supérieur au milieu de la longueur, et du côté du balancier. La drisse est attachée près du haut de l'une des vergues, qui reste verticale sur l'étrave, tandis que le mât est incliné jusqu'à elle; l'écoute, frappée sur le milieu de l'autre, sert à gouverner. »

Le virement de bord de ces Pros s'exécute comme celui que nous avons déjà détaillé : « Le mât, qui suit le mouvement de la vergue pendant l'évolution et reste incliné dans sa nouvelle position, est tenu par deux haubans amarrés aux leviers. Leur vitesse n'a pas paru excéder quatre nœuds; la brise était molle et leur allure largue.

« Les petites pirogues de pêche de la partie sud du groupe Hogoleu (*fig.* 4, 5 et 6) n'ont pas de plate-forme sous le vent, elles n'ont que 1m,87 à 5m,85 de long sur 0m,325 de large. »

Les Pros des îles Tamatam et Fanadik qui ressemblent exactement à ceux d'Hogole ne sont pas joints à ces planches parce qu'ils avaient été seulement dessinés sans qu'il nous eût été possible de les mesurer; ils se trouvent dans l'album historique du voyage de la corvette l'Astrolabe commandée par M. Dumont d'Urville de 1826 à 1829, à la feuille 240 *bis*.

« Les pirogues de l'île Pélélap (*fig.* 7, 8, 9 et 11), appartenant au groupe Mac-Askill, n'emploient pas de voiles ; elles n'ont que 4ᵐ,87 à 5ᵐ,85 de long sur 0ᵐ,325 à 0ᵐ,378 de large, et ressemblent beaucoup à celles de l'île Oualan ; les dessins tracés sur le corps sont noirs et le reste du bois est à nu ; leurs extrémités sont relevées, leur balancier gros et court, et les trois ou cinq hommes qui les montent ont des pagaies (*fig.* 10) de 1ᵐ,62 de long.

« Celles des îles King's-mill (*fig.* 12, 13 et 14) ont 6ᵐ,50 de long et 0ᵐ,81 de large au milieu ; leur balancier a 4ᵐ,80, leurs bordages concentriques sont cousus et maintenus intérieurement par des entremises ou espèces de membres ; le mât, en trois morceaux, est retenu par une courbe appuyée sur le balancier, et l'aviron (*fig.* 15), en deux parties, a 1ᵐ.30.

« Les pirogues d'Oualan (*fig.* 17, 18, 19, 20 et 21) ne portent pas de voiles ; elles ont de 9ᵐ,74 à 13 mètres de long sur 0ᵐ,32 de large et 0ᵐ,65 de profondeur ; la coque est d'une seule pièce, et sa partie supérieure est un assemblage de fargues cousues très-solidement, ainsi que les bouts terminés par un croissant. Le balancier et ses leviers sont fixés au moyen d'amarrages très-ingénieux (*fig.* 20 et 21) ; en creusant la pirogue on a soin de conserver deux barrots très-épais, qui, en faisant corps avec elle, servent à consolider les parties latérales et à fixer les amarrages des leviers. Les dimensions principales de cette pirogue sont :

Longueur de tête en tête,	10ᵐ,50	Hauteur des extrémités sur la quille,	1ᵐ,86
Portant sur terre.	9ᵐ,26	Longueur du balancier,	8ᵐ,04
Largeur au milieu.	0ᵐ,41	Sa distance au centre de la pirogue.	3ᵐ,11
Creux,	0ᵐ.81	Longueur des pagaies (*fig.* 22),	1ᵐ.50 à 1ᵐ.92

» Cette pirogue avait une dizaine de bancs.

« A Satahoual, les petites pirogues (*pl.* 111, *fig.* 1, 2, 3, 4 et 5) sont très-légères ; les traverses de leur balancier ne dépassent pas sous le vent, de même qu'au groupe Hogoleu pour les petites pirogues de pêche ; leurs dimensions sont 3ᵐ,89 à 4ᵐ,49 de longueur sur 0ᵐ,32 de largeur ; elles portent de trois à cinq hommes et servent probablement de chaloupes aux grands Pros de voyage (page 95) ; leurs pagaies (*fig.* 3) ont 1ᵐ,25 à 1ᵐ,62 de long.

« L'île Duperrey a des pirogues (*fig.* 6, 7 et 8) formées de plusieurs pièces, à extrémités relevées surmontées d'un croissant ; leur mât, en deux morceaux (*fig.* 9), est orné, à son sommet, de plumes d'oiseaux de mer ; les dimensions du corps sont 6ᵐ,50 de longueur, 0ᵐ,41 de large, et les pagaies (*fig.* 10) ont 1ᵐ,60 à 1ᵐ,95.

« Les pirogues de Rotouma (*fig.* 11, 12, 13 et 14) sont généralement petites, assez grossièrement construites, et l'installation du mât et de la voile annonce que les habitants de cette île ne sont point navigateurs ; ils ne vont jamais à plus de 10 lieues au large. Les deux extrémités sont fermées par une planche dont le dessus est orné de plusieurs petites saillies ; elles ont 9ᵐ,74 à 13 mètres de long ; d'autres n'ont que 5ᵐ,84 de long sur 0ᵐ,38 de large.

« La pirogue double de la même île (*fig.* 15 et 16), composée de deux simples, beaucoup plus petites que celle à balancier, était entièrement couverte par des bordages cousus, excepté vers le milieu, qui formait des espèces de puits, par où l'on vidait l'eau ; les deux exhaussements de cette partie, réunis par une plate-forme, portaient un toit en vacoa sous lequel étaient les provisions. Les deux pirogues étaient souvent entièrement enfoncées par le poids du chargement et des rameurs, qui se tenaient debout dans l'eau jusqu'aux chevilles : cette pirogue double, qu'on gouvernait avec une pagaie d'environ 4ᵐ,80, portait sept hommes commandés par un chef. (Ses dimensions ne sont pas données.)

« Dans l'archipel des îles Gilbert, les pirogues ressemblaient beaucoup à celles des îles Carolines, déjà décrites ; mais leur marche était médiocre, car elles suivaient à peine la Coquille lorsqu'elle ne filait que trois ou quatre nœuds ; elles ont 6ᵐ,50 de long sur 0ᵐ,70 de large. Le balancier de celle qui s'approcha le plus du navire était une grosse

27

pièce de bois de 4m,86 de long, jointe à la pirogue par plusieurs traverses formant une plate-forme. Le mât, placé sur le côté du vent et fait de trois morceaux liés ensemble, était soutenu par une courbe appuyant sur les leviers et par deux étais attachés à chacune des extrémités. »

NOUVELLE-HOLLANDE.

Avant de nous avancer davantage vers l'est, nous nous arrêterons un instant à la Nouvelle-Hollande, dont la population misérable, déjà remplacée en grande partie par les Anglais, n'inspire pas la même pitié ni les mêmes regrets que la plupart de celles qu'ils ont détruites pour s'emparer de leur sol. On pourrait presque dire qu'ils n'ont chassé du pays que des animaux sans industrie, ayant à peine l'instinct de s'abriter, de se nourrir de quelques coquillages et de se couvrir à demi de peaux de kanguroos : sur la côte méridionale et à Van Diémen, les anciens habitants n'avaient jamais osé se risquer sur l'eau, et, comme depuis quelques années on n'en trouve plus de traces, on suppose qu'ils sont complètement anéantis, bien qu'il n'y ait que quarante ans que leur île soit occupée.

À la baie Jervis seulement, au midi du port Jackson, nous avons vu sur le sable une pirogue de 4 à 5 mètres de long, si toutefois on peut donner ce nom à un morceau d'écorce noué à ses extrémités (pl. 112, fig. 1) et écarté au milieu par des tiges flexibles, courbées par une corde comme un arc ; ce faible esquif n'avait aucune forme et ne devait pas pouvoir aller loin. Nous ignorons comment les naturels parviennent à détacher d'aussi grandes surfaces d'écorce des beaux arbres qui couvrent les environs de leur baie, où, en 1826, les Anglais n'étaient venus qu'en relâche et n'avaient pas encore formé d'établissement. Quant aux pirogues de la partie nord de la Nouvelle-Hollande, dont les habitants sont moins faibles et plus courageux, elles sont probablement peu dignes d'attention, car aucun navigateur n'en a parlé.

NOUVELLE-ZÉLANDE.

Le balancier que nous venons de voir si répandu entre les tropiques n'est pas en usage à la Nouvelle-Zélande, dont la population, entièrement vouée à la guerre, n'a pas cherché à construire ses bateaux pour de longs voyages. Toujours en armes et renfermés dans leurs pâhs ou villages fortifiés, les Nouveaux-Zélandais savent qu'ils trouveraient partout des ennemis et courraient des dangers d'autant plus grands qu'ils s'éloigneraient davantage. D'ailleurs leurs côtes sont baignées par une mer aussi orageuse que la nôtre, et, avec le peu de ressources qu'ils ont et sans le secours du fer, il leur est impossible de tenter de l'affronter : ils sont donc réduits à naviguer dans les baies ou à ne longer la terre que lorsqu'ils prévoient une suite de beaux jours assez longue pour effectuer le trajet. Ils n'ont pas cherché, comme dans les autres archipels, à étendre la puissance des voiles, parce qu'elles sont plus utiles pour diminuer les fatigues d'un long voyage que pour aider aux manœuvres diverses et rapides qu'exige la guerre; mais ils leur préfèrent partout la pagaie, qui imprime plus de vitesse, n'embarrasse pas comme l'aviron et peut, au besoin, servir d'arme. Le caractère guerrier de ces hommes est peint sur leur physionomie : ils ont l'œil perçant et farouche, les membres forts et ramassés, et les teintes bleuâtres du tatouage dont ils sont couverts augmentent encore la dureté de leurs traits; leurs femmes même, perdant la douceur qui les distingue partout ailleurs, se montrent aussi intrépides et aussi féroces qu'eux. Ils vivent en petites tribus toujours en guerre entre elles, et dans le sein desquelles s'élèvent des rixes entraînant des vengeances qui se transmettent de père en fils jusqu'à l'extinction des familles. Pour comble d'atrocité, ils mangent encore leurs semblables et sont à peu près les seuls peuples de la race cuivrée du grand Océan où cet horrible usage se retrouve : ils parlent, avec des yeux brillants d'un délire barbare, du bonheur qu'il y a à se repaître d'un ennemi, et citent avec orgueil les noms de leurs victimes lorsqu'elles ont été célèbres. Les navigateurs qui abordèrent les premiers dans ces îles éprouvèrent des malheurs affreux : Tasman et Furneaux y perdirent des canots, et le malheureux Marion fut dévoré à la baie des Îles avec une partie de ses matelots.

Il semble que la férocité de ces sauvages aurait dû les préserver de l'envahissement des Européens; mais elle l'a au contraire facilité, car, la soif de la vengeance les ayant excités à profiter de tous les moyens de destruction que leur procurait le commerce des blancs, ils ont encouragé leurs visites pour avoir des armes à feu, et, comme la répartition n'a pu en être égale, les plus forts ont massacré les plus faibles pour s'entre-battre ensuite. Aussi ce beau pays est-il déjà presque entièrement dépeuplé, et, malgré la force de leur constitution, les Nouveaux-Zélandais auront bientôt disparu, comme les faibles habitants de la Nouvelle-Hollande et les peaux rouges de l'Amérique. L'usage des armes à feu a totalement changé leur manière de combattre, car, lors de l'arrivée des Européens, ce peuple si guerrier n'avait pas d'armes qui pussent atteindre au loin, l'arc et la fronde leur étant inconnus. Ils n'employaient que des massues en pierre verte avec lesquelles ils s'assommaient : ils avaient en tout beaucoup moins d'art et d'adresse que les naturels des autres pays, et leurs pirogues ne servaient guère qu'à surprendre et à enlever promptement leurs ennemis, qu'ils allaient ensuite dévorer dans leurs pâhs.

Leurs bateaux, qui ne diffèrent entre eux que par quelques ornements, se ressemblent dans les deux îles, ainsi que dans celle de Chatam, avec laquelle ils communiquent, bien qu'elle soit éloignée de 110 lieues. Le corps (pl. 112, fig. 2 et 3), droit et très-long, a le maximum de largeur au tiers à partir de l'arrière, position qui doit être avantageuse, car on ne peut l'avoir généralement adoptée qu'après avoir fréquemment essayé de marcher par chacune des extrémités, ce qui est du reste très-facile avec la pagaie. Comme l'instinct des sauvages les trompe moins que la science des peuples civilisés, on doit croire que cette place assignée au maître-bau est favorable pour la marche, et il est très-remarquable de retrouver, chez un peuple sauvage et très-éloigné, des principes de construction semblables à ceux adoptés en Chine. La partie inférieure est courbe, son point le plus profond est au milieu, et, vers les extrémités, elle n'a pas de façons rentrantes, toutes les sections étant à peu près des arcs de cercle. Le corps, toujours d'une seule pièce, nous a paru creusé au moyen du feu, dont les traces sont encore quelquefois visibles, et nous n'en avons jamais vu en plusieurs morceaux.

Les pirogues de la baie Houa-houa (pl. 112, fig. 8 et 9) (Tolaga du capitaine Cook) et du reste de la Nouvelle-Zélande n'ont pas de formes aiguës; la base de leur corps est toujours exhaussée de chaque côté par une fargue haute de 0ᵐ.30 à 0ᵐ.40 et épaisse de 0ᵐ.03 à 0ᵐ.04. Le corps, de la même épaisseur, sur lequel ces fargues s'appuient sans le doubler, leur est uni par des amarrages plats ornés de plumes blanches et embrassant deux lattes, dont l'une est intérieure et l'autre extérieure; elles compriment un peu d'étoupe, consolident la jonction et sont quelquefois peintes en noir (pl. 113, fig. 4, 5, 8 et 9).

Les rameurs, en grand nombre, assis sur des traverses servant aussi à réunir les fargues opposées, sur lesquelles elles sont fixées par des amarrages en phormium, se servent d'une pagaie en bois dur (pl. 112, fig. 7), ordinairement sculptée avec délicatesse, dont la forme est la même dans les deux îles, et qui peut aussi servir d'arme. Les dimensions de ces pirogues varient beaucoup : les plus petites, bonnes seulement pour la pêche et n'employant pas de voiles, ont 7 mètres de long et ne portent, pour tout ornement, que des sculptures en bois plein, peintes en gros rouge (pl. 112, fig. 5, et pl. 113, fig. 6), représentant une figure qui tire la langue, et dont les yeux sont en nacre.

C'est surtout dans les grandes pirogues de guerre que les Nouveaux Zélandais se plaisent à déployer tout leur luxe de sculpture; l'une d'elles, de 21 mètres de long, 1^m,68 de large et 6^m,95 de creux, vue à Wangari dans la rivière Tamise de Cook, avait l'avant surmonté d'une sculpture à jour (*pl.* 113, *fig.* 8) en spirales perlées, délicatement découpées, dont les différentes courbes étaient jointes par des portions de rayons travaillés de la même manière, qui les joignaient aussi à des tiges unies plus solides; l'une de celles-ci était terminée par une tête ayant des yeux de nacre et les contours exagérés que les Zélandais donnent toujours à la bouche. Des flocons de plumes noires, à reflets métalliques, surmontaient cet ornement du haut duquel partaient deux longs panaches blancs. Cette grande pirogue, qui pouvait embarquer près de quatre-vingts hommes, portait vingt-trois bancs; son avant était surmonté d'une seconde fargue, et la première était couverte, sur toute sa longueur, de figures bizarres, en bas-relief (*fig.* 10), dont plusieurs représentaient des têtes avec des yeux de nacre de perle fixés par une cheville qui en fait la prunelle; d'autres sculptures, également en bas-relief, ont des formes qu'il serait difficile d'assimiler, et toutes sont couvertes de petites spirales pour lesquelles les Zélandais ont beaucoup de goût et qui se retrouvent aussi sur le tatouage dont ils se couvrent le visage et le corps. Cette fargue, exécutée avec tout le soin que ces peuples mettent à ce genre de travail, était peinte en rouge de sanguine, ayant une fixité que l'on trouve rarement dans les autres archipels du grand Océan. La pirogue portait une voile semblable à celle que nous décrirons plus loin, et son arrière était décoré d'un montant de 4^m,50, couvert de flocons de plumes noires (*fig.* 9); mais ordinairement, l'ornement de cette partie, travaillé avec délicatesse, ressemble aux *fig.* 4 et 5, et repose sur un massif du même bois attaché à l'extrémité du corps; il en est de même de celui de l'avant (*fig.* 3), formé de deux spirales perlées, devant lesquelles est la statue d'un petit homme hideux avec des jambes grêles, des bras comme des ailes, la langue tirée d'une manière démesurée, et des plumes blanches derrière la tête; il est peint en rouge, comme tout le reste, et entouré d'un grand nombre de plumes d'un bleu foncé à reflets: cependant au cap Paliser, nous vîmes un ornement bien exécuté, représentant une tête avec des traits peu marqués et la bouche fermée. Le corps du bateau n'est presque jamais couvert de peinture.

Le peu de largeur de ces pirogues exclut la voile, excepté vent arrière, et on la dispose de manière à ce qu'elle puisse tomber facilement pour ne pas faire chavirer; cette voile, triangulaire, est transfilée à deux vergues égales (*pl.* 112, *fig.* 8), dont l'une, qui sert de mât, placée sur l'avant, a son pied *h* enfoncé dans le milieu d'une corde un peu lâche en tresse de phormium, attachée aux extrémités d'un banc en *f* et en *g*, ce qui l'empêche de jamais toucher le fond. Ce mât est retenu par un étai et deux haubans amarrés au banc suivant vers l'arrière, de sorte que, si on largue le premier, qui est en avant, la voilure tombe aussitôt. La voile est toujours très-petite, et ce n'est qu'à la baie des Iles que nous en avons vu mettre deux, ce qui est une exception dans le grand Océan; elle est d'un tissu très-soigné, à dessins réguliers (*pl.* 113, *fig.* 11 et 12), et quelquefois surmontée de plumes bleues; lorsqu'elle ne sert pas, elle est transfilée par une écoute attachée aux deux tiers de la vergue mobile et reste couchée sur les bancs entre des faisceaux de longues lances en bois durci au feu, qui parfois pendent en dehors. Comme les grandes pirogues sont trop creuses, on les garnit au fond de claies faites de branches attachées à des traverses par des fils de phormium, pour que les hommes puissent s'appuyer les pieds. Mais ces belles embarcations deviennent tous les jours plus rares, surtout dans les ports que fréquentent les Européens, où l'on ne trouve que des troncs d'arbres creusés, comme celui de la baie Shouraki (*pl.* 113, *fig.* 1 et 2): le fond est garni de claies mal faites, reposant sur de longues baguettes fixées de chaque côté par des attaches passées dans des parties saillantes conservées dans le bois, et le manque de bancs force les naturels à s'asseoir sur ces claies, ce qui les gêne pour pagayer.

Dans la relation de son premier voyage à bord de l'Endeavour, le capitaine Cook parle ainsi des pirogues de la Nouvelle-Zélande (1): « L'habileté de ces peuples se montre surtout dans leurs pirogues, qui sont longues, étroites

_____

(1) *An account of the voyages undertaken by order of H. M. for making discoveries in the south hemisphere, and successively performed by commodore Byron, captain Wallis, captain Carteret and captain Cook.* London, printed W. Strahan and T. Cadell, in the Strand, 1773, 3e volume, page 58.

et d'une forme qui se rapproche beaucoup de celle des baleinières de la Nouvelle-Angleterre. Les plus grandes, construites principalement pour la guerre, portent quarante, quatre-vingts et quelquefois même cent hommes armés. Nous en mesurâmes une, échouée à Tolaga (baie Hooa-hooa), de 68 pieds 1/2 de long (20m.87), 5 de large (1m.52) et 3 1/2 de profondeur (1m.07); le fond était aigu avec des côtés étroits comme un coin, et consistant en trois longueurs, creusées jusqu'à ne laisser au bois qu'un pouce et demi ou 2 pouces d'épaisseur (0m.037 ou 0m.050), et solidement attachées ensemble par des amarrages en tresses. Chaque côté est fait d'une seule planche longue de 53 pieds (16m.17), large de 10 ou 12 pouces (0m.25 ou 0m.30), épaisse d'environ 1 pouce 1/4 (0m.031), cousue avec beaucoup de soin et de dextérité à la partie qui forme le fond; un grand nombre de traverses sont solidement liées à chacun des plats-bords pour renforcer le bateau. L'ornement de l'avant se projette à 5 ou 6 pieds (1m.52 ou 1m.83) au delà du corps et à environ 4 pieds 1/2 de hauteur (1m.37); celui de l'arrière, fixe comme l'étambot d'un navire l'est sur sa quille, a 14 pieds de haut (4m.27), 2 de large (0m.61) et un demi-pouce d'épaisseur (0m.012); l'un et l'autre sont en planches sculptées, dont le dessin est supérieur à l'exécution. Tous leurs canots, excepté ceux d'Opoorage ou baie Mercure, qui sont d'une seule pièce et creusés par le feu, sont construits d'après ce plan, et peu d'entre eux ont moins de 20 pieds (6m.10); les plus petits ont quelquefois des balanciers ou sont réunis deux à deux, mais cela arrive rarement. La sculpture des ornements des petites pirogues destinées uniquement à la pêche représente à l'avant un homme sortant une langue monstrueuse, et ayant des coquilles en guise d'yeux; mais les plus grandes, consacrées à la guerre, sont magnifiquement décorées de sculptures à jour, couvertes de flocons de plumes noires; le plat-bord, également sculpté dans un goût grotesque, est garni de plumes blanches se détachant sur la couleur noire donnée aux lattes. »

Le même ouvrage contient une gravure très-fidèle de ces embarcations montées par leurs guerriers et leurs nombreux rameurs, que notre préférence pour les plans exacts nous a empêché d'insérer ici; les voyages de Cook sont d'ailleurs tellement répandus qu'il sera facile de les consulter.

Nous ne pouvons rien dire de positif sur la vitesse de ces bateaux, qui doit cependant être très-grande, tant leur forme est propre à seconder l'impulsion puissante que leur donnent quarante-six vigoureux pagayeurs; souvent nous les avons vus glisser sur l'eau avec une grande rapidité, mais sans avoir de comparaison pour établir un chiffre exact. Ils ne peuvent guère naviguer qu'avec une belle mer, et ne sortent des baies que lorsque le ciel présage le beau temps.

ARCHIPEL SANTA-CRUZ.

PIROGUE DE VANIKORO.

Le nom de Vanikoro est devenu malheureusement célèbre par le naufrage de l'infortuné la Pérouse, sur le sort duquel on a été si longtemps incertain et dont on espérait vainement retrouver quelques compagnons. Les documents recueillis d'abord par le capitaine irlandais Dillon et confirmés par le commandant Dumont d'Urville ont prouvé que ce fut dans cette île qu'ils périrent; cependant ils auraient pu être sauvés, car d'Entrecasteaux, expédié à leur recherche, la vit de loin sans la visiter pendant que beaucoup d'entre eux existaient peut-être encore. Quelques canots et quelques ustensiles retrouvés en 1828 sont tout ce qui est revenu en France de l'ancienne Astrolabe, dont nous avons vu sous l'eau les restes déjà recouverts par le corail, sans pouvoir établir autre chose que des hypothèses sur le compte de la Boussole qui l'accompagnait; nos malheureux compatriotes auront sans doute péri dans quelque tentative pour atteindre les pays civilisés, ou victimes du climat pernicieux de cette île et du caractère féroce de ses habitants. Ceux-ci, appartenant à la race noire du grand Océan, présentent beaucoup de ressemblances avec les nègres d'Afrique, mais sont moins paresseux; ils paraissent aimer la navigation et construisent des pirogues qui ne le cèdent que pour la grandeur à celles des autres archipels.

Le corps (pl. 114, fig. 1, 2, 3, 4, 5 et 6) est formé d'une seule pièce presque cylindrique, tout sa partie supérieure est arrondie, comme le montre la section faite en A B; ses extrémités sont un peu relevées en pointe, plates en dessus où se trouvent quelques rainures. Il est percé par une longue fente u u (fig. 5), tellement étroite que les hommes qui s'y placent pour pagayer sont obligés de croiser les jambes, et, lorsque la pirogue doit prendre la mer, cette fente est couverte par des plaques d d (fig. 2), tenues par un amarrage qui les perce et embrasse deux petites traverses, dont l'une est mise en dessus, tandis que l'autre appuie en dessous sur les bords de la fente, comme on le voit sur la section en A B. Elles empêchent l'eau d'entrer, ainsi que les leviers, qui, ayant une très-grande hauteur, forment une espèce de chambre avec les planches verticales h (fig. 6); celles-ci reposent sur le bord d'une ouverture plus large que la fente pratiquée au milieu de la pirogue, et le tout forme une écoutille à hiloires élevés. Toutes ces pièces sont jointes par des attaches, et les leviers, maintenus par des amarrages passés dans des trous et sous des traverses t t (fig. 6), sont minces, polis, bien faits et se relèvent du côté du vent, où ils sont réunis par une planche h h, et par une plate-forme de lattes attachées sur des traverses. Le balancier leur est joint par quatre longues tiges obliques o o, qui se projettent au loin et y sont enfoncées, ainsi qu'une tige o o', entrant dans le dessous du levier, tandis que les autres sont amarrées sur ses côtés. Cette réunion manque de solidité à cause du peu d'éloignement des leviers, et, pour la fortifier, il y a toujours une ou deux tiges, partant de chaque côté de la plate-forme, qui vont se lier au balancier, l'une directement, en n, et l'autre au moyen d'un piquet m; elles ont l'air de pattes d'araignée et sont disposées d'une manière tout à fait inverse de la plate-forme des Pros carolins. Des traverses placées sur les leviers et de longs amarrages les lient entre elles et ajoutent un peu de solidité à cet échafaudage que l'on entend craquer lorsque la vague imprime au balancier un mouvement différent de celui de la pirogue.

On trouve aussi à Vanikoro la plate-forme de sous le vent; elle est formée d'une claie en lattes plates attachées sur plusieurs tiges reposant sur une planche longitudinale g g, fixée sur l'extrémité des leviers qui débordent sous le vent; les deux tiges extrêmes, prolongées jusqu'à la planche du vent h h, ont en dessous une tringle qui soutient les autres branches de la claie. Cette plate-forme ne peut avoir ici la même utilité qu'aux îles Carolines, à cause de la disposition différente de la voile, soutenue par une drisse passée dans un trou au bout du mât; la base de celui-ci se termine en fourche et repose en e sur le soutien de la claie du vent ou sur un des leviers; il est très-oblique et retombe de lui-même lorsque la voile n'est pas hissée; il est tenu par quatre ou cinq haubans fixés à une cheville c (fig. 1) et attachés au vent et sous le vent sur les deux plates-formes. La voile, très-échancrée (pl. 115), d'une forme élégante, est en nattes très-fines, réunies par deux coutures plates comme les nôtres, et ses angles supérieurs sont ornés de feuilles de latanier; elle est liée à deux vergues en bambous jointes par un amarrage: la plus haute, qui entre dans la fente de la pirogue lorsqu'elle est découverte, est retenue par une traverse placée à l'angle à 0m.20 de son extrémité; mais, dans le cas contraire, elle est attachée à une petite pièce a, enfoncée sur le bout de la dernière plaque d d. La drisse et l'écoute sont fixées très-bas, de sorte que la voile doit faire beaucoup d'effort par le haut. Parmi les petites pirogues du grand Océan, il en est peu d'aussi bien disposées: elles peuvent affronter une mer assez grosse sans craindre d'être submergées, puisque leur écoutille est très-élevée, et elles paraissent bien marcher à la voile, mais avoir quelque peine à gouverner, car il nous a semblé que l'homme placé sur la plate-forme était trop éloigné de l'arrière pour tenir en route et qu'il était souvent obligé de changer sa pagaie de côté. Ces pirogues n'ont pas, à bien dire, de manière de virer de bord, et leur voilure se démonte pour changer d'amures; elles marchent beaucoup moins bien à la pagaie (fig. 3), et, lorsqu'elles sont couvertes, les hommes sont obligés de s'accroupir sur les plaques. Pendant notre séjour à Vanikoro, celles de Tévai et de Manévé vinrent se défier en vue de l'Astrolabe : chacune d'elles portait sur ses extrémités deux à trois rameurs, et sur ses plates-formes autant de guerriers, l'arc et la flèche à la main; ils se provoquèrent longtemps, mais notre présence les empêcha sans doute de livrer un combat qui nous aurait intéressé en nous faisant connaître leur tactique.

RADEAU A BALANCIER DE TEVAL.

Vanikoro est le seul pays du grand Océan où nous ayons trouvé des radeaux, car au port du Roi-Georges, dans la Nouvelle-Hollande, les naturels ne paraissent pas même avoir eu cette idée si simple. Celui dont nous parlons (*pl.* 114, *fig.* 7 et 8) est formé de pièces de bois rondes, unies par des chevilles sans le secours d'aucun amarrage ; deux leviers ou pièces horizontales, portés sur quatre piquets plantés au milieu, soutiennent un siége en treillage pour celui qui conduit et se lient par des tiges obliques, comme celles des pirogues, à un balancier qui soutient ces radeaux, trop étroits pour avoir la stabilité des Cattimarons indiens. Ils ne portent que deux hommes, et ne sortent guère de la rade tranquille de Manévé.

PIROGUE DE TIKOPIA.

Quoique très-voisine de Vanikoro, cette île peut être regardée comme n'appartenant pas à l'archipel Santa-Cruz, car elle est occupée par la race cuivrée du grand Océan, qui s'y montre, comme dans quelques autres points, douce et amicale : l'île Tikopia, montueuse et peu étendue, paraît ne pouvoir nourrir que peu d'habitants, et nous fûmes étonné de la trouver très-peuplée. Quelques naturels se rendirent à bord de l'Astrolabe dans de petites pirogues (*pl.* 114, *fig.* 9 et 10) dont le corps, d'une seule pièce, est exhaussé par une fargue unie au moyen d'attaches qui compriment une latte extérieure ; les extrémités sont couvertes de plaques courbes qu'unissent d'autres petites attaches : celle de l'avant se termine par une partie plate relevée et ornée de perles sculptées ; les fargues sont réunies par deux pièces placées sur les plaques ou faisant corps avec elles : les leviers qui leur sont liés ont peu de longueur et tiennent au balancier par quatre piquets obliques, dont la *fig.* 10 donne la disposition. Nous ne les avons vues se servir que de la pagaie (*fig.* 11), mais la pièce *a* fait supposer qu'elles emploient aussi une voile, comme celle de Vanikoro, et il paraît même que leur navigation est assez étendue, car elles vont jusqu'à l'île de Santa-Cruz, éloignée de 60 lieues.

NOUVELLE-IRLANDE.

On ne sait rien sur les habitants de la Nouvelle-Bretagne, cette grande terre n'ayant été vue que de très-loin; mais on a quelques documents sur ceux de la Nouvelle-Irlande, qui paraissent faibles et paresseux, et se donnent un aspect singulier avec les couleurs dont ils se peignent le corps, et avec les plumes qu'ils se plantent dans les narines. Leurs pirogues, d'un travail très-soigné, sont ce qu'ils font de plus remarquable. Le capitaine Carteret en vit à l'île Sandwich, près de la côte ouest de la Nouvelle-Irlande, qui étaient longues, très-étroites, et portaient un balancier : l'une d'elles, quoique taillée dans un seul arbre, avait 27 mètres de long; elle était bien faite, ornée de quelques sculptures sur les côtés, mais ne présentait aucune apparence de voile; trente-trois hommes noirs à cheveux crépus la faisaient marcher.

Il est probable qu'elle avait beaucoup d'analogie avec celles que nous avons mesurées au havre Carteret, dont la plus grande (*pl.* 116, *fig.* 1 et 2), formée d'une seule pièce étroite et creuse, travaillée avec soin, avait sur ses extrémités des parties creusées jointes par des amarrages recouverts de mastic, dont les deux côtés du même morceau se réunissent en se relevant en arc. Tout le corps est soigneusement peint en blanc avec une sorte de chaux composée de coquilles brisées qu'on emploie beaucoup aussi pour le betel, dont l'usage est très-répandu chez toute la race noire du grand Océan. Le balancier, léger et pointu à ses extrémités, est presque aussi long que la pirogue, à laquelle il est uni par neuf leviers très-minces qui lui sont eux-mêmes joints par des piquets verticaux, dont les uns, fourchus, ont chacun de leurs bouts lié sur le levier pour éviter un mouvement latéral; les deux extrêmes sont en petites branches dont le tronc, coupé pour être appliqué sur le balancier et fixé par des amarrages, s'oppose au mouvement longitudinal qu'il prendrait si les piquets avaient du jeu. Les leviers sont tenus sur le haut de la pirogue par d'autres amarrages qui en percent le bois, et il en est de même des petites tringles placées à côté en guise de bancs. Une autre pirogue (*fig.* 3), mesurée dans le même port, est également blanche; mais son corps est exhaussé par une fargue jointe au moyen de quelques petites attaches et d'un mastic semblable à notre brai; ses extrémités, ornées de bandes rouges, diffèrent un peu par leur courbure.

Les pagaies de la Nouvelle-Irlande (*fig.* 4, 5 et 6), longues, comme celles de la Nouvelle-Zélande, sont d'un bois brun, bien poli, couvert de couleurs jaunes et rouges, qui tiennent aussi bien que la peinture à l'huile : nous ne savons pas comment un peuple aussi ignorant peut produire d'aussi belles couleurs, car il est probable qu'elles ne viennent pas des Européens, qui depuis longtemps n'ont point paru dans ces îles.

La corvette la Coquille séjourna quelque temps au port Liquiliqui, où elle vit plusieurs pirogues sur lesquelles l'un des officiers, M. Bérard, donne les détails suivants : « L'une d'elles, fort belle, venue du port Praslin, était construite comme nos baleinières, mais à fonds plats, avec des bordages assemblés et des coutures recouvertes d'un mastic noir semblable à notre goudron. Les *fig.* 10, 11, 12 et 13 (*pl.* 116) font suffisamment connaître la forme du bateau et la manière dont les bordages sont liés à la membrure: ses dimensions principales sont : longueur de tête en tête, 10m.66; partie portant à terre, 8m.77; creux, 0m.81; tirant d'eau, 0m.32; hauteur de la partie la plus élevée de l'avant ou de l'arrière au-dessus de l'eau, 2m.97; largeur de dehors en dehors, 1m.62. En outre des roustures qui fixent les bordages à la membrure, dans cette pirogue sans balancier, on voit des amarrages de l'avant et de l'arrière qui tendent à rapprocher les deux flancs par des niveaux de bois placés en travers. Les *fig.* 7, 8 et 9 représentent une petite pirogue du même port de 7m.31 de longueur totale et 0m.56 de large; d'autres, de 8m.12 de long sur 0m.46 de large, étaient également construites avec soin et intelligence. »

NOUVELLES-HÉBRIDES.

Les archipels des îles Salomon et des Nouvelles-Hébrides sont très-peu connus, et les pirogues de l'île Erromango, appartenant à ce dernier groupe, sont les seules sur lesquelles Cook donne quelques détails : « Elles sont d'inégale grandeur : il y en a de 9m.50 de long, 0m.61 de large et 0m.91 de creux; elles sont composées de plusieurs pièces de bois grossièrement cousues ensemble avec des tresses de fil de cocotier; les jointures sont couvertes en dehors par une latte mince garnie de rainures sur lesquelles passent les tresses. Ces embarcations vont à la rame et à la voile; celle-ci, qui est latine, est tendue entre deux perches, dont l'une sert de vergue et l'autre de heaume: elle est hissée à un mât court; les plus grandes ont quelquefois deux voiles, et toutes sont à balancier. »

ILES LOYALTY.

Avant le passage de l'Astrolabe, en 1826, l'existence de ce groupe, cependant assez étendu, était douteuse; pendant que cette corvette en reconnaissait les côtes, cinq pirogues s'en approchèrent, mais s'arrêtèrent aussitôt, intimidées sans doute par son aspect, et ce fut à l'aide d'une longue vue qu'il fut possible de reconnaître qu'elles étaient très-larges, carrées de l'avant, de la forme d'une auge et dépourvues de balancier; leurs voiles, au nombre de deux, étaient disposées comme à la Nouvelle-Zélande, à cela près que la vergue de l'arrière était d'un tiers au moins plus longue que le mât; ces pirogues, de 8 à 10 mètres de long, étaient montées par quatre ou cinq hommes.

NOUVELLE-CALÉDONIE.

Cette grande île est peuplée par une race tenant à la fois de celles des Nouvelles-Hébrides et de Tonga-Tabou, assez industrieuse, mais excessivement féroce, bien que Forster et Cook l'aient dépeinte comme douce et bonne.

— Les pirogues de ce peuple, dit Cook, ressemblent assez à celles des îles des Amis (archipel Tonga), mais je n'en ai jamais rencontré d'une construction plus lourde et plus grossière. Les doubles ou accouplées sont composées de deux grands arbres creusés en gouttière, avec un plat-bord élevé de 0^m,05 et fermé à chaque bout par une espèce de cloison de la même hauteur, de sorte que chaque pirogue a la forme d'une auge en carré long, d'environ 0^m,95 plus courte que le bâtiment. Les deux pirogues ainsi préparées sont liées l'une à côté de l'autre à 3 pieds environ de distance (0^m,91) au moyen de quelques traverses fortement amarrées sur les deux bords, qui ont à droite et à gauche près d'un pied de saillie (0^m,30); sur ces traverses est un pont ou plate-forme de planches et de petites barres de bois rondes qui porte un foyer où ils entretiennent toujours du feu, pour leurs provisions qu'ils font cuire dans une jarre. D'un côté du pont et tout près du bord, est une rangée de chevilles assez rapprochées qui ressemblent à de gros clous, dont l'usage est d'empêcher les mâts, les vergues, etc., de rouler par-dessus le bord. Ces embarcations ont deux voiles latines, chacune tendue sur deux perches; l'une, qui fait la fonction d'une vergue latine, a son talon fixé à un trou dans le pont, et l'autre tient lieu de bôme. La voile est de plusieurs nattes; les cordages sont de fibres de bananier tressées en cordes de l'épaisseur d'un doigt, dont quatre tournées ensemble servent de haubans, etc. Ces pirogues, qui peuvent être fines voilières, ne sont point du tout propres à marcher à la rame ou à la pagaie: lorsque le temps ne leur permet pas d'aller à la voile, elles emploient des godilles, et, à cet effet, il y a des trous pratiqués dans le pont à travers lesquels passent les avirons, qui sont d'une longueur telle que, quand la palme est dans l'eau, le manche est encore à 4 ou 5 pieds (1^m,22 ou 1^m,52) au-dessus du pont ou de la plate-forme; l'homme qui manœuvre est debout derrière l'aviron et pousse à force de bras la pirogue en avant. Cette manière de faire route n'étant pas très-expéditive, ces bâtiments sont mal entendus pour la pêche, particulièrement pour celle de la tortue, qu'il est, je crois, bien difficile de harponner sur ces navires. Les instruments de pêche que j'ai vus sont des filets de tortue; je pense qu'ils sont en fibres de bananier tressées; j'ai remarqué aussi de petits filets à mailles très-serrées qu'ils font avec une tresse de la grosseur de nos lignes. Je présume que leur manière habituelle de pêcher est de se tenir sur les récifs à la basse mer et de darder les poissons qui passent à portée de leurs traits. Peut-être en emploient-ils d'autres que nous n'avons pas eu occasion de connaître; car, pendant notre relâche, ils n'étaient pas en mer, toute leur attention se portant vers nous. La longueur de leurs bâtiments est d'environ 30 pieds (9m,75), le pont et la plate-forme d'environ 24 (7m,31) sur 10 de large (3m,05), et nous n'avions pas alors aperçu dans le pays d'arbres assez grands pour les construire; nous observâmes que les trous pratiqués dans les différentes pièces pour les coudre ensemble étaient percés à l'aide du feu, mais sans apprendre quel instrument servait à cette opération : il est vraisemblablement de pierre, et c'est pour cela qu'ils étaient si avides de nos grands clous, qu'ils reconnurent tout de suite être très-propres à cet usage. Je fus convaincu qu'ils n'attachaient pas grand prix à nos outils tranchants, mais ils paraissaient considérer d'un œil de cupidité les chevillots de fer fichés dans la lisse du gaillard d'arrière et semblaient les estimer infiniment plus qu'un clou deux fois plus gros. Ces chevillots, qui sont ronds, avaient peut-être la forme de l'outil nécessaire à leurs travaux; aussi n'ai-je pas remarqué qu'ils missent autant de valeur à une hache qu'à un grand clou. Les petits clous ne furent pas très-recherchés, non plus que les grains de rassade, les miroirs, etc.

ARCHIPEL VITI.

PIROGUE DE LAKÉBA.

Les habitants de cet archipel sont les derniers nègres que l'on rencontre dans le grand Océan en allant vers l'est et terminent la longue chaîne d'îles habitées par cette race, qui paraît y avoir acquis l'activité dont elle manque en tout autre pays. Ils ont le nez épaté, les lèvres grosses et les cheveux laineux, des membres grêles, mais vigoureux; ils sont anthropophages et très-guerriers, aussi les habitants des îles voisines les dépeignaient comme très-féroces, avant que des aventures malheureuses arrivées à des navires venus pour traiter du bois de santal n'eussent prouvé combien ils sont perfides et redoutables. Leurs îles, entourées de bancs de corail, n'ont été longtemps connues que par les récits des habitants de Tonga-Tabou, et ce n'est qu'en 1806 que le capitaine d'Urville en fit une reconnaissance détaillée et en détermina l'étendue. Quoiqu'elles soient toutes élevées et fertiles, et qu'elles offrent un aspect riant, il ne lui fut pas possible d'y mouiller pour les visiter ni de connaître les mœurs et l'industrie des habitants; aussi n'avons-nous vu, à bien dire, que leurs pirogues, qu'ils manœuvraient avec une facilité remarquable; quoique la mer fût grosse et le vent assez frais pour empêcher la corvette l'Astrolabe de porter ses perroquets, elles n'en gardaient pas moins toute leur voilure, se levant avec légèreté sur les lames d'une mer contrariée par des courants, n'embarquaient jamais d'eau et se comportaient certainement beaucoup mieux que nos canots. Nous en fûmes longtemps entourés, et, malgré le mauvais temps, elles évoluèrent autour de la corvette, avec une facilité qui nous fit comprendre et apprécier tous les avantages du balancier, en nous montrant combien il donne de sécurité à ces petits bateaux, que leur légèreté préserve des coups de mer. Plusieurs d'entre eux, qui n'avaient guère que 8 mètres de long, ne les craignaient pas plus que les grands, dont ils ne différaient que par le manque de bancs établis sur la plate-forme (pl. 116, fig. 17, 18 et 19); ils étaient très-creux relativement à leur longueur, paraissaient tous faits de plusieurs pièces, et leurs extrémités étaient recouvertes par des plaques percées d'une écoutille e e, entourée d'hiloires aussi élevés que le bord de la plate-forme, et dans laquelle se tenait un homme pour vider l'eau. Le balancier était uni à la pirogue par cinq leviers disposés comme ceux de Tonga-Tabou (page 121), soutenant une plate-forme où étaient plantés quatre montants portant un banc sous lequel est un toit oblique (pl. 117). En général, les pirogues des Viti ressemblent beaucoup à celles de l'archipel Tonga, sur lesquelles nous nous étendrons davantage : leur voilure a moins de surface, les vergues n'étant pas aussi longues que le corps, ce qui fait incliner davantage le mât, dont la longueur est aussi diminuée, mais dans un rapport moindre. Les pirogues sont les mêmes à Lakéba, dans la partie orientale de l'archipel, ainsi qu'à Viti-Lévou, vers l'ouest; toutes ont cinq leviers, des sièges plus élevés, et sont construites avec moins de soin, mais avec plus de solidité qu'à Tonga-Tabou. Nous en vîmes aussi plusieurs doubles qui se comportaient très-bien sur une mer agitée, mais dont les craquements, qu'on entendait de loin, prouvaient combien les attaches qui remplacent les clous fatiguent à cause du désaccord constant des mouvements des deux pirogues. La seule différence que nous ayons remarquée entre celles de Viti-Lévou et de Tonga-Tabou était dans la forme recourbée vers le haut des extrémités des premières, et aussi dans leur plus petite dimension; peut-être les habitants en ont-ils de grandes, réservées pour la guerre; elles seraient, du reste, moins propres que les autres à naviguer avec une grosse mer: car, pour ces frêles esquifs, comme pour toute espèce de navire, depuis le bateau de pêche jusqu'au vaisseau de ligne, il existe une dimension commode et appropriée à la mer.

ARCHIPEL TONGA.

La belle île de Tonga, dont les habitants paraissent à juste titre si fiers, et qu'ils ne cessent d'appeler *Tabou* (sacrée) pour en montrer la prédominance, était encore, il y a peu d'années, exempte du joug des Européens; elle avait conservé toute la fraîcheur originale d'une demi-civilisation océanienne, et donnait l'idée exacte des coutumes, des usages et de la religion, tels qu'ils existaient à l'époque de la découverte des îles des Amis par Abel Tasman. Son sol fertile est peut-être le plus étendu que le corail ait produit; sa surface plane forme un croissant ouvert au nord, on se trouve une baie obstruée de bancs, et les pirogues peuvent seules circuler entre ces récifs, ainsi qu'au milieu d'une foule de petites îles dispersées en regard de cet enfoncement. Tonga est couvert de la plus riche végétation, porte des arbres gigantesques, et fournit en abondance l'arbre à pain, la banane, l'orange et tous les fruits des pays chauds; le cochon et la volaille, qu'y ont portés, procurent aux naturels, en donnant lieu à des échanges avec les baleiniers, les outils et les armes qui leur manquent. Combien il serait à souhaiter pour ces peuples que leur commerce avec les Européens n'allât pas plus loin, et qu'ils ne les laissassent jamais s'établir dans leur île; alors leurs coutumes, dans lesquelles on ne trouve rien de barbare, resteraient assorties à leur climat; ils conserveraient cette égalité qui naît du peu de désirs et cesse dès que les biens, devenus plus nombreux, agrandissent les distances qui séparent les classes. Ils ont tout ce qui est nécessaire à l'homme: une terre fertile qui les nourrit sans travail et sans exiger la moindre prévoyance; un climat aussi beau qu'égal, n'entraînant à aucune précaution, et une santé robuste que nos maladies n'ont pas encore altérée. Leurs femmes sont belles et jouent le rôle qui convient à leur sexe; n'étant pas écrasées sous le joug des hommes, comme chez les nègres et les peuples guerriers, elles ont en partage les seuls travaux intérieurs et le soin des enfants; quoique très-libres, elles sont plus sages que dans les autres archipels, et savent être presque nues sans manquer de modestie. Ces insulaires n'ont guère à s'occuper que de leurs plaisirs, et, comme la nature les a doués d'un caractère actif, ils n'ont pas profité de ses dons à la manière des nègres, en regardant la paresse comme le premier des biens: ils ont su, au contraire, créer chez eux des arts utiles ou agréables en agrandissant dans de sages limites la sphère de leurs connaissances et de leurs jouissances. La plus grande propreté règne dans leurs habitudes, car leurs superstitions mêmes leur imposent des ablutions journalières, auxquelles les classes élevées n'ont garde de manquer; ils ont même une espèce de coquetterie, et les femmes connaissent les secrets de plaire: ce sont elles qui préparent les vêtements, en écorce de mûrier à papier, comme dans tous les pays intertropicaux du grand Océan, et y impriment des dessins au moyen du jus de certaines plantes corrosives. Tous sont vêtus à peu près de la même manière, et ce n'est que dans les cabanes qu'on remarque des différences de rang et de fortune, car chez eux la propriété existe et se transmet. Les habitations des chefs sont remarquables par leur grandeur, et les sculptures dont les charpentes sont couvertes; leur forme est allongée, et le sol intérieur, plus élevé que le terrain, est couvert de nattes; elles sont isolées au milieu d'enclos en joncs croisés; les cases des femmes et des enfants, ainsi que celles où l'on prépare les aliments, sont à côté; les villages, composés d'une réunion de petits jardins remplis des plus beaux fruits, ont un air de soin et d'aisance auquel on est loin de s'attendre. Les principaux chefs ont des maisons très-vastes où ils reçoivent ceux qui relèvent d'eux et leur offrent le *kava*, boisson dont l'usage est très-répandu dans le grand Océan, ce qu'ils font toujours avec cérémonie, surtout lorsqu'ils s'adressent à des étrangers d'un rang élevé ou lorsqu'ils doivent délibérer : c'est toujours en plein air, au milieu d'une pelouse ombragée de beaux arbres que se tiennent les grands conseils dans lesquels se décident les questions qui intéressent toute l'île. Ces assemblées étaient jadis présidées par les Tonis-Tonga, famille dont la puissance s'est plusieurs fois étendue sur l'archipel entier, qui existait encore à l'époque des voyages de Cook et s'est éteinte depuis peu; ils dominaient tous les Arikis ou autres chefs, et leur genre de gouvernement, aussi remuant qu'en Europe, pouvait se comparer à l'ancienne féodalité, car leur petite chronologie cite plusieurs révolutions. Depuis l'extinction de cette famille sacrée, il s'est formé une espèce d'oligarchie dont nos compagnons de l'Astrolabe, gardés prisonniers pendant plusieurs jours, ont pu observer les formes : dans les grandes assemblées, les Arikis, assis en rond, avaient derrière eux leurs mataboulas ou guerriers, car le bas peuple ne prend pas part à ces délibérations dans lesquelles on suit un ordre régulier. Ils discutaient avec chaleur sur la guerre que l'enlèvement d'un des canots de la corvette rendait imminente : un seul des grands chefs en était coupable; soutenu par ses partisans, il voulait résister et conserver ses prisonniers blancs, tandis que les autres, opposés à ses projets, opinaient pour la paix, et leurs discours produisaient l'improbation ou l'enthousiasme des partis. Nos compagnons suivirent les naturels lorsqu'ils vinrent fortifier leur village sacré, et il est à regretter que leur ignorance du langage les ait empêchés de nous transmettre ces discours dans lesquels on eût trouvé toutes les passions qui animent nos assemblées parlementaires. On ne peut s'empêcher de considérer avec intérêt ces imitations lointaines des peuples civilisés, qui prouvent la ressemblance de tous les hommes entre eux et l'identité des bases nécessaires à leurs sociétés. On remarque surtout dans la mer du Sud cette tendance à l'aristocratie qui se montre partout où il y a du bien-être, car ce n'est que chez les peuples tout à fait misérables que l'égalité parfaite est possible. A Tonga-Tabou, la noblesse a une position très-marquée, joue tous les rôles politiques et possède les terres auxquelles la classe inférieure n'est cependant pas attachée comme les serfs l'étaient à la glèbe; ces différences de conditions sont difficiles à expliquer dans ces îles où tous les habitants sont de la même race et où il n'est resté aucun souvenir de conquêtes qui aient pu, dans l'origine, asservir une partie de la population à l'autre. Les chefs se reconnaissent aisément à leur air d'autorité et à leur force supérieure, comme les héros de l'antiquité auxquels ils ressemblent sous plus d'un rapport.

Tout ce qui regarde ces insulaires excita en Europe un profond intérêt lorsque les voyageurs, cessant d'être des déprédateurs avides, commencèrent à observer pour les sciences, à analyser ce qu'ils voyaient, et, dans ces derniers temps, Cook, d'Entrecasteaux et d'Urville ont fait connaître tous les détails de ces pays curieux, dont l'état heureux ne tardera pas à inspirer des regrets; peut-être même tout y est-il déjà changé, car, dès 1826, l'établissement des missionnaires anglais dans la partie occidentale de l'île était d'un triste augure; peut-être ont-ils déjà perdu leurs goûts pour prendre les nôtres, si dangereux dans leurs climats, et délaissé leurs anciennes occupations. Leur industrie disparaîtra bientôt comme celle de la Nouvelle-Zélande; aussi nous estimons-nous heureux d'être arrivé à temps pour en étudier la principale branche, c'est-à-dire les pirogues, pour la construction desquelles ils emploient des moyens ingénieux que nous n'avions pas encore vus et que nous allons essayer de décrire.

CALIÉ OU KALIA.

Le Calié, vaisseau de guerre du pays et la première pirogue double dont nous ayons à parler, peut être considéré comme un ouvrage extraordinaire pour des peuples dénués de fer, auxquels il a fallu, pour le remplacer, avoir recours à une foule de dispositions très-ingénieuses et tourner beaucoup de difficultés. M. d'Urville mesura, au village de Matanga, une de ces pirogues de 17 mètres de long et 1m.80 de creux, semblable, du reste, à celle des planches 118 et 120, qui, sur une plus grande échelle, en donnent une représentation exacte. Les principaux chefs de l'oligarchie existant actuellement à Tonga-Tabou paraissent avoir chacun leur petit arsenal maritime, composé de plusieurs de ces navires, montés par les guerriers qui relèvent d'eux et les suivent comme les vassaux accompagnaient leurs seigneurs. Ils paraissent attacher un grand prix aux Caliés, fruits sans doute d'un très-long travail exécuté par des hommes spéciaux, auxquels cette profession héréditaire confère une espèce de titre de noblesse. Pour préserver ces pirogues, on les place sous de vastes hangars d'une forme élégante, de 3o à 35 mètres de long sur 10 de haut et 10 de large; leur charpente, en pièces équarries et polies courbées en ogive, est consolidée par quelques traverses supérieures ainsi que par de longues tringles horizontales sculptées, liées à toutes les premières pièces courbes par des amarrages en tresses de coco teintes en blanc, en noir ou en rouge, et entrelacées de manière à former des dessins réguliers comme dans les cabanes. Afin que la charpente du toit ne coure point le risque d'être pourrie par le contact de la terre, elle s'arrête à 0m.10 au dessus, et toutes ses pièces sont liées de chaque côté, à l'intérieur, à une traverse ronde soutenue à 0m.50 de terre par de gros piquets ronds, préservés par le toit qui est extérieur; le tout est couvert en nattes de cocotier régulièrement attachées aux pièces courbes, formant un chaume épais qui prend une teinte grise en vieillissant. Ces constructions, très-soignées, ont un aspect simple et grandiose, qui, lorsqu'on arrive à terre, donne une haute idée des naturels.

Tous les Caliés (pl. 118 et pl. 121, fig. 1 et 2) que nous avons vus sont semblables, quelle que soit leur grandeur, qui quelquefois n'excède pas 15 mètres, et sont formés de deux pirogues nommées Foï-vaca, d'inégale longueur, dont la plus petite, devant rester toujours au vent, joue exactement le rôle du balancier et rappelle la même idée. Le corps de chacune d'elles, long, étroit et très-creux, a des côtés symétriques, et ses sections, à peu près semblables d'une extrémité à l'autre, ont la forme d'un cœur sans que les bords aient de parties rentrantes; il est formé de différentes pièces rapportées sans ordre, dont les écarts, sans aucune régularité, sont réunis par la couture la plus ingénieuse que nous ayons vue. Nous ne pûmes en connaître l'exécution que par les signes que les naturels se plaisaient à nous faire en voyant l'intérêt et l'admiration que nous exprimions : sur les bords de chacune des pièces que l'on veut joindre (pl. 121, fig. 14), on conserve un rebord arrondi a et a' de telle sorte qu'une fois en contact, ces deux saillies ont ensemble l'air d'un demi-cylindre comme un tore, de chaque côté extérieur duquel on aurait creusé, à toucher la planche, une rainure p, dans laquelle sont pratiqués des trous correspondants éloignés entre eux d'environ 0m,5o: on y passe de petites cordes de coco très-serrées, croisées en double qq (fig. 15) comme les fils des coutures de nos chaussures. Ces liens multipliés, quelquefois recouverts d'une résine comme le brai, forment, de chaque côté du demi-cylindre, une raie noire placée dans l'angle, dont il serait impossible de deviner le but : l'adhérence du bois est si parfaite, qu'elle s'oppose à l'infiltration de l'eau sans l'emploi du calfatage, qui, du reste, romprait probablement les attaches. Ce mode de jonction demande sans doute un bien long travail, car, pour conserver les renflements, il faut creuser tout l'espace compris entre eux de manière à former une planche d'une épaisseur égale. Les trous doivent exiger aussi beaucoup de temps, tous ces bois étant très-durs, et les seuls outils qu'on emploie étant des os ou des arêtes de poisson, ou, pour les gros trous, du bois durci au feu, qu'on tourne en le faisant frotter sur du sable; le poli des différentes pièces est facile à obtenir avec des peaux de requin, et leur ajustage se fait en les rodant l'une sur l'autre avec de la poussière de corail, qui a plus d'effet que la pierre ponce.

Cette première jonction étant loin d'être assez solide, on la fortifie par de nombreuses courbes *m m* (*pl. 111, fig. 5*), liées aux planches à l'aide d'amarrages passés dans des renflements percés *n* et *n'* (*fig. 5 et 14*), comme nous l'avons vu à la Nouvelle-Guinée; beaucoup de ces membres ont des positions obliques suivant la direction des lignes de liaison qu'ils sont appelés à consolider; mais la plupart, placés droit, soutiennent les baux de la plate-forme auxquels ils sont solidement liés avec de la tresse, au moyen de courbes naturelles accolées aux deux pièces, comme celles des ponts de nos vaisseaux. Cette charpente, extrêmement solide, sans être trop pesante, est soignée dans tous ses détails et demande sans doute un très-long travail, car ce qui forme le bordage est taillé dans le bois plein pour suivre les contours sans être courbé par le feu et pour être réduit à une épaisseur que nous ne croyons pas excéder 0^m,04 pour les plus grands Caliés.

Les extrémités des deux pirogues, plus basses que la plate-forme, sont couvertes par des planches courbes (*fig. 12*) serrées par des attaches intérieures et jointes à des plaques verticales qui bouchent l'intervalle entre la plate-forme et le corps. Les couvercles de la petite pirogue sont pointus comme elle, mais ceux de la grande ont une extrémité large qui se termine à un renflement *g* appartenant au corps, et dans lequel est une cavité *g* de 0^m,19 de diamètre. Le côté de la plaque voisin de la petite pirogue, orné de quelques moulures, déborde le corps comme *ff* (*fig. 1 et 12*); dans sa partie saillante sont pratiqués trois trous, l'un pour une corde courte servant à assujettir les vergues, et les deux autres *f* et *f'* pour le passage de l'étai du mât (*pl. 118*).

La plate-forme, que soutiennent des baux fortifiés en dessous par quelques pièces longitudinales, est formée de planches parallèles, traversées par des amarrages qui remplacent les clous, pour les unir aux barrots. Sa courbure, assez prononcée dans le sens de la longueur, est la même vers les deux extrémités; en outre, elle est percée de quatre écoutilles sans hiloires, servant de passage aux hommes pour vider l'eau et pour communiquer avec l'intérieur, où se trouvent, à diverses hauteurs, des planches et des claies sur des tringles transversales pour tenir les provisions au-dessus de l'eau qu'il y a toujours au fond. Le pont, qui occupe environ les deux cinquièmes de la longueur de la grande pirogue, déborde de chaque côté, où il a quelquefois un rebord de 0^m,10 à 0^m,30, toujours remplacé par une tringle aux extrémités. Il porte au milieu un échafaudage de quatre piquets liés aux baux pour soutenir un siége *d d* en planches établies sur des tringles latérales, posées sur deux plus fortes longitudinales, qui dépassent les piquets d'un mètre du côté de la grande pirogue. Ceux-ci, plus élevés que le siége, sont joints par des pièces rondes *i i*, ornées de coquilles blanches attachées sur leur longueur, qui pendent en gros paquets à leurs extrémités. Les chefs se tiennent ordinairement sur ce plancher élevé d'où ils donnent leurs ordres (*pl. 119*); ils se reposent aussi sous un toit courbe et oblique *hh*, appuyé sur le pont du côté de la petite pirogue, et formé de plusieurs courbes bien équarries, auxquelles sont attachées quelques tringles horizontales portant les feuilles de cocotier du chaume. Ce toit sert aussi à soutenir le siége contre les efforts du mât, dont l'emplanture *c* (*pl. 121, fig. 1 et 2*), placée au-dessus du côté du vent de la grande pirogue, est un renflement conservé, ou un bloc de bois attaché sur le pont, de la forme d'un demi-ellipsoïde, fendu suivant le grand axe, mais ayant une cloison suivant le petit. C'est là que repose le mât, dont le pied fourchu remplit la rainure, de sorte que, sans pouvoir tourner sur lui-même, il se meut dans le sens de la longueur pour prendre les inclinaisons nécessaires à la manœuvre de la voile.

Ce mât, dont le poids doit être considérable, car il est souvent de plusieurs pièces réunies par des roustures, comme les parties des vergues, est maintenu par des haubans fixés aux cinq sixièmes de sa longueur, et attachés du côté du vent à une tringle *h h* soutenue par des piquets au bord extérieur de la petite pirogue; il a, en outre, deux étais passés dans chacun des trous *f*, ensuite dans *f'*, pour venir s'attacher aux montants. Ces cordes, en bourre de coco, sont solides, bien confectionnées et tordues comme les nôtres, les tresses n'étant employées que pour des amarrages fixes. Nous n'avons jamais vu de hauban placé sous le vent, sans doute parce que le mât est assez soutenu en appuyant contre le siége. La voile triangulaire des Caliés a une surface très-étendue, que nous avons pu déduire en mesurant les vergues et le mât sous le hangar ; elle devait avoir environ 80 mètres carrés, et, comme elle est toujours de la même longueur que le bateau, et que le rapport du mât au navire change peu, il s'ensuit que les grands Catiés, tels que ceux de Mafanga, ont de très-grandes voiles, dont la manœuvre doit être difficile. Elles sont en nattes tressées, légères, mais solides, dont les laizes de 0^m,60 à 0^m,80 de largeur sont cousues comme notre toile et ont des attaches qui les unissent aux vergues : celles-ci sont jointes par une forte corde de 0^m,15 ou 0^m,20; la plus haute enfoncée dans la cavité *g*, tandis que l'autre pend sous le vent, est portée par une drisse passée dans le trou du croissant au sommet du mât, où il n'y a point de réa, et attachée aux trois quarts de sa longueur, ce qui exige que le mât soit incliné pour faciliter le virement de bord. La vergue n'est retenue ni par un racage ni par une drosse, de sorte que, pour l'amener, il faut tirer par le bas toute la toile, dont le haut, à mesure qu'il descend, est entraîné par le vent, d'autant plus qu'on n'y applique pas de cargues comme dans les Pros de l'archipel des Carolines : lorsque la voile est amenée et serrée, on la pousse en dehors à l'aide d'une perche fourchue (*pl.* 118) qui, avec l'écoute, sert à la diriger. Ces voiles, d'une disposition aussi simple qu'ingénieuse, établissent très-bien, tiennent mieux le vent que celles de nos embarcations, ce dont nous nous assurâmes en faisant un trajet de plusieurs milles sur un Vaca qui en portait une semblable ; cependant, lorsque la brise est fraîche, elles deviennent très-difficiles à manœuvrer à bord des grands Catiés, qui présentent alors aux naturels toutes les difficultés que les vaisseaux de ligne ont pour nous.

Les Catiés, ainsi que toutes les pirogues à balancier, virent comme les Pros carolins, mais n'ayant pas de plate-forme sous le vent, il ne leur est pas nécessaire d'incliner autant leur mât, et les vergues peuvent glisser le long du corps sans que rien les arrête, puisqu'elles sont retenues par les tringles du gouvernail : celui-ci n'est qu'un grand aviron à pelle large percée d'un trou (*pl.* 121, *fig.* 3), pour être retenu par une corde attachée à bord et maintenu entre la tringle *a b* et la pirogue : quand on vire de bord, on le porte à l'extrémité qui devient l'arrière. Nous avons cherché à exprimer sur la planche 119 toutes les opérations de cette évolution, qui s'exécute avec promptitude ; on y voit les hommes qui tirent sur l'étai pour aider ceux qui transportent le point de jonction des vergues, celui qui file doucement l'étai opposé et ceux qui s'occupent au transport du gouvernail : nous n'avons représenté que le petit Vaca sur lequel nous avons louvoyé, afin que le trop grand nombre de personnages ne causât pas de confusion dans les rôles que chacun doit jouer. On comprend, d'après cette disposition du mât, combien il est dangereux de masquer, car il pourrait alors se rompre ou renverser l'échafaudage du milieu. Il y a des pirogues qui, sans avoir le chaume, conservent les pièces obliques destinées à le porter, ce qui fait penser que le toit *k k* a été fait dans le but de soutenir les montants.

Les Catiés s'emploient rarement et fatiguent beaucoup à la mer, car les mouvements des deux pirogues n'étant jamais d'accord font éprouver, en raison de leur poids considérable, des torsions continuelles à la plate-forme ; ils craquent d'une manière inquiétante dès que les lames deviennent un peu vives, et leurs coutures, s'ouvrant de temps en temps, laissent toujours entrer de l'eau ; aussi y a-t-il à leur bord plusieurs seaux de bois et des hommes faisant la chaîne dans les écoutilles pour vider. Ils ne peuvent marcher qu'avec la voile ; autrement, ils n'obtiennent que peu de vitesse, quelque nombreux que soient les hommes de leur équipage, dont quelques-uns s'asseyent sur les extrémités pour pagayer tandis que d'autres prennent deux à deux des godilles verticales (*pl.* 120) passées dans les trous du pont *r*, *e* (*pl.* 121, *fig.* 1).

Telles sont les pirogues que nous avons vues à Tonga-Tabou ; elles diffèrent un peu de celles dont parle le capitaine Cook dans son second voyage (1), ainsi que le prouve la copie que nous lui avons empruntée (*pl.* 121, *fig.* 4, 5, 6, 7, 8 et 9) avec la traduction suivante :

(1) *A voyage towards the south pole and round the world, performed in H. M. S. Resolution and Adventure, in the years 1772 to 1775, by James Cook, commander, and captain Furneaux.* — London, printed for W. Strahan and T. Cadell, in the Strand, 1787, 1er volume, page 215.

« Mais rien ne peut mieux montrer leur savoir que la construction de leurs pirogues qui, sous le rapport de l'élégance et de l'exécution, sont au-dessus de tout ce que nous vîmes dans cette mer : elles sont en plusieurs pièces, si bien cousues par des liens qu'il est difficile de découvrir les jointures : toutes ces attaches sont intérieures et passent dans des saillies sur le bord des différentes planches. Les pirogues sont de deux espèces, les doubles et les simples, dont on voit les dimensions sur les plans annexés (pl. 121, fig. 5, 6, 7, 8 et 9, et pl. 122, fig. 7, 8, 9, 10 et 11). Les simples ont de 20 à 30 pieds de long (6ᵐ,10 à 9ᵐ,15) et 20 ou 22 pouces de large au milieu (0ᵐ,50 ou 0ᵐ,55) : l'arrière se termine en pointe et l'avant en coin aigu ; à chaque extrémité est une espèce de pont qui couvre le tiers de la longueur, le milieu restant découvert. Quelques-unes ont leurs ponts décorés de rangées de coquilles blanches fixées par de petites chevilles. Toutes ces pirogues simples ont des balanciers, vont souvent à la voile, mais préfèrent la pagaie dont la pelle est plus large au milieu.

« Les deux corps qui composent la double pirogue ont 60 à 70 pieds de long (18 à 21 mètres) et 4 ou 5 de large (1ᵐ,20 à 1ᵐ,50) au centre : chaque extrémité se termine presque en pointe, de sorte que leur construction diffère peu de celle d'une pirogue simple, et tout y est réuni de la même manière; celles-ci ont au milieu, autour de la partie ouverte, une élévation comme les bords d'une auge, faite de planches jointes exactement les unes aux autres et bien attachées aux corps, sur laquelle sont liées de grosses traverses, qui tiennent les deux pirogues simples parallèles à 6 ou 7 pieds l'une de l'autre (1ᵐ,80 à 2ᵐ,10). Sur ces baux soutenus par des épontilles fixés au corps, est une plate-forme de planches.

« Toutes les parties des pirogues doubles sont aussi solides et aussi légères que la nature de l'ouvrage le permet, et elles plongent dans l'eau jusqu'à cette plate-forme sans danger de se remplir. Il n'y a aucune circonstance qui puisse les faire couler à fond tant qu'elles tiennent ensemble, de sorte qu'elles ne sont pas seulement propres à transporter des charges, mais aussi à faire de longs voyages ; elles ont un mât qui s'élève sur la plate-forme et qu'on peut aisément dresser ou abattre, et une longue voile latine ou triangulaire orientée à une longue vergue un peu pliée ou courbée. La voile est de nattes, et les cordages, exactement disposés comme les nôtres, ont jusqu'à 4 ou 5 pouces : sur la plate-forme est un petit toit, espèce de hutte pour abriter l'équipage, et qui remplit aussi d'autres buts. Elles portent un foyer mobile carré, mais bas, fait de bois et rempli de pierres ; le passage pour descendre dans l'intérieur est une espèce d'écoutille découverte située hors de la plate-forme, où l'on se tient pour vider l'eau. »

Les différentes parties de cette pirogue sont désignées sur les figures de la planche 121 par les lettres suivantes : sur la fig. 5, b b sont les traverses du pont ; c c, les pièces suivant la longueur ; d d, les écoutilles ; e, l'emplanture du mât. Sur la fig. 4, a a est le pont ou la plate-forme ; c, les cloisons verticales pour empêcher l'eau d'entrer dans le milieu de la pirogue ; d d, les barrotins du pont ; f f, la cloison qui se prolonge jusque sous la plate-forme, et les lignes pointuées représentent les couples ; g g est la bauquière qui lie de l'avant à l'arrière les baux ou traverses, et enfin h les épontilles qui supportent la plate-forme.

Plus loin, parlant des pirogues d'une île voisine nommée Namouka, le capitaine Cook donne les mêmes détails que nous sur leurs virements de bord, mais il ajoute (1) : « Ces pirogues, lorsqu'elles font route largue ou vent arrière, sortent la vergue de sa cavité et la placent en travers (ce que nous ne les avons jamais vues faire) ; mais on doit observer que toutes celles à voiles ne sont pas gréées pour naviguer de la même manière. Quelques-unes des plus grandes, disposées pour virer de bord, ont un mât à tête fourchue court et fort, qui appuie sur une espèce de rouleau fixé au pont près de l'avant, vers lequel il incline beaucoup ; la vergue repose sur les deux pointes comme sur des pivots, au moyen de deux forts taquets de bois fixés de chaque côté de la

(1) A voyage towards the south pole, etc., in the years 1772 to 1775, etc., 2ᵉ volume, page 17.

vergue à un tiers environ de sa longueur à partir du point d'amure, qui, lorsque le bâtiment fait voile, est arrêté entre les pirogues, par deux grosses cordes; une d'elles est passée à travers un trou pratiqué à l'avant de chaque pirogue, car on doit remarquer que tous ces navires à voiles sont doubles ou accouplés. Le point d'amure étant ainsi retenu, il est clair qu'en le changeant de côté ces pirogues doivent virer, et que si, sur un des bords, la voile et sa vergue inférieure sont éloignées du mât, sur l'autre ils doivent porter sur lui comme une voile d'artimon prolongée et enverguée jusqu'au bas de l'ourse. Je ne saurais dire s'ils ne détachent pas quelquefois de la vergue cette partie de la voile qui est entre l'amure et le sommet du mât, pour la mettre sous le vent, ainsi que la vergue inférieure; les dessins de M. Hodges semblent favoriser cette opinion, et feront non-seulement comprendre la description, mais pourront même y suppléer. Les bouts-dehors et les cordages dont on se sert pour les haubans sont gros et très-forts, à cause du poids énorme de la voile, de la vergue et du gui.»

Quelques vues de pirogues des relations des voyages de Cook, qui montrent cette disposition de la voile, lui mettent des cargues, des mâchoires latérales portant sur la tête du mât, qui est garni de taquets pour monter au sommet et soutenu par des haubans également répartis de chaque côté ainsi que par un étai attaché à une espèce de beaupré : le peu de précision de ces dessins nous a empêché de les copier.

Pendant son troisième voyage, le capitaine Cook détermina exactement la vitesse de ces bateaux, sur l'un desquels il fit plusieurs expériences du loch, et reconnut qu'en serrant le vent par une jolie brise ils faisaient de sept à huit milles en une heure.

Les habitants des îles Tonga confectionnent leurs cordes avec les fibres de l'enveloppe du coco, dont la longueur n'excède guère 0ᵐ,15; ils les tordent à la main de manière à faire des fils de la grosseur d'un tuyau de plume, et en forment leurs plus gros cordages, dont la qualité est excellente, ainsi que celle des lignes de pêche.

VACA.

Dans l'île de Tonga-Tabou on paraît préférer cette pirogue (pl. 119 et pl. 121, fig. 10, 11 et 12) pour les longs voyages, pendant lesquels il serait à craindre que les Caliés se désunissent : elle paraît aussi propre à la mer que les Pros carolins, quoiqu'elle n'en ait pas toutes les dispositions ingénieuses; son corps, exactement semblable à ce que nous venons d'expliquer, formé de plusieurs pièces cousues et fortifiées par des membres (pl. 121, fig. 11), supporte trois leviers liés à des courbes et à des traverses intérieures, ainsi que d'autres supports sur lesquels les planches du pont sont liées par des ficelles qui les percent. Cette plate-forme courbe b, b, percée de deux écoutilles e e, qui ne sont jamais entourées d'hiloires, déborde sous le vent pour soutenir par ses angles les tringles b c du gouvernail. Elle s'étend encore plus au vent où s'élève le siége d d, porté par des montants dont les deux opposés au balancier soutiennent une balustrade ornée de coquilles blanches nommées porcelaines, et sont placés au-dessus de la partie du vent de la pirogue où se trouve le bloc fendu c, sur lequel repose le mât. Les trois leviers sont, en outre, réunis par plusieurs tringles parallèles à la pirogue, entre lesquelles on introduit au besoin des godilles verticales. Le balancier est uni à chacun des leviers au moyen de quatre tiges qui le percent, et qui, en s'écartant, le maintiennent à 0ᵐ,60 : il est beaucoup moins gros qu'à bord des Pros carolins, et peut couler facilement lorsque la voile est masquée; cette position est très-dangereuse pour les Vacas, parce qu'il est impossible à ceux qui les montent de se porter sous le vent, et que le mât appuyant sur la rabane doit l'abattre, se rompre, ou plutôt faire chavirer, si la voile qui est collée n'est aussitôt amenée. Aussi les naturels, paraissant beaucoup craindre cette position, cherchent à l'éviter en suivant soigneusement les moindres variations du vent, ce qui demande d'autant plus d'attention que, dès que la brise mollit, le bateau vient au lof par l'effet du balancier que la voile ne contre-balance plus autant. Nous éprouvâmes, sur l'une de ces pirogues, qu'elles deviennent très-difficiles à manœuvrer lorsqu'elles ont un peu de largue : il était fatigant de tirer sur le grand aviron, et nous regrettons de ne pas l'avoir vue vent arrière, allure sous laquelle nous concevons difficilement comment elles peuvent tenir en route, tandis qu'au plus près il suffit presque de bien placer l'écoute.

La mâture et la voilure des Vacas, exactement semblables à celles des Cahés, sont très-bien disposées pour résister à la tendance que le balancier donne toujours à venir au vent, et qui serait d'autant plus grande que la marche deviendrait plus rapide, si par contre-coup l'influence de la voile n'était aussi augmentée. C'est de la position de celle-ci que dépend l'équilibre entre son effet et celui du balancier, et ce n'est sans doute qu'après de longs tâtonnements qu'on est arrivé à l'établir d'une manière aussi précise. C'est probablement pour diminuer le penchant à venir au lof que le mât est placé sur le côté du vent, et que le gouvernail au contraire est du bord opposé, où une tringle le maintient; malgré ces précautions, ces pirogues sont très-ardentes, surtout lorsqu'elles cessent de serrer le vent. Leur longueur excède rarement 20 mètres et n'est jamais de moins de 10.

TAFAHANGA.

Si de grandes dimensions et des dispositions ingénieuses rendent remarquables les pirogues dont nous venons de parler, celles-ci ne le sont pas moins par l'élégance des formes et la finesse du travail (pl. 120, fig. 1, 2 et 3); elles n'ont jamais plus de 11 mètres et rarement moins de 8; elles sont creuses, très-étroites, avec un avant en coin, plat sur les côtés, qui sont cousus ensemble à leur extrémité, mais arrondis en dessous et couverts d'une plaque bombée fixée sur le corps par des chevilles en bois; sur le haut de cette plaque on voit de petites élévations, comme pour figurer les aspérités des nageoires dorsales des poissons; il y en a une aussi sur l'arrière, dont la section est presque un cercle avant la partie plate qui le termine, pour imiter une queue de poisson. Les Tafa-hangas sont faits d'un bois rouge qui prend autant de lustre que l'acajou, et toutes les parties en sont très-bien exécutées; c'est l'embarcation que les naturels paraissent le plus soigner, quoiqu'elle soit uniquement destinée à marcher à la pagaie et à rester en dedans des récifs. Elle est soutenue par un balancier tenu par quatre tiges écartées attachées aux leviers, et la légèreté de toutes ces pièces rendrait cette jonction bien faible sans un amarrage d d (fig. 3), qui, tendant à les rapprocher, empêche les tringles de jonction de sortir des trous dans lesquels elles sont enfoncées dans le balancier; celui-ci n'est pas également éloigné des leviers, parce qu'il doit être nécessairement horizontal, tandis que la pirogue, plongeant plus de l'arrière, a toujours dans l'eau une partie de sa queue, car elle diffère des Vacas en ce que ses deux extrémités ne sont point symétriques; son balancier, pointu vers l'avant et coupe carrément à l'autre bout, n'est pas non plus assez lourd pour la maintenir, et, si par inadvertance on se penche du côté opposé, il sort de l'eau et laisse chavirer; c'est pour éviter cela qu'on attache sur le plat-bord, derrière chaque banc, un petit levier b b, sur lequel on appuie la main pour ramener à l'eau le balancier dès qu'il en sort. Les planchettes qui servent de siéges sont ordinairement au nombre de quatre, le milieu n'en ayant alors qu'une, et reposent sur des renflements conservés en dedans, au niveau d'une moulure extérieure qui règne, de chaque côté, sur toute la longueur de la partie découverte. La planche de l'arrière est toujours placée en dehors du levier, pour que l'homme qui gouverne, en se tenant penché, ait les reins appuyés sur le montant oblique c c. Nous fûmes étonnés de voir d'aussi petites pirogues formées d'un grand nombre de pièces irrégulières a a a, car elles doivent coûter ainsi beaucoup plus de travail que si elles étaient creusées dans les troncs des grands arbres qui croissent en abondance dans le pays. La couture que nous venons de détailler (page 117) réunit toutes les parties, suffit à la liaison sans être fortifiée par aucune courbe, et son exécution est si parfaite qu'elle ne laisse pas entrer l'eau.

Les Tafahangas gagneraient en vitesse nos embarcations, car ils marchent bien à la pagaie, tirent très-peu d'eau, et circulent facilement au milieu des récifs. Lorsque les naturels entouraient l'Astrolabe, leurs jeux et étourderies les faisaient souvent chavirer; mais ces pirogues sont si légères, qu'elles étaient bientôt relevées; pour les vider, le plus fort se plaçait à l'arrière, les autres près des côtés, et, en poussant tantôt vers une extrémité, tantôt vers l'autre, ils donnaient à l'eau intérieure un mouvement oscillatoire assez prononcé; au moment où elle refoulait vers l'arrière, l'homme qui s'y trouvait le faisait plonger en se redressant, tous les autres poussaient vers l'avant; la pirogue en glissant sur l'eau se trouvait alors à peu près vide, et l'un des naturels achevait de l'étancher.

La pelle de leur pagaie, qui ressemble beaucoup à celle que nous avons vue à Cochin, sur la côte de Malabar (page 24), est plate (*fig.* 4, 5 et 6) ou un peu rentrée d'un côté, tandis que de l'autre elle a une nervure peu sensible, qui part du manche et diminue vers le bout. Au premier coup d'œil, il paraît étrange que ce dernier côté soit celui qu'on oppose à l'eau, et il faut ramer soi-même pour en sentir l'avantage, ce que les naturels nous firent bientôt comprendre en allant à Moua dans le Tafahanga du chef Palou; la nervure, dont l'angle est très-obtus, ne diminue pas sensiblement la résistance, et sert à diriger la pagaie, qui oscille tellement à droite et à gauche, si on emploie le côté plat, qu'on ne peut la conduire, et qu'elle frappe violemment contre la pirogue, au risque de la fendre. Ces pagaies, faites d'un bois brun foncé très-dur, travaillé avec soin et souvent même sculpté avec une finesse remarquable, sont très-maniables à cause de leur peu d'épaisseur.

Le second voyage du capitaine Cook (1) renferme le plan d'un Tafahanga (*pl.* 12?. *fig.* 7, 8, 9, 10 et 11), mais ne donne aucun détail sur sa construction, sans doute semblable à ce que nous avons vu en 1827.

BOOPAA.

Cette quatrième espèce de pirogue (*pl.* 122. *fig.* 12 et 13) est beaucoup moins soignée que les autres; sa longueur n'excède quelquefois pas 5 mètres, et son corps est formé d'un tronc d'arbre grossièrement arrondi, recouvert aux extrémités par des planches assez mal cousues avec de petites attaches; le milieu est exhaussé par une large cousue de la même manière, sur laquelle sont attachés trois leviers servant de siéges, que des tiges écartées joignent au balancier comme dans les Vacas. Ces pirogues, peu solides, ne sont ni polies ni frottées d'huile, et servent particulièrement à pêcher sur les bancs, où leur fond arrondi ne craint pas, comme celui des Tafahangas, d'être écorché par les pointes aiguës du corail; elles paraissent n'être montées que par les basses classes du peuple.

ARCHIPEL TAITI.

Il y a peu de terres dont la découverte ait paru intéresser autant que celle de la petite île de Taiti; les récits des premiers voyageurs qui la visitèrent, empreints d'un enthousiasme profond, allèrent jusqu'à l'exagération; ils ne pouvaient se lasser de l'admirer, et la décrivaient, non sans quelque raison, comme un nouvel Éden. Il était en effet difficile d'être plus favorisé de toutes manières que ses heureux habitants, vivant sous le plus beau ciel du monde, dans un climat toujours tempéré et jouissant des dons de la nature la plus prodigue et la plus riche; ils ne songeaient qu'à leurs danses et à leurs plaisirs, et leurs tranquilles travaux se bornaient aux sculptures de leurs ustensiles et aux ornements en fleurs ou en plumes dont ils aimaient à se couvrir. C'était là le seul luxe, la seule marque qui distinguât les classes élevées, dont la nourriture était la même que celle du peuple; car, dans un pays où la terre est si riche, la pauvreté ne saurait exister. D'un caractère gai et insouciant,

(1) *A voyage towards the south pole and round the world by James Cook, commander of the Resolution, and captain Furneaux of the Adventure*, vol. 1?, page 215. London, printed for W. Strahan and Thomas Cadell, in the Strand, 1777.

tous les jours étaient heureux pour eux, et leur culte semblait être celui de l'amour. Aussi ceux qui purent alors apprécier leur position furent aussitôt convaincus que ce peuple ne pourrait que perdre en communiquant avec les Européens. Nos passions et leurs conséquences inévitables existaient certainement à Taïti : il y avait aussi des ambitions, des jalousies, des superstitions et des guerres acharnées, qui pourtant n'entraînaient pas les habitants aux mœurs féroces de beaucoup d'autres peuples océaniens. Mais ils consacraient la paix au plaisir, qu'ils savaient mêler à tout ; leurs chants, leurs danses et leurs fêtes guerrières avaient quelque chose des temps antiques, et tout chez eux avait tant de poésie mêlée à tant de simplicité que, bien qu'on ne les ait connus qu'à l'époque des idées positives, les récits qu'on faisait sur eux conservèrent une teinte attrayante et excitèrent en Europe une sorte d'enthousiasme qui ne s'est renouvelé pour aucune autre découverte.

Ce fut préoccupés de ces idées riantes que nous aperçûmes les pitons aux formes pittoresques de Taïti, dont la vue, ranimant le souvenir des récits de Bougainville et de Cook, nous fit jouir un instant du plaisir que ces voyageurs éprouvèrent aussi à les contempler au terme de leurs longues et pénibles traversées. Le terrain, tourmenté par d'anciennes convulsions volcaniques, est couvert d'une végétation aussi variée qu'épaisse, qui s'est emparée des sommets les plus aigus, et couvre les bords de la mer de ce qu'elle donne de plus utile à l'homme. Nous approchions tranquillement de l'île, dont les détails devenaient de plus en plus visibles, jouissant de cette admiration muette que produit toujours le spectacle imposant d'une belle nature, lorsqu'une secousse, suivie de quelques autres plus violentes, annonça que notre frégate touchait sur des rochers, qu'elle franchit cependant, grâce à la présence d'esprit de notre chef, mais en laissant derrière elle la mer couverte des débris de sa quille et de son gouvernail. Une forte voie d'eau qui se déclara mettait à chaque instant son existence en danger, jusqu'à ce qu'après deux jours de fatigues il fut possible d'entrer dans l'un des ports du nord. La frégate, après avoir suivi, au milieu des bancs de corail, un canal de quelques brasses de large, arriva devant la capitale, Papaïti, et put y déposer ses vivres et ses munitions. L'équipage, animé par un zèle que l'on retrouve toujours chez les matelots français au moment du danger, se montra propre à tout ; on enfonça des pilotis pour consolider le terrain et bâtir deux quais, sur lesquels toute l'artillerie entassée offrit des points fixes ; des marins qui jamais n'avaient touché la hache devinrent en peu de jours capables de dégrossir les pièces; d'autres abattirent et traînèrent sur la côte les arbres des forêts; deux nouveaux feux de forge, des soufflets, des cabestans, des poulies, des pompes avec leurs accessoires, furent improvisés avec les seules ressources du navire. On bâtit même un four, que les naturels respectèrent après notre départ, en mémoire de l'amitié qu'ils avaient vouée à l'équipage, auquel on n'eut pas à reprocher une seule faute envers ces hommes si doux et si tranquilles. Il fallut pomper constamment, pour tenir la frégate à flot, pendant près d'un mois que durèrent les préparatifs difficiles, car tout était à créer pour abattre en carène un grand navire; cette opération, l'une des plus belles de la marine, exige tant de conditions pour réussir, que, sans aucun secours étranger, il y avait, malgré le zèle de l'équipage et la volonté ferme qui le dirigeait, bien des chances contraires à redouter : la rupture d'une corde ou d'une poulie pouvant tout perdre. Enfin, chaque chose étant disposée avec le plus grand soin, le jour de l'exécution arriva, et l'abatage se fit au milieu d'un silence solennel, qui marquait l'anxiété générale. Mais ce n'est pas ici qu'il convient de détailler cette opération, si clairement expliquée dans la relation de l'amiral Laplace, qui conduisit tout, sut lutter contre des difficultés sans nombre, et prouva combien on peut obtenir des matelots français, lorsqu'ils sont bien dirigés. Deux mois après l'échonage, sa belle frégate, complètement réparée, sortait fièrement de Papaïti, et, continuant sa longue et intéressante campagne, nous portait vers de nouveaux pays.

L'examen de l'île, que nos souvenirs de Tonga-Tabou nous faisaient espérer trouver si belle, détruisit bien vite nos illusions; ce n'était plus le Taïti si gai, si brillant de Bougainville et de Cook; cette population nombreuse avait disparu, car le pays est maintenant en partie désert, et, lorsque nous en fîmes le tour pour sonder les récifs et notamment celui qui avait failli nous être si funeste, nous trouvâmes la partie méridionale abandonner et les villages composés seulement de quelques mauvaises huttes, où les hommes vivent sur la terre ou sur des herbes qui, n'étant plus couvertes de nattes, se changent bientôt en fumier; ces habitations, jadis grandes, bien aérées et décorées de piliers sculptés avec une perfection étonnante, ne sont plus que des cases à nègres mal entretenues. L'intérieur de l'île est désert, on n'y voit que des débris de cabanes, et les oranges, les bananes et les autres fruits que la terre fournit en abondance tombent et se pourrissent sur le sol. Rien ne rappelle les temps passés, pourtant si voisins de nous : les Marais consacrés aux anciennes divinités ne sont plus que des amas de pierres, et les statues ont été brûlées ou vendues. Les habitants ont perdu leur ancienne coquetterie; ils n'aiment plus ni à se laver ni à orner de leurs casques dont les formes grecques étaient si élégantes; ils sont vêtus de chemises et de pantalons déchirés, et leurs femmes, qui portent de longues robes en guenilles, ont, quoique couvertes, l'air moins décent que lorsqu'elles étaient presque nues : certes, alors elles ne brillaient point par la pudeur, mais la franchise avec laquelle elles se livraient au plaisir avait quelque chose de si naturel, de si assorti au pays, qu'on pouvait la leur pardonner, surtout en la comparant à la crapule où elles sont maintenant tombées. Les enfants, sales et négligés, meurent en foule, lorsque toutefois leurs mères ne les ont pas empêchés de naître, pour éviter les corvées auxquelles les missionnaires les condamnent lorsqu'elles se sont écartées des règles sociales de notre Europe, qu'elles ne comprennent pas, et qui jadis étaient réellement inutiles. Les propagateurs de la foi anglicane dans le grand Océan unissent au fanatisme un esprit mercantile des plus actifs : ils exploitent le vice en lui imposant des travaux à leur profit et des amendes partagées avec la reine de Taïti, qu'ils ont établie et qu'ils surveillent constamment; ils couvrent du nom de décence l'obligation d'être vêtu d'habits européens, qu'ils vendent en cherchant à écarter toute concurrence, même celle de leurs compatriotes. Ils règnent en maîtres sur ces naturels crédules, tombés dans l'insouciance et l'oubli de tout soin d'eux-mêmes, et qui, maintenant qu'ils passent pour civilisés, ne sont de fait que sales et paresseux : ils sont devenus tristes comme le positivisme pécuniaire qui les écrase, et ne prennent plus de plaisir à ces jeux et ces danses qui jadis remplissaient tous leurs instants. Cependant, dès notre arrivée, l'éloignement des missionnaires, causé par les reproches qu'ils avaient à se faire pour leur conduite antérieure à l'égard de nos compatriotes, et surtout la gaieté de nos matelots, qui n'avaient pas pour les naturels l'aversion exagérée des Anglais, avaient un instant ranimé ces pauvres gens : tous les soirs ils exécutaient, d'une manière grotesque, des danses européennes au son des violons et des cornets; aussi, quand nous partîmes, parurent-ils beaucoup nous regretter, et la joie qu'ils témoignèrent en revoyant notre pavillon à bord de quelques baleiniers prouva combien notre équipage s'en était fait aimer.

Le long séjour que nous fîmes parmi eux put être utilisé pour les pirogues, toutes les grandes ont disparu, mais nous sommes heureux d'en trouver un plan exact dans le second voyage du capitaine Cook, qui vit réunie une flotte propre à donner une idée avantageuse de ce qu'était alors Taïti : voici les détails qu'on y trouve (1).

« Le matin du 26 (avril 1774), je descendis à O-Parée avec M. Forster et quelques-uns de nos officiers, pour faire à O-Too une visite en forme; en approchant nous observâmes le mouvement d'une quantité de grandes pirogues, et nous fûmes surpris, à notre arrivée, d'en voir plus de trois cents, rangées en ordre le long de la côte, toutes complètement équipées et armées, et, sur le rivage, un nombre considérable de guerriers. Un armement aussi inattendu, réuni dans notre voisinage pendant l'espace d'une nuit, donna lieu à différentes conjectures.

---

(1) *A voyage towards the south pole and round the world*, etc., performed in H. M. S. the Resolution and Adventure in the years 1772, 73, 74 and 75, written by James Cook, commander, etc. London, printed for W. Strahan and T. Cadell, in the Strand, 1777, 1er volume, page 349.

« Nous profitâmes du moment où nous entrâmes dans notre chaloupe pour examiner cette grande flotte : les bâtiments de guerre consistaient en cent soixante doubles pirogues de 40 à 50 pieds de long (12^m,12 à 15^m,15), bien équipées, bien approvisionnées et bien armées, mais je ne suis pas sûr qu'elles eussent leur complément d'hommes ou de rameurs, et je ne le crois même pas. Les chefs et tous ceux qui occupaient les plates-formes de combat étaient revêtus de leurs habits militaires, c'est-à-dire d'une quantité d'étoffes, de turbans, de cuirasses et de casques. La longueur de quelques-uns de ces casques embarrassait beaucoup ceux qui les portaient, et tout leur équipement, peu convenable pour un jour de bataille, semblait plus propre à la représentation qu'au service ; quoi qu'il en soit, il donnait certainement de la grandeur à ce spectacle, et les guerriers ne manquaient pas de se montrer sous le point de vue le plus avantageux. Des pavillons, des banderoles, etc., décoraient les pirogues, de sorte qu'elles offraient un aspect majestueux que nous ne nous attendions pas à voir dans ces mers ; des massues, des piques et des pierres composaient les instruments de guerre ; les bâtiments étaient rangés les uns auprès des autres, l'avant tourné à terre et l'arrière au large, le vaisseau-amiral étant à peu près au centre. Outre les bâtiments de guerre, il y avait cent soixante-dix pirogues doubles moins grandes, portant toutes une petite cabane, et pourvues de mâts et de voiles, ce dont manquaient les pirogues de guerre : nous jugeâmes qu'elles étaient destinées au transport et à l'avitaillement, car on ne laisse dans les bâtiments de guerre aucune espèce de provisions. J'estimai qu'il n'y avait pas moins de 7,760 hommes sur ces 330 bâtiments ; ce nombre paraît d'autant plus incroyable qu'on nous dit qu'ils appartenaient tous aux districts d'Attahourou et d'Ahopatéa : dans ce calcul, je suppose que chaque canot de guerre contenait quarante guerriers ou rameurs, et que chacun des petits était monté par huit. Quelques-uns de nos messieurs évaluèrent à un nombre supérieur les équipages des premiers ; il est certain que la plupart semblaient devoir armer plus de rames que je n'ai désigné d'hommes, mais je crois qu'ils n'étaient pas alors au complet.

« Le spectacle de cette flotte agrandissait encore les idées de puissance et de richesse que nous avions de l'île, et tout l'équipage était dans l'étonnement ; en pensant aux outils que possèdent ces peuples, nous admirions le travail et la patience qu'il leur a fallu pour abattre des arbres énormes, couper et polir des planches, et porter enfin ces lourds bâtiments à un si haut degré de perfection : c'est avec une hache de pierre, un ciseau, un morceau de corail et une peau de raie qu'ils produisent de tels ouvrages.

« Les deux bâtiments qui composent les pirogues doubles étaient joints par quinze ou dix-huit baux ou traverses qui se projettent quelquefois fort au delà des deux bordages, et qui avaient 12 à 24 pieds de longueur (3^m,63 à 7^m,27) et environ 3 pieds et demi (1^m,06) de largeur : quand ils sont aussi longs, on fait une plate-forme de 50, 60 et 70 pieds de long (15^m,15, 18^m,18 ou 21^m,21). L'avant et l'arrière sont élevés de plusieurs pieds au-dessus de l'eau, surtout la poupe, qui a de longs becs de différentes formes, de près de 20 pieds de haut (6^m,06). Une étoffe blanche, qui tenait lieu de pavillon et s'enflait au vent comme une voile, était généralement placée entre les deux becs de chaque pirogue ; d'autres portaient un tissu bariolé de rayures rouges, qui, à ce que nous comprîmes dans la suite, sert à reconnaître les divisions des divers commandants. A l'avant était sculptée une tête d'homme, souvent peinte en rouge avec de l'ocre. Des panaches de plumes noires, auxquels pendaient d'autres banderoles de plumes, couvraient ordinairement ces colonnes. » Le premier voyage de Cook donne la coupe et les dimensions de ces pirogues.

« La plate-forme de combat, érigée vers l'avant et appuyée sur des colonnes de 6 pieds de haut (1^m,82), s'étend au delà de toute la largeur du bâtiment, et a de 20 à 24 pieds (6^m,06 à 7^m,27) de long et 8 ou 10 de large (2^m,42 à 3^m,03). Les rameurs sont assis dans la pirogue ou au-dessous de la plate-forme de combat, entre les baux de traverse et les espars longitudinaux, de sorte que, partout où ces bois se croisent, il y a place pour un homme dans l'espace intermédiaire. Celles de dix-huit baux et de trois espars de chaque côté, outre un espar longitudinal entre les deux pirogues, n'ont par conséquent pas moins de cent quarante-quatre rameurs et de huit hommes pour les gouverner, dont quatre sont placés à l'avant et quatre à l'arrière. La plus grande partie de ces pirogues ne comptait pas alors tant de rameurs.

« Nous prîmes une chaloupe et longeant l'arrière des pirogues jusqu'à l'extrémité de la file, nous remarquâmes dans chaque bâtiment de gros tas de piques, de longues massues ou de haches de bataille dressées contre la plate-forme. Chaque guerrier tenait, d'ailleurs, à la main une pique ou une massue; il y avait aussi des amas de grosses pierres, les seules armes missives que nous aperçûmes.

« Nous observâmes, sur quelques-unes des petites pirogues, des feuilles de bananier, et les naturels nous apprirent que c'était là qu'on déposait les morts : ils donnaient à ces bâtiments le nom d'*E-vaa no t Eatoua*, Pirogues de la divinité. Le nombre infini des Indiens ainsi rassemblés nous frappait au moins autant que l'aspect brillant de cette marine. »

Plus loin (1) : « Dès que nous eûmes renvoyé nos amis, nous aperçûmes un grand nombre de pirogues de guerre doublant la pointe d'O-Parée. Désirant les examiner de plus près, je me rendis en hâte, avec quelques-uns de nos officiers et de nos messieurs, sur la côte, où j'arrivai avant qu'elles eussent débarqué, et j'eus occasion de voir de quelle manière elles approchent du rivage. Quand elles se trouvèrent devant l'endroit où elles voulaient accoster, elles se formèrent en divisions de trois ou quatre bâtiments ou peut-être plus, serrés carrément le long du bord les uns des autres, et ensuite chaque division pagaya successivement de toutes ses forces vers le rivage, si adroitement qu'elles formèrent le long de la grève une ligne serrée qui n'avait pas un pouce d'inflexion. Les rameurs étaient excités par leurs chefs placés sur des plates-formes, et dirigés par un homme qui se tenait, une baguette à la main, sur l'avant de la pirogue du milieu; ce conducteur leur annonçait, par les paroles et par des gestes, quand ils devaient pagayer tous à la fois, ou quand l'un des côtés devait s'arrêter pour aider les pagaies de gouvernail lorsqu'elles ne suffisaient pas pour gouverner; tous ces mouvements étaient exécutés avec une promptitude qui prouvait leur habileté dans la manœuvre. Après que M. Hodges les eut dessinés tels qu'ils étaient rangés le long du rivage, nous descendîmes à terre, et en examinâmes plusieurs en allant à leur bord. Cette flotte, composée de quarante voiles et équipée de la même manière que celles que nous avions vues d'abord, appartenait au petit district de Tettaha et venait à O-Parée passer, comme la première, la revue du roi. Elle était suivie de quelques petites pirogues doubles qu'ils appellent Maraïs, ayant à l'avant une espèce de double couchette couverte de feuilles vertes, capables de contenir chacune un homme. Ils nous dirent que c'est là qu'on dépose les morts : je suppose qu'ils voulaient parler des chefs, car autrement ils perdraient peu de monde dans les combats. O-Too, qui était présent, eut la bonté d'ordonner, à ma prière, à quelques-unes des troupes de faire leur exercice....

« .... Dès que le combat fut fini, la flotte partit sans suivre aucun ordre; chaque bâtiment s'empressa de gagner le large, et nous allâmes accompagner O-Too à l'un de ses chantiers, où l'on construisait de grandes Pahies. » (*Pl.* 125.)

Les lettres suivantes désignent les différentes pièces. Sur l'élévation (*fig.* 1), *a* est la lisse du plat-bord; *b b*, les barrots; *c c*, les écarts des bordages; *d*, les pièces qui portent la plate-forme et sont creusées dans l'intérieur; *h*, la plate-forme; *f*, les bancs des rameurs. Et sur le plan (*fig.* 2), *l* et *l* sont les pirogues; *b b*, les traverses qui les unissent; *n*, les pièces allant de l'avant à l'arrière, jointes aux traverses avec des cordes ordinaires; *o o*, les places pour les rameurs, ou pour ceux qui manient les pagaies; *h*, *l*, l'avant de la pirogue; 1, 2, 3, 4, 5, l'arrière de la pirogue, chaque chiffre désignant une section correspondante. Sur la *fig.* 2, *d d*, les pièces qui portent la plate-forme. Sur la *fig.* 3, *h* est la plate-forme de l'avant, sur laquelle se tiennent les guerriers; et *d*, les pièces qui la soutiennent.

1 *Idem*, 1er volume, page 312.

Les dimensions principales sont, pour la longueur, 108 pieds (32m,94); la largeur au milieu, 4 pieds 8 pouces (1m,42); la profondeur au maître-couple, 6 pieds (1m,83); l'intervalle entre les deux bords est de 14 pieds 3 pouces (4m,37). Ces deux pirogues sont assurées avec des barrots que lient des cordages de cocotier.

« On était prêt à les lancer et on voulait en faire une double pirogue. Le roi me demanda un grappin et une corde : j'y ajoutai un pavillon anglais (dont il connaissait très-bien l'usage), et je le priai de donner au Pahie le nom de *Britannia* : il y consentit et le lui donna effectivement.

« L'homme qui commandait la manœuvre avec une baguette à la main peut être comparé au κελευστὴς des anciens navires grecs, et cette flotte nous rappela souvent les forces navales qu'employa cette nation dans les premiers temps de son histoire. Les Grecs étaient sans doute mieux armés, parce qu'ils connaissaient les métaux, mais on voit par les écrits d'Homère qu'ils combattaient sans ordre, et que leurs armes étaient aussi simples que celles de Taïti. Les efforts réunis de la Grèce contre Troie ne furent guère plus considérables que l'armement d'O-Too contre l'île d'Eïméo, et il y a apparence que les *mille carinæ* si célèbres n'étaient guère plus formidables qu'une flotte de grandes pirogues exigeant de cinquante à cent vingt hommes pour les manœuvrer. La navigation des Grecs ne surpassait pas celle des Taïtiens d'aujourd'hui par son étendue, car elle se bornait à de courtes traversées d'une île à l'autre; et, de même que les étoiles dirigeaient leurs vaisseaux dans l'Archipel, elles guident aussi les insulaires dans la mer Pacifique. Les Grecs avaient de la bravoure, et les blessures nombreuses des chefs de Taïti sont des preuves de leur courage et de leur intrépidité; il paraît que, dans les batailles, leur imagination s'exalte jusqu'à la frénésie, et que leur bravoure est toujours par accès : d'après les combats d'Homère, il est évident que l'héroïsme qui produisait les exploits que raconte le poète grec était exactement de la même nature. Qu'il nous soit permis de continuer encore cette comparaison : on nous peint les héros de l'Iliade comme des hommes d'une taille et d'une force plus que naturelles; les chefs de Taïti, comparés au bas peuple, sont si supérieurs par leur stature et par l'élégance de leurs formes, qu'ils paraissent être d'une race différente (1). Leurs estomacs, d'une dimension prodigieuse, exigent une quantité considérable de nourriture; on remarque aussi que les héros du siège de Troie sont fameux par la quantité d'aliments qu'ils consomment, et il paraît que les Grecs n'aimaient pas moins le porc que les Taïtiens d'aujourd'hui. On observe la même simplicité de mœurs dans les deux nations, et leur caractère est également hospitalier, affectueux et humain : il y a même de la ressemblance dans leur condition politique. Les chefs du district de Taïti, qui sont très-puissants, n'ont pas plus de respect pour O-Too que les Grecs n'en avaient pour Agamemnon; et on parle si peu du bas peuple dans l'Iliade, qu'on a lieu de supposer qu'il était d'aussi peu d'importance que les Towtows de la mer du Sud. Enfin je pense que la ressemblance pourrait être poussée plus loin, mais je n'ai voulu que l'indiquer sans abuser de la patience du lecteur : ce que j'ai dit prouve assez que les hommes parvenus au même degré de civilisation se ressemblent plus que nous ne le croyons, même aux deux extrémités du monde.

« (1) Je n'ai pu découvrir de combien de vaisseaux devait se composer cette expédition; je n'en ai vu que deux cent dix outre les petits, destinés à servir de bâtiments de transport, et outre la flotte de Taïarabou, dont la force ne nous a jamais été connue, non plus que le nombre d'hommes nécessaire à son armement : toutes les fois que je le demandais, la réponse était : *Warou, warou*, beaucoup, beaucoup, comme si le nombre dépassait leur arithmétique. Si nous comptons 40 hommes pour chaque pirogue de guerre et 4 pour chacune des autres, supposition qui paraît très-modérée, le total sera de 9,000, nombre étonnant pour quatre districts seulement, dont l'un, celui de Matavaï, ne fournissait pas le quart de la flotte, et on n'y com-

(1) Cette différence de taille a engagé M. de Bougainville à dire qu'il y avait réellement deux races. (Voyez son *Voyage autour du monde*.)

(2) *A voyage towards the south pole*, etc., in the years 1772... 1775, 1er volume, page 348.

prend pas celle de Taïarabou, ni celles de beaucoup d'autres districts dont nous ne connaissons pas les forces. Je ne pense pas que toute l'île fût en armes dans cette occasion, car nous ne vîmes faire aucun préparatif à O-Parée. D'après ce que nous avons vu et pu apprendre, je crois que le chef ou les chefs surveillent l'équipement de la flotte appartenant à leur district, mais qu'ensuite ils la font passer en revue devant le roi pour être approuvés, de sorte qu'il en connaît l'état général avant de l'assembler pour le service. » Ce sont les anciennes montres des temps féodaux.

« On a déjà observé que 160 pirogues de guerre appartenaient à Attahourou et Aliopata, 40 à Tettaha, et 10 à Matavaï, qui n'y envoyait que le quart de ses forces : en admettant que chaque district (dont le nombre est de 43) armât autant de pirogues que Tettaha, on trouvera que toute l'île peut en équiper 1.720, montées par 68.000 hommes valides, à 40 hommes pour chaque bateau (1); et, comme ces derniers ne forment jamais plus d'un tiers de la population des deux sexes, y compris les enfants, toute l'île contient au moins 240.000 habitants : nombre qui me parut incroyable au premier moment; mais, quand je réfléchis à ces essaims de Taïtiens qui frappaient nos regards partout où nous allions, je fus convaincu que cette évaluation n'était pas trop forte; et rien ne prouve mieux la fertilité et la richesse de ce pays, qui n'a pas 40 lieues de tour. »

Dans son troisième voyage, le capitaine Cook décrit ainsi une grande revue dont il fut témoin :

« (2) Le lendemain matin de bonne heure (dimanche 21 septembre 1777), O-Too vint à bord m'informer que toutes les pirogues de guerre de Matavaï et de trois autres districts allaient à O-Parée pour joindre ceux de cette autre partie de l'île, et qu'il y aurait une revue générale. Aussitôt, toute l'escadre de Matavaï fut en mouvement, et, après avoir paradé quelque temps dans la baie, elle se rassembla au milieu; je m'embarquai alors dans mon canot pour aller l'examiner.

« Il y avait environ cinquante pirogues à plates-formes, sur lesquelles ils se battent, et qu'ils nomment leurs canots de guerre, et un nombre à peu près égal de plus petites. Je me préparais à me rendre avec elles à O-Parée, mais peu après les chefs prirent la résolution de rester où ils étaient jusqu'au lendemain.

« Je priai O-Too d'enjoindre à quelques-unes des pirogues d'exécuter devant moi les manœuvres du combat; le roi s'empressa d'ordonner à deux d'entre elles de sortir de la baie; nous montâmes sur la première, O-Too, M. King et moi, et Omaï se rendit à bord de la seconde. Lorsque nous eûmes assez d'espace pour les évolutions, les deux pirogues se retournèrent en face, avancèrent et reculèrent avec toute la vivacité que purent leur donner les rameurs. Sur ces entrefaites, les guerriers qui occupaient les plates-formes brandissaient leurs armes, et faisaient des mines et des contorsions qui me semblèrent n'avoir d'autre but que de se préparer à l'assaut. O-Too se tenait à côté de notre plate-forme et donnait le signal d'avancer ou de reculer; la sagacité et la promptitude du coup d'œil lui étaient nécessaires pour saisir les moments favorables et éviter ce qui pouvait offrir de l'avantage à l'ennemi. Enfin, lorsque les deux pirogues eurent répété cette manœuvre, chacune au moins douze fois, elles s'abordèrent de l'avant; après un combat de peu de durée, les guerriers de notre plate-forme parurent se laisser tuer jusqu'au dernier, et Omaï et ses camarades se rendirent maîtres de notre bâtiment. En cet instant O-Too et nos rameurs se jetèrent à la mer, comme s'ils avaient été réduits à la nécessité de se sauver à la nage.

(1) « M. Forster fait un autre calcul; il dit : Si chacun des quarante-trois districts arme vingt pirogues de guerre à trente-cinq hommes chacune, il n'y aurait pas dans toute la flotte moins de trente mille hommes, sans compter les bateaux de suite; et, si ces guerriers forment le quart de la population, l'île doit contenir au moins cent vingt mille habitants. M. Forster ajoute qu'il a reconnu, dans la suite, que le chiffre de ce calcul n'était pas assez considérable. »

(2) *A voyage to the Pacific ocean undertaken by the command of H. M. for making discoveries in the northern hemisphere, etc., performed under the direction of captains Cook, Clerke and Gore, in the years 1776 ..... 1780, in three volumes.* London, printed by W. and A. Strahan for G. Nicol, bookseller of H. M. in the Strand, and T. Cadell, in the Strand, 1784. 2e volume, page 58.

« Leurs batailles de mer ne se livrent pas toujours de cette manière, si l'on peut croire les détails qu'Omaï nous donna ; il me dit que les insulaires commençaient quelquefois par amarrer ensemble les deux pirogues, l'avant contre l'avant, et qu'ils combattaient ensuite jusqu'à ce que tous les guerriers de l'un des partis fussent tués ; mais je crois qu'ils n'adoptent cette manœuvre terrible que lorsqu'ils ont résolu de vaincre ou de mourir. Ils ne doivent compter en effet que sur la victoire ou la mort, car, de leur propre aveu, ils ne font jamais de quartier, à moins qu'ils ne gardent les prisonniers pour les tuer le lendemain d'une manière plus cruelle.

« La puissance et la force de ces peuplades sont fondées sur la marine. Je n'ai jamais ouï parler d'une action générale à terre, et c'est sur mer qu'ils se livrent des batailles décisives ; si les deux partis ont fixé l'époque et le lieu de l'action, ils passent dans des amusements et des festins le jour et la nuit qui précèdent. Ils lancent à l'eau leurs pirogues, font leurs préparatifs au lever de l'aurore, et commencent avec le jour le combat dont l'issue termine ordinairement la dispute ; les vaincus s'enfuient à la hâte, et ceux qui atteignent la côte s'empressent de gagner la montagne et d'emmener leurs amis. »

Les connaissances géographiques des Taïtiens étaient alors assez étendues ; ils savaient les noms de presque toutes les îles basses, dont les habitants venaient souvent les visiter, et beaucoup de terres leur avaient été indiquées par des naturels amenés par le mauvais temps. Ils étaient moins navigateurs que leurs voisins, et ne paraissaient mettre d'importance à leurs pirogues que pour des expéditions militaires ; aussi étaient-elles moins remarquables à la voile que celles dont nous nous sommes déjà occupé, qui, calculées pour de longs trajets, ne pouvaient être aussi propres aux manœuvres promptes des combats, surtout chez ces peuples qui, dénués d'armes missives, ne peuvent guère se battre qu'à l'abordage ; ils avaient des pirogues à voiles pour les longs trajets, comme on le voit par les détails suivants, que donne le capitaine Cook dans son premier voyage à bord de l'*Endeavour*.

« Le travail le plus difficile pour les Taïtiens est d'abattre un arbre ; c'est aussi celui où ils sentent davantage le défaut de leurs instruments, cette besogne demandant un certain nombre d'ouvriers et le travail constant de plusieurs jours. Lorsque l'arbre est à bas, ils le fendent par les veines, dans toute sa longueur et toute sa largeur, en planches de 3 ou 4 pouces d'épaisseur ; il faut remarquer que la plupart de ces arbres ont 8 pieds de circonférence dans le tronc, 4 dans les branches, et que l'épaisseur est à peu près la même dans toute la longueur. Ils appellent *avie* l'arbre qui leur sert habituellement de bois de construction ; la tige en est élevée et droite ; cependant quelques-unes des plus petites pirogues sont faites d'arbre à pain, qui est un bois léger et spongieux qui se travaille aisément ; ils aplanissent très-promptement les planches avec leurs haches, et sont si adroits, qu'ils en enlèvent une surface mince dans toute la longueur sans donner un seul coup mal à propos. Comme ils ne connaissent pas la manière de plier une planche, toutes les parties, creuses ou plates, sont façonnées à la main.

« On peut diviser en deux classes générales les pirogues ou canots dont se servent les habitants de Taïti et des îles voisines : ils appellent les uns Ivahahs et les autres Pahies.

« L'Ivahah, qu'ils emploient dans les petites excursions, est à côtés perpendiculaires et à fond plat, et le Pahie, qu'ils montent dans les voyages plus longs, a des côtés bombés et un fond aigu comme une quille. Les Ivahahs sont tous de la même forme, mais de grandeurs différentes, et servent à divers usages ; leur longueur est de 10 à 72 pieds (3^m,05 à 21^m,96), mais leur largeur ne suit pas cette proportion ; les premiers n'ont qu'un pied de large (0^m,305), et les seconds n'en ont guère que 2 (0^m,61). Ils distinguent l'Ivahah de combat, l'Ivahah de pêche et celui de voyage, car quelques-uns de ces derniers vont d'une île à l'autre. L'Ivahah de combat est beaucoup plus long que les autres ; sa poupe et sa proue sont fort élevées au-dessus du corps, en forme de demi-cercle ; la poupe, en particulier, a quelquefois 17 à 18 pieds de haut (5^m,18 à 5^m,49), quoique la pirogue elle-même n'en ait guère que 3 (0^m,91). Ces derniers Ivahahs ne vont jamais seuls à la mer ; on les attache ensemble par les côtés, à la distance d'environ 3 pieds, avec de grosses cordes de fibres ligneuses qu'on passe à travers les bâtiments, et qu'on amarre sur les plats-bords. Ils dressent sur l'avant un échafaudage ou plate-forme d'environ 10 à 12 pieds de long (3ᵐ,05 à 3ᵐ,66), un peu plus large que les pirogues et soutenu par des poteaux de 6 pieds d'élévation (1ᵐ,83). Les combattants qui ont pour armes de trait des frondes et des javelines se placent sur cette plate-forme; ils ne se servent de leurs arcs et de leurs flèches que pour se divertir, comme on joue chez nous au disque et au palet, ce qui doit être rangé au nombre des singularités qu'on remarque dans les usages de ce peuple; les rameurs, assis en dessous de ces plates-formes, reçoivent les blessés et font monter de nouveaux hommes à leur place. Quelques-unes de ces pirogues ont, dans toute leur longueur, une plate-forme de bambou ou d'autre bois léger, beaucoup plus large que le bâtiment, qui porte alors un bien plus grand nombre de combattants, mais nous n'en avons vu qu'une équipée de cette manière.

« Les Ivahahs de pêche ont de 10 à 40 pieds (3ᵐ,05 à 12ᵐ,20) de longueur; tous ceux qui ont 25 pieds (7ᵐ,60) de long et plus portent des voiles dans l'occasion. L'Ivahah de voyage est toujours double et garni d'une jolie petite cabane, d'environ 5 ou 6 pieds de large et 6 ou 7 de long, attachée sur l'avant pour la commodité des principaux personnages, qui s'y asseyent pendant le jour et y dorment pendant la nuit. Les Ivahahs de pêche sont quelquefois joints ensemble et ont une cabane à bord, mais cela n'est pas commun.

« Ceux qui ont moins de 7ᵐ,60 ne portent presque jamais de voiles; quoique la poupe s'élève de 4 ou 5 pieds (1ᵐ,22 ou 1ᵐ,52), l'avant est plat, et projette une planche qui s'avance en saillie d'environ 4 pieds (1ᵐ,22).

« La longueur du Pahie varie aussi depuis 30 jusqu'à 60 pieds (9ᵐ,15 à 18ᵐ,30); mais, comme l'Ivahah, ces bâtiments sont très-étroits; l'un d'eux, que j'ai mesuré, avait 51 pieds de long (15ᵐ,28), et seulement 1 pied et demi (0ᵐ,46) de large à sa partie supérieure; il n'avait qu'environ 3 pieds dans sa plus grande largeur (0ᵐ,91): telle est la proportion générale suivie dans les constructions. Le Pahie ne s'élargit pourtant pas par degrés, mais ses côtés, étroits et parallèles pendant un petit espace au bout du plat-bord, s'élargissent tout à coup, et se terminent en angle vers le fond, de sorte qu'en coupant transversalement cette partie du bâtiment elle présente à peu près la forme d'un as de pique, et l'ensemble est beaucoup plus large en proportion de sa longueur. Les Taitiens emploient ces Pahies, ainsi que les grands Ivahahs, dans les combats, mais plus particulièrement pour les longs voyages. Le Pahie de guerre, qui est le plus grand de tous, est garni d'une plate-forme proportionnellement plus large que celle de l'Ivahah, parce que sa forme le met en état de soutenir un poids beaucoup plus fort. Les Pahies de voyage sont ordinairement doubles, et leur grandeur moyenne est celle de nos gros bateaux de mer: ils font quelquefois, d'une île à l'autre, des absences d'un mois, et nous avons des preuves certaines qu'ils sont quinze ou vingt jours en mer, et qu'ils pourraient y rester plus longtemps s'ils avaient des moyens de garder plus de provisions et d'eau douce.

« Lorsque ces pirogues ne portent qu'une voile, elles font usage d'un morceau de bois attaché au bout de deux bâtons mis en travers et s'avançant sur le côté, de 6 à 10 pieds (1ᵐ,83 à 3ᵐ,05), suivant la longueur de la pirogue; il ressemble à celui qu'emploient les Pros volants des îles des Larrons, auquel le voyage de lord Anson donne le nom de balancier. Les haubans sont attachés à ce balancier, qui est absolument nécessaire pour tenir le bateau en estive lorsque le vent est un peu fort.

« Quelques-uns de ces Pahies n'ont qu'un mât, d'autres en ont deux, composés d'une seule perche, et, lorsque la longueur de la pirogue est de 30 pieds (9ᵐ,15), la leur est d'un peu moins de 25 (7ᵐ,62); ils sont attachés à un châssis qui est au-dessus du bateau, et reçoivent une voile de nattes d'un tiers plus longue qu'eux. Cette voile aiguë au sommet, carrée dans le fond et courbe dans les côtés, ressemble un peu à celle que nous appelons épaule de mouton (voile à livarde), dont nous nous servons sur les canots des vaisseaux de guerre; elle est placée dans un châssis de bois qui l'environne de deux côtés, de manière qu'on ne peut ni la riser ni la ferler, et, si l'une de ces manœuvres devient nécessaire, il faut la couper, ce qui arrive rarement dans ces climats où le temps est si uniforme. Les Indiens attachent au sommet du mât, pour l'orner, des plumes qui ont une inclinaison oblique en avant; la figure qui se trouve dans l'une des planches fait concevoir la forme et la position du mât et de l'espèce de pavillon qu'il porte; les rames ou pagaies ont un long manche et une pelle plate, et ressemblent assez à la pelle d'un boulanger. Chaque homme, excepté ceux qui sont assis sous la tente, manie une de ces rames, ce qui fait marcher le bâtiment assez vite; ces pirogues, cependant, font tant d'eau par les jointures, qu'il y a toujours au moins un Indien occupé à les vider. La seule chose dans laquelle elles excellent est pour accoster à terre et pousser au large avec de la houle; leur grande longueur et leurs poupes élevées leur permettent de débarquer à sec, quand nos canots pourraient à peine venir à bout d'aborder, et l'élévation de l'avant leur donne le même avantage pour s'éloigner du rivage.

« Les Ivahahs sont les seules pirogues employées par les Taïtiens, mais nous vîmes plusieurs Pahies qui venaient des autres îles; je vais donner les dimensions exactes d'un de ces derniers, que nous mesurâmes avec soin, et je ferai ensuite une description particulière de la manière dont on les construit.

	Pieds Pouces	Mètres		Pieds Pouces	Mètres
Longueur de l'étrave à l'étambot, de tête en tête, c'est-à-dire sans y comprendre la courbure de ces deux parties,	51 00	15 55	Profondeur à la maîtresse-levée,	3 4	1 01
Largeur de l'avant, au sommet, de dedans en dedans,	1 2	0 32	Hauteur au-dessus du terrain sur lequel le Pahie était placé,	3 6	1 07
Largeur au milieu,	1 6	0 46	Hauteur de son avant au-dessus de la terre, sans y comprendre la figure,	4 4	1 39
Largeur de la poupe,	1 3	0 38	Hauteur de la figure,	0 11	0 27
Largeur de la carène à l'avant,	2 8	0 81	Hauteur de la poupe au-dessus du terrain,	8 9	2 66
Dans la partie la plus large de la carène,	2 11	0 88	Hauteur de la figure,	2 00	0 61
A l'arrière,	2 9	0 83			

« Afin d'éclaircir ma description de la manière dont ces bâtiments sont construits, il est nécessaire de renvoyer à la fig. 9 (pl. 125), dans laquelle a a est la première virure, b b la seconde, et c c la troisième. La partie inférieure, ou la quille, en dessous de a a, est faite d'un arbre creusé en forme d'auge : on choisit, pour cela, les arbres les plus longs qu'on puisse trouver, de manière qu'il n'y en ait jamais plus de trois dans toute la longueur. La seconde virure, au-dessous de b b, est formée d'une planche droite d'environ 4 pieds de long (1m,22), 15 pouces de large (0m,38), et 1 pouce d'épaisseur (0m,05). La troisième, au-dessous de c c, est composée, comme le fond, de troncs d'arbres creusés, de manière que la partie courbée et la partie élevée sont d'une seule pièce. Il est facile de voir que ce n'est pas un travail aisé que de fabriquer ces différentes parties sans avoir de scie, de rabot, de ciseau, ni aucun autre outil de fer; mais la grande difficulté est de les joindre ensemble.

« Lorsque toutes les parties du bâtiment sont préparées, on met la quille sur les billots, et les planches étant soutenues par des étais, on les coud en les amarrant ensemble avec de fortes liures de cordage tressé, passées plusieurs fois dans des trous percés avec une gouge ou tarière d'os : on peut juger de l'adresse de ce travail, puisque les coutures sont si bien serrées, qu'elles vont à l'eau sans être calfatées. Comme les cordages mouillés se pourrissent bientôt, on les change au moins une fois par an, et il faut, pour cela, détacher toutes les pièces du bâtiment; l'avant et la poupe d'un dessin grossièrement tracé sont très-bien travaillés et parfaitement polis.

« On conserve ces Pahies avec beaucoup de soin sous une espèce de hangar construit à cet effet avec des poteaux fichés en terre, qui se rapprochent au sommet les uns vers les autres, et qu'on attache ensemble avec les plus forts cordages; ils forment ainsi une espèce d'arc gothique recouvert d'herbages jusqu'à terre, excepté seulement dans les deux bouts qui sont ouverts; quelques-uns de ces hangars ont cinquante à soixante pas de long.

« Dans leurs plus grands voyages, ils se dirigent sur le soleil pendant le jour, et, pendant la nuit, sur les étoiles, qu'ils distinguent par des noms; ils connaissent dans quelle partie du ciel elles paraissent dans les mois où elles sont visibles sur l'horizon; ils savent aussi, avec plus de précision que ne le croira peut-être un astronome d'Europe, le temps de l'année où elles commencent à paraître et à disparaître. »

On vient de voir ce qu'étaient, en 1780, la petite marine de Taïti et sa population industrieuse, et cela, comparé à ce qui existe maintenant, donne la mesure du mal que les Européens ont causé à ce pays : nous avons fait le tour de toute l'île en naviguant presque toujours en dedans des récifs, souvent à quelques mètres de terre, sans trouver un seul hangar; la plupart des villages où nous descendîmes ne possédaient qu'une ou deux pirogues. Nous séjournâmes quatre jours à Hidia, jadis un des principaux districts, où Bougainville fut fêté par une population nombreuse, et où il n'y a plus que quatre ou cinq cases délabrées, dans lesquelles nous ne couchâmes qu'avec une extrême répugnance. Partout ailleurs nous vîmes la même misère, et, au lieu de ces mille barques ornées de banderoles, nous ne rencontrâmes dans cette excursion solitaire que deux petites pirogues. Aussi nous ne pouvons ajouter que peu de documents à ceux extraits du capitaine Cook, dont les descriptions sont très précises : nous ferons seulement observer qu'il se méprend peut-être en comparant la voile de Taïti à celle à livarde. Il paraîtrait, d'après les gravures de ses voyages, que cette île en avait une particulière, différente de celle des autres archipels, et n'ayant peut-être d'analogie qu'avec celle de la Nouvelle-Zélande. Elle avait à peu près la forme d'une demi-ellipse coupée suivant le grand axe, et ce côté, placé verticalement, se trouvait joint au mât sur la moitié de sa longueur, tandis que la partie courbe était entièrement unie à une vergue flexible en deux pièces, attachée au pied du mât, et dont l'autre bout soutenait l'angle supérieur de la voile, orné de flocons de feuilles. Le mât était retenu par des étais attachés sur les extrémités de la pirogue, et par des haubans fixés sur celles du levier du milieu, qui portait une plate-forme débordant sous le vent. D'après les gravures, les pirogues de cette époque avaient deux voiles, ce qui devait occasionner des changements dans la manière de les manœuvrer, déjà modifiée par la différence de formes des extrémités qui, ne permettant pas de les changer, forcent à mettre le balancier alternativement au vent et sous le vent. Les habitants de Taïti aimaient jadis à décorer l'arrière de leurs pirogues de longues tiges d'un bois brut assez semblable au tronc du cocotier, portant à leur sommet une petite statue de bois et des banderoles de couleur; ils étaient aussi dans l'usage d'y construire des cabanes en feuilles ou en nattes, ou simplement des toits soutenus par quelques piquets placés sur le milieu ou sur l'avant des plates-formes des pirogues doubles dont la disposition habituelle paraissait ressembler à celle des *fig.* 15 et 16 de la *pl.* 129.

GRANDE PIROGUE DE PÊCHE.

La plus grande pirogue que nous ayons rencontrée à Taïti (*pl.* 123, *fig.* 1, 2, 3 et 4) est probablement un des anciens Ivahahs de voyage. Son corps est formé de pièces réunies par des amarrages plats sans qu'il y ait d'étoupe dans les joints, car la couture de Touga-Tabou n'est pas usitée à Taïti; le fond, en une ou deux pièces creusées, est aigu au bas et s'unit à l'arrière ainsi qu'à l'avant d'un seul morceau, qui est taillé brusquement en coin et surmonté d'une longue planche *e e*, dont l'usage ne semble appartenir qu'à cet archipel. Elle a une nervure en dessous, est de la même pièce que l'avant, et consolidée par une traverse *f f*, serrée par des amarrages passés dans le trou *f*, pratiqué dans le taille-mer, qui, vers le bas, est très-aigu. La partie supérieure du corps est une planche oblique, saillante et terminée par un tisteau carré s'unissant à celui de la pièce supérieure de l'arrière, dont les différentes parties, taillées à angle droit dans le bois plein, sont aussi cousues par des attaches et consolidées par une traverse. Les fonds sont assez fins, semblables de l'avant à l'arrière, qui est plus

34

large, et s'oppose ainsi à ce que le balancier soit employé comme nous l'avons vu jusqu'à présent. Celui-ci est droit, assez gros, taillé en biseau vers l'avant, et tenu par deux leviers, dont l'un, placé vers l'arrière, lui est attaché directement à cause de sa courbure, tandis que l'autre, beaucoup plus fort, est uni par des amarrages en tresses fines dont les *fig.* 1 et 2 donnent la disposition; ils compriment quatre piquets inégaux dont les têtes butent contre la pièce *d d* et contre celle qui se trouve en dessus, étant enveloppées d'attaches qui les maintiennent. Le levier principal *d d*, fixé à la pirogue qu'il traverse, est joint à une tringle supérieure *c c*, et deux autres semblables reposent sur le plat-bord qu'elles débordent sous le vent, où est attachée une planche verticale destinée à soutenir les tiges *e b*, auxquelles sont liées des planches formant une longue plate-forme; une autre, attachée sur l'avant du bateau et fortifiée par deux traverses, porte une pièce semblable à celle *a a*, qui, placée sous la grande plate-forme, est liée sur les tringles du levier et a aussi une cavité où repose le pied du mât, dont nous n'avons pu connaître la grandeur ni même la disposition; peut-être le trou de l'avant servait-il à reposer la vergue, si l'ancienne voile avait quelque analogie avec celle de Tonga-Tabou; peut-être aussi portait-il un mât soutenu par des haubans attachés à sa plate-forme, qui ne peut guère avoir d'autre but. Le balancier agit nécessairement d'une manière différente, suivant la position qu'il occupe, et, comme il doit souvent être insuffisant, les hommes qui se tiennent sur la plate-forme peuvent le soutenir. Cette pirogue, en mauvais état et mal réparée, paraissait n'avoir pas servi depuis longtemps; elle était échouée près de la passe étroite qu'avait franchie l'Artémise en se rendant de Tanoa à Papaïti.

PIROGUE DE PÊCHE.

D'autres pirogues (*pl.* 114, *fig.* 4, 5 et 6), plus larges aussi derrière que devant, ont un arrière à peu près semblable, formé de trois pièces principales taillées dans le bois plein, dont les parties anguleuses, d'un seul morceau, sont cousues comme on le voit *fig.* 6: le fond, creusé en auge et se terminant en coin à l'avant, est exhaussé par des planches ayant à leur partie supérieure un rebord extérieur et cousues à la pièce unique qui forme l'avant dont la planche est percée par des attaches qui traversent le bout du fond en *e*. Des renflements conservés soutiennent des bancs volants, et les deux côtés sont réunis par un amarrage et par les attaches des leviers qui reposent sur le plat-bord; le levier de l'avant, qui décrit une courbe irrégulière, déborde de beaucoup sous le vent (*fig.* 6) en s'élargissant et en devenant plat (*fig.* 4), pour que les hommes puissent y marcher; il s'arrondit en s'approchant du balancier, auquel il est joint par quatre piquets obliques et par des attaches croisées très-soignées, tandis que le levier de l'arrière lui est lié directement. Un socle *f f*, attaché sur la pirogue, supporte dans sa cavité le mât retenu par des haubans fixés des deux côtés du levier, et par un étai embrassant la planche de l'avant; il porte une voile à livarde en toile d'Europe retenue par une espèce de gui (*fig.* 6); on la manœuvre comme les nôtres, et, dès lors, le balancier se trouve tantôt au vent, tantôt sous le vent.

PIROGUE DOUBLE.

Des pirogues semblables à celles dont il vient d'être question sont souvent accouplées par deux traverses *a a* et *c c*, et servent alors à pêcher au flambeau (*pl.* 112, *fig.* 15 et 16). On suspend une torche au bout d'un long support courbe *d b*, attaché par sa base à une petite traverse *b b*, tenue elle-même par des amarrages sur l'avant de *a a*, et servant de charnière lorsqu'on soulève la tige *d b* au moyen d'une corde venant en arrière en *e*; des cordes latérales maintiennent *d b*, tandis qu'une autre nouée à l'avant l'empêche de basculer en arrière; lorsqu'on la laisse fixe, elle repose sur un rouleau *c c*, placé sur les planches des avants. Nous vîmes quelques pirogues ainsi accouplées à Papaïti et dans ses environs, mais nous ignorons comment les naturels s'en servent. Ils conservent le poisson dans de grands paniers en joncs courbés *d d*, *f f*, attachés sur des traverses de bois et sur des planches dont l'une forme le fond et les autres les côtés de la partie ouverte.

PETITE PIROGUE.

Il y a d'autres bateaux (*pl.* 124, *fig.* 1, 2 et 3) avec un corps d'une seule pièce, effilé aux extrémités, rentrant vers le haut et plat au fond; l'avant, aigu, est coupé droit, tandis que l'arrière est pointu. Les bancs sont posés sur des renflements conservés, et le balancier est tenu aux leviers comme nous l'avons déjà dit; la même similitude existe pour le mât et pour la voile.

On peut en dire autant d'une petite pirogue (*pl.* 123, *fig.* 5 et 6) qui porte quelquefois une voile en tapa d'arbre à pain, étoffe semblable à celle qu'on obtient avec l'écorce du mûrier à papier, qui, battue avec un maillet cannelé, servait jadis de vêtement à presque tous les habitants de la mer du Sud; la première, plus grossière, forme des voiles très-faibles laissant passer beaucoup d'air, et Taïti est le seul pays où nous les ayons vu employer.

PIROGUE DE TOUBOUAI.

Les habitants des îles voisines de Taïti construisent d'une manière analogue à ce que nous venons de voir, comme le prouvent les détails suivants, donnés par le capitaine Cook, dans la relation de son troisième voyage [1] : « Leurs pirogues me parurent avoir 30 pieds de long (9m,15) et 2 pieds au-dessus de l'eau (0m,61); l'avant, se projetant un peu en saillie, était séparé par une coche horizontale qui semblait représenter la gueule d'un animal. L'arrière s'élevait par une courbe gracieuse en diminuant peu à peu de largeur jusqu'à la hauteur de 2 ou 3 pieds (0m,61 ou 0m,91); il était sculpté partout ainsi que la partie supérieure des côtés, dont le bas, qui avait une position perpendiculaire, était curieusement incrusté de coquilles blanches et plates disposées en demi-cercles concentriques avec la courbure tournée vers le haut. L'une de ces embarcations portait sept hommes, la seconde huit, qui les manœuvraient avec de petites pagaies dont les pales étaient presque rondes; elles avaient chacune un balancier d'une assez grande longueur, et marchaient parfois si près l'une de l'autre, qu'elles semblaient former un seul bateau muni de deux balanciers. Les rameurs se tournaient quelquefois vers l'arrière, et pagayaient dans cette direction sans faire tourner leur bateau. »

ARCHIPEL PO-MOTOU.

À l'est de Taïti, l'Océan est parsemé d'une multitude de petites îles madréporiques, ressemblant aux Maldives, mais généralement disposées en plus petits groupes; elles ont reçu le nom de Pô-Motou, îles basses, et sont habitées par des hommes cuivrés comme ceux de Taïti, mais beaucoup moins avancés sous tous les rapports. Ils doivent à leurs récifs inabordables d'avoir été préservés jusqu'à présent de la présence des Européens, que rien n'engage à former des établissements sur ces plateaux dont le cocotier est la seule ressource. Les naturels des Pô-Motou fréquentent ceux de Taïti, parmi lesquels on les remarque maintenant à cause de leur vigueur et de leur air plus décidé, quoiqu'ils leur cédassent en force à l'époque des voyages de Cook; ils arrivent encore aujourd'hui sur de grandes pirogues doubles assez grossières (*pl.* 126), dans la construction desquelles ils sont forcés de faire entrer la tige du cocotier. Le corps de chaque pirogue a pour base une quille relevée vers les extrémités et creusée à l'intérieur (*fig.* 4), de sorte qu'elle n'est pas plus épaisse que les bordages qui lui sont cousus, et sont ensuite unis les uns aux autres jusqu'à la pièce *h h*, formant l'arête de chacun des côtés; celle-ci, cousue à la quille par les deux bouts, est aussi creusée à l'intérieur et, revenant sur elle-même, fait rentrer le haut de la pirogue, auquel elle est jointe par

(1) *A voyage to the Pacific ocean, etc.*, *in the years* 1776 *to* 1780, tome II, page 7.

la conture *g g g*, qui règne d'une extrémité à l'autre ; c'est à la partie inférieure *h h* que viennent se joindre les têtes de tous les bordages, disposés comme on le voit *fig.* 1. La conture, assez grossière, est formée de petits amarrages plats, sans diagonales, perçant les planches déjà maintenues par des chevilles à pointes perdues, et comprimant, à l'extérieur comme à l'intérieur, des bourrelets de filasse de coco, qui n'existent pas sur les écarts. Les bordages sont soutenus, en outre, par des couples auxquels chacun d'eux est joint par un amarrage, et, quand ces membres ne sont pas en un seul morceau, leurs parties, adaptées l'une sur l'autre, sont solidement liées. Les planches supérieures ont leurs extrémités attachées à une autre transversale *i i* (*fig.* 7), qui, bouchant l'intervalle qui les sépare, est cousue par le bas avec la pièce pleine *k k* (*fig.* 8), qui fait la continuation de la quille, et est elle-même réunie à deux planches *o i* et *o i* (*fig.* 2), attachées sur chacun de ses côtés, et assez étroites pour qu'il reste un espace vide entre elles et le prolongement de la quille ; dans la petite pirogue, cet intervalle sert de passage à l'un des barrots ronds qui unissent les deux bateaux, et qui partout ailleurs percent les bordages supérieurs, auxquels ils ne sont unis que par des chevilles plantées en dehors et en dedans ; ils sont en tiges de cocotier, dont l'intérieur, toujours mou et spongieux, sèche et se creuse facilement ; leurs parties saillantes soutiennent des planches *a a* et *b b*, sur lesquelles on peut marcher. Ces pirogues sont loin d'être symétriques, comme l'indiquent le plan et les sections verticales, dont le tracé a été fait avec soin par abscisses et ordonnées mesurées de décimètre en décimètre ; elles prouvent combien il est inutile pour de pareilles constructions de pousser aussi loin l'exactitude, qui souvent n'a servi qu'à nous montrer des irrégularités qui ne frappent pas l'œil et ne peuvent être appréciées que le mètre et le compas à la main.

La jonction des deux pirogues est consolidée par un pont presque aussi long que la plus petite, formé de bordages attachés sur les deux plats-bords et soutenu au milieu par une planche *o*, placée sur les barrots (*fig.* 4) ; les extrémités sont terminées par des rebords, et ce pont est traversé par deux bordages plus épais et plus longs que les autres, qui reposent sur les plats-bords ; ils ont au milieu un renflement avec une cavité *c*, servant à reposer le pied de chacun des mâts, qui sont tenus par six haubans amarrés aux bouts des barrots, et ont, en outre, chacun un étai ainsi qu'une corde, pour réunir leurs têtes. Nous avons vu de loin une de ces pirogues avec deux mâts de la même longueur, mais doubles comme une chèvre, et paraissant reposer sur le milieu de chacune ; ils étaient aussi retenus par des étais et par une corde joignant leurs sommets. Nous regrettons de n'avoir pu voir les voiles pour les mesurer exactement : il paraîtrait, d'après la description des naturels, qu'ils n'en ont qu'une, qu'on hisse sur l'un ou l'autre mât, suivant le bord que l'on veut courir ; elle est triangulaire, à deux vergues égales, d'une longueur un peu moindre que celle de la petite pirogue, sur l'avant de laquelle son angle inférieur vient se fixer ; elle est en nattes et en tout semblable à celle de Tonga-Tabou. Les naturels nous disaient aussi que lorsque le vent soufflait trop violemment, ou que le temps, obscurci par les nuages, leur ôtait tout moyen de se diriger, il fallait souvent attendre longtemps avec la voile descendue, et qu'il était bien pénible alors de vider l'eau qui embarquait ou entrait par les coutures. Ils ont pour gouverner un long aviron en queue de poisson (*fig.* 10), auquel est attachée une traverse qui le retient lorsqu'il est posé sur une des fourches *d d*, amarrées aux bouts de la grande pirogue. Leurs avirons, très-courts (*fig.* 9), se fixent contre les barrots, sur le plat-bord ; cependant, du côté de la petite pirogue, cela ne doit pas être possible à cause d'une haute planche *f*, cousue sur le bordage supérieur pour empêcher l'eau d'embarquer et assujettir un toit en feuilles de vacoa. Les habitants des Pô-Motou apportent ordinairement à Taïti de l'huile de coco, des nattes, et surtout des perles, dont plusieurs de leurs îles abondent. Ils sont très-habiles plongeurs ; aussi les Européens commencent-ils à les employer à bord des petits navires qui parcourent leur archipel pour traiter avec eux : ceux qui étaient à Taïti nous furent utiles pour connaître la nature de nos avaries, et diminuer un peu la voie d'eau en enfonçant de l'étoupe dans les trous.

Ils ont probablement, pour pêcher dans les récifs, des pirogues plus petites, telles que celles (*pl.* 128, *fig.* 1 et 2) extraites du voyage du capitaine russe Kotzebue, qui ne donne aucun détail sur leur construction, et n'en désigne pas même la grandeur; on trouve, sur ces deux figures, de l'analogie avec ce que nous avons vu jusqu'à présent, et il est probable que tous les bateaux des Pô-Motou se ressemblent beaucoup.

L'atlas hydrographique du voyage de la Coquille donne le dessin d'une pirogue double comme celle que nous venons de décrire, sur laquelle le commandant Duperrey nous a communiqué les détails suivants, extraits du journal de M. Lottin. —Sur le côté du vent de la petite pirogue règne, dans presque toute la longueur, une espèce de chambre en nacoa *a a* (*fig.* 4), d'environ 0m,72 de haut, ayant la forme d'un quart de cylindre coupé suivant l'axe, terminé par des extrémités courbes, et percé de deux ou trois portes du côté plat tourné sous le vent. Les traverses qui unissent les deux pirogues les débordent de 0m,30; on y pose des planches qui aident à en faire le tour. Cette pirogue a deux mâts de bambou, qui, au lieu d'emplanture, tiennent sur le pont au moyen d'une espèce de fourche posée à plat; le bambou est découpé à moitié au-dessus de chaque nœud, sans doute pour y monter facilement; à 0m,15 ou 0m,20 du mât, il y a une perche de la même longueur, parallèle et jointe par de petites traverses qui lui donnent l'air d'une échelle. Cette pirogue est peinte en carrés rouges et blancs de 0m,30 de côté; voici ses principales dimensions:

Longueur de tête en tête.	14m,50	Largeur de chaque pirogue.	1m,05
Partie portant sur terre.	7m,70	Longueur des mâts.	5m,80
Creux.	1m,40	Longueur d'une pagaie.	3m,20
Hauteur en dehors,	1m,50	Longueur du gouvernail.	5m,80
Écart aux extrémités de centre à centre,	0m,80	Longueur de sa partie extérieure,	3m,25
Écart au milieu, bord à bord.	0m,60	Largeur du gouvernail à l'extrémité.	1m,03

ARCHIPEL NOUKA-HIVA.

Nous avons trouvé dans le second voyage du capitaine Cook (1) une vue des pirogues de cet archipel, nommé alors Marquesas de Mendoza; elle a été réduite à notre échelle habituelle (*pl.* 125, *fig.* 10), d'après les dimensions données dans la description suivante: « Les pirogues sont faites du bois et de l'écorce d'un arbre mou, très-propre à cet usage, qui croît en abondance près de la mer; elles ont de 16 à 20 pieds de long (4m,88 à 6m,10), et environ 15 pouces de large (0m,38); l'avant et l'arrière sont faits de pièces solides, et celui-ci s'élève ou se courbe un peu dans une direction irrégulière en se terminant en pointe; l'avant, projeté horizontalement, porte l'imitation grossière d'un visage humain; elles se manœuvrent avec des pagaies, et plusieurs ont une sorte de voile latine en nattes. »

La relation du voyage autour du monde du capitaine Marchand (2) entre dans des détails plus circonstanciés: « On trouvera que l'architecture navale des Mendoçains est encore dans l'enfance, si l'on veut mettre leurs frêles embarcations à côté de ces belles pirogues de guerre dont les Taïtiens forment leur grande armée navale, qu'on prendrait pour celle de la Grèce sous les ordres d'Agamemnon, lorsqu'ils rassemblent leurs forces pour venger une insulte ou soumettre quelque île à l'espèce de suprématie que Taïti semble affecter sur l'archipel qui en est voisin. Les pirogues des Mendoçains, suivant la description qu'en donne Roblet, sont composées de trois pièces grossièrement travaillées, mal cousues ensemble et faisant eau de toutes parts; elles ont de 20 à 30 pieds de long

(1). *A voyage towards the south pole, etc.* London, printed for W. Strahan and T. Cadell, 1777.
(2) *Voyage autour du monde*, en 1790, 91 et 92, publié à Paris, imprimerie de la république, an VI, 1er volume, page 181.

(6",50 à 9",74) sur 1 pied ou 18 pouces de largeur (0",33 à 0",49) ; leur avant se termine par une pièce saillante qui imite très-imparfaitement la tête aplatie d'un poisson, ou mieux, la mâchoire inférieure d'un brochet ; l'arrière est formé par deux planches de 4 pouces de hauteur (0",108), posées de champ et se relevant sous la figure d'une s allongée et couchée. Quelquefois on accouple ces pirogues, mais le plus souvent on se contente d'y adapter un balancier composé de deux bambous saillants latéralement et liés à leurs extrémités du dehors par une branche de bois léger qui forme le grand côté du cadre : ces embarcations portent de trois à sept hommes, et de dix à quinze quand ce sont des pirogues doubles. Les unes et les autres sont mues à l'aide de pagaies assez bien travaillées. Si une pirogue chavire, accident qui n'est pas rare, les hommes qui la montent se jettent à l'eau, la relèvent, la vident et y remontent tranquillement. Le dessin de ces pirogues, tel qu'on le voit dans le second voyage de Cook, en donnerait une idée moins désavantageuse que celle qui doit en rester d'après le chirurgien Roblet. Il paraît que le capitaine Chanal en a jugé plus favorablement ; il dit, en général, que la construction de leurs pirogues et de leurs cases suppose beaucoup d'industrie et de patience. »

On trouve plus loin, dans le même voyage, troisième volume, page 109 : « Le capitaine Robert (qui y a séjourné quatre mois), en parlant de la tentative que firent les habitants d'une île voisine (sans doute celle O-Hivahoä, la Dominica) pour enlever à l'ancre le petit bâtiment qu'il avait construit, dit qu'ils se présentèrent avec une flottille d'une vingtaine de canots de 90 pieds de longueur (29",23).

« Les Français, à leur arrivée dans la baie de la Madre de Dios, reçurent la visite de cinquante canots venus d'O-Hivahoä. »

ARCHIPEL HAWAI.

Ces îles, moins fertiles que celles que nous venons de parcourir, et encore tourmentées par des volcans, offrent des montagnes élevées et arides, dont les vallons seulement présentent la végétation des tropiques : on n'y voit cependant pas l'arbre à pain, partout ailleurs si commun ; la banane y est rare, et le cocotier ne s'y montre que par touffes sur le bord de la mer. Les habitants sont obligés de cultiver l'igname et le tarrot, qui, devant être presque constamment couverts de quelques pouces d'eau, exigent, pour l'irrigation, de petits travaux de terrassement qu'ils exécutent avec beaucoup d'adresse. La différence des rangs est très-marquée chez cette population, où les prêtres avaient un grand ascendant lorsque Cook y arriva en 1778 : il y trouva des hommes remuants et guerriers, dont le caractère et même la physionomie avaient de l'analogie avec ceux de la Nouvelle-Zélande plutôt qu'avec les naturels des archipels plus voisins, qui sont aussi de la même race. Les rites et les superstitions du grand Océan s'y retrouvaient poussés à l'excès ; le tabou y était d'une sévérité extrême, et les prêtres l'appliquaient à tout : ils déclaraient, par exemple, la mer tabou, et personne n'osait plus mettre une pirogue à l'eau pour pêcher ; ils lançaient le tabou jusque sur les individus et sur les habitations qui dès lors restaient désertes. Ces peuples buvaient avec excès le kava, sorte de liqueur faite d'une racine mâchée et délayée, dont l'abus occasione des maladies graves ; ils aimaient beaucoup le jeu, et avaient d'ailleurs pour le vol le même penchant que les autres naturels de la mer du Sud. Lorsque Cook les visita pour la seconde fois, il eut beaucoup à s'en plaindre, et ce fut même une rixe, dans laquelle il voulut intervenir, qui fut cause de sa mort.

A partir de cette époque, les Européens fréquentèrent ces îles et découvrirent un bon port à Ouahou, dont le roi Taméa-Méa, s'étant converti afin d'acquérir de sûrs moyens de succès dans ses petites guerres, les introduisit chez lui comme auxiliaires, et leur fut bientôt asservi, car c'est ainsi qu'a commencé partout leur domination. Peu après, les baleiniers relâchèrent à Ouahou comme dans un port européen ; un grand nombre de commerçants anglais et américains vinrent s'y fixer, ainsi que des missionnaires, qui convertirent en peu de temps toute la

population : c'est le seul pays du grand Océan qui ait un faux air de civilisation ; la capitale Honorourou possède
un petit fort rond qui serait incapable de résister à un navire de guerre, quoiqu'il soit armé de quelques canons.
Le roi et les chefs ont cherché à organiser des soldats ; ils ont fait bâtir de petites maisons de bois dans le goût
européen, ont adopté beaucoup de nos usages et jusqu'à notre costume ; mais la majeure partie de la population,
plus misérable qu'auparavant, disparaît dans une progression qui, après avoir été effrayante, a heureusement diminué. L'avenir de ces malheureux peuples est aussi déplorable que le présent, car les jalousies des différentes sectes
de missionnaires que chaque nation envoie pour prendre pied chez eux les empêchent de jouir du peu d'a-
vantages qu'ils auraient pu retirer de la civilisation. Le nouvel ordre introduit chez eux n'est même pas
favorable au peuple, dont la condition est à peu près celle des Ilotes d'autrefois, et dont on s'est peu occupé, car
tous les efforts sont dirigés sur les chefs, par lesquels les missionnaires peuvent devenir les maîtres ; ces missionnaires, qui dirigent tout, cherchent à éloigner jusqu'aux négociants de leur nation, dont la concurrence gêne
leur commerce ; ils dictent les lois, excitent le roi, qu'ils tiennent en tutelle, contre ceux qui peuvent leur
nuire, et ils ont souvent maltraité ou fait expulser des Français. Le commandant Laplace fit un nouveau traité,
pour que nos compatriotes ne fussent plus exposés à de pareilles vexations ; mais il est toujours à craindre qu'un
gouvernement aussi faible cède à toutes les influences, et ce n'est qu'en faisant fréquemment visiter ces îles par
nos bâtiments de guerre, et en y protégeant nos missionnaires, que nous pouvons espérer y entretenir quelque
commerce. Jusqu'à présent, les prêtres venus de France ont su faire un peu de bien aux naturels et améliorer
leur existence, en augmentant dans de sages limites le cercle de leurs jouissances ; ils les ont habitués au travail
avec moins de peine que les autres, parce que le besoin d'acquérir, auquel de nombreuses familles soumettent
ceux des confessions différentes, n'existe pas chez eux, et qu'ils peuvent laisser leurs prosélytes jouir du fruit
de leurs travaux. Ils arriveront sans peine à dominer ces caractères doux et crédules, et pourront peu à peu et
sans frais nous préparer des établissements stables, que leur petitesse tiendra toujours liés à la France ; aussi
est-il très-heureux que l'on s'occupe de ces îles, et que les hommes zélés qui veulent faire des conversions commencent à se porter vers ces peuples nouveaux et faciles à façonner, plutôt que de s'obstiner à entrer en Chine,
où une longue expérience a prouvé qu'il n'y avait aucune probabilité de succès. Il y a encore bien des endroits
où nul missionnaire n'a pénétré, et où il serait possible d'introduire notre culte sans occasionner de secousses
violentes comme aux îles Hawai. L'influence européenne, en s'étendant tous les jours davantage sur ces îles, les
dénature pour ainsi dire et change toutes les coutumes des naturels : les pirogues sont les seuls objets qui se
soient conservés intacts, et nous avons été surpris de les trouver encore nombreuses et semblables aux dessins
des voyages de Cook.

PIROGUE DOUBLE.

Les pirogues qui servaient jadis pour la guerre existent encore (*pl.* 127, *fig.* 1, 2, 3 et 4) : elles sont doubles,
et les deux corps, d'égale longueur, sont chacun d'une seule pièce de bois soigneusement polie et très-mince,
quoique l'intérieur n'ait ni membres ni renforts, et que les parties plus épaisses ne soient employées qu'à soutenir les bancs des rameurs ou les traverses des amarrages. Elles sont très-profondes, avec des côtés parallèles et
plats jusque vers le bas, qui est presque demi-circulaire même vers les extrémités, et sont exhaussées par une
ou deux fargues ajustées à écarts doubles, qui sont liées par de petites attaches à peine visibles, et se joignent à une
planche *n*, posée en travers près de l'avant ; sur l'arrière, les côtés se réunissent en se gauchissant comme les pièces
qui couvrent les avants, et se relèvent en pointe en s'ajustant l'un contre l'autre et en s'élargissant un peu
vers le haut (*fig.* 3 et 8). Près de l'avant est une plaque *o n*, unie à la pirogue et à deux pièces semblables à celles
de l'arrière, qui sont jointes l'une à l'autre par des amarrages plats très-délicats : ces extrémités, auxquelles on
n'a certainement pu donner cette forme gauche qu'en taillant en bois plein, sont d'une perfection de travail

qu'on trouve rarement dans les ouvrages de ce genre. Les deux pirogues, très-voisines l'une de l'autre, ne doivent, par conséquent, pas avoir autant de désaccord dans leurs mouvements que les autres; aussi elles fatiguent moins et sont meilleures à la voile; elles sont réunies par de grosses traverses courbes *h h*, qui les percent et leur sont liées par des amarrages (*fig. 4*) passés sous des traverses solides *k k*, engagées dans une rainure horizontale qu'on pratique dans un renflement conservé de chaque côté; les attaches sont en petites tresses de fil de coco de 0ᵐ,005 de large, dont les tours multipliés forment un gros bourrelet serré. Vers les extrémités, les traverses *a a* et *g g* reposent sur la fin du couvercle, et celle *h h'* sur les plats-bords intérieurs; une autre beaucoup plus forte, *a b*, est placée près du point où le mât doit reposer. Entre les pirogues se trouve une plate-forme d'une seule planche attachée à deux longues tiges amarrées sur le haut de la courbe des traverses (*fig. 3*); c'est là que se tenaient jadis les guerriers, et c'est aussi là que repose en *c* le pied du mât, maintenu dans un socle à rainure, relevé vers l'avant; il porte actuellement une voile à livarde en toile de coton, de la même forme que celle de la *fig. 6*, dont la surface est considérable, comme on peut en juger par la longueur du mât porté sur la *fig. 1* ainsi que celle de son espèce de guis; elle est manœuvrée comme celle de nos embarcations, parce que cette pirogue diffère des autres en ce que ses deux côtés sont semblables et peuvent être alternativement au vent ou sous le vent, tandis qu'à Tonga-Tabou la plus petite n'est qu'un balancier.

L'ancienne voile était différente, comme le montrent les dessins du troisième voyage de Cook, d'après lesquels la *fig. 1* a été copiée; elle avait alors la forme échancrée de Vanikoro sans cependant être disposée de la même manière, car l'une de ses vergues, tenue verticale par deux étais et plusieurs haubans, remplaçait le mât comme à la Nouvelle-Zélande, et l'autre, retenue par l'écoute, avait une courbure très-prononcée, causée par une corde qui tendait à rapprocher les deux bouts supérieurs sans que cela fût d'aucune utilité, et la voile, qui paraissait assez mal transfilée aux vergues, devait même ainsi faire le sac au milieu. [1] Je reviens aux observations faites pendant notre séjour à Atouai, car il convient de donner quelques détails sur les pirogues : leur longueur est, en général, de 24 pieds (7ᵐ,3 ?); le fond est d'une seule pièce de bois, creusée jusqu'à ce qu'elle n'ait plus que l'épaisseur d'un pouce ou d'un pouce et demi (0ᵐ,025 ou 0ᵐ,037) et taillée en pointe à chaque bout; les côtés sont faits de trois planches, épaisses d'environ un pouce chacune, attachées à la partie du fond. L'avant et l'arrière s'élèvent un peu l'un et l'autre et deviennent aigus comme un coin, mais ils s'aplatissent brusquement, de sorte que les planches de côté se joignent en s'ajustant d'une manière très-exacte, sur une longueur de plus d'un pied : le dessin de M. Webber expliquera leur construction mieux que ma description ne pourrait le faire. Comme ces pirogues n'ont pas plus de 15 à 18 pouces de large (0ᵐ,37 à 0ᵐ,45), celles qui flottent seules (car ils en attachent quelquefois deux ensemble comme dans les autres îles) ont un balancier d'une forme si judicieuse, que je n'en avais jamais vu de si heureusement disposé : ils les manœuvrent avec des pagaies semblables à celles que nous avions déjà rencontrées. Quelques-unes ont une voile triangulaire, légère et disposée comme celles des îles des Amis (archipel Tonga) : les cordages employés sur ces bateaux et les plus petits destinés à la pêche sont forts et très-bien faits. » La plus grande pirogue dont parle le capitaine Cook dans le cours de sa relation est celle du roi Terreioboo, ayant 70 pieds de long (21ᵐ,35), 3 pieds et demi de creux (1ᵐ,06) et 12 de large (3ᵐ,66).

PIROGUE À BALANCIER.

Le capitaine Cook rend une justice méritée au balancier des îles Hawaï, où l'on a compris qu'en lui donnant une courbure assez prononcée (*pl. 127, fig. 6, 7, 8, 9 et 10*) on établissait une espèce de compensation dans ses effets, puisque, s'enfonçant dans l'eau ou n'en sortant que progressivement, il ne pèse ni ne résiste brus-

[1] *A voyage to the Pacific ocean undertaken by the command of H. M. and performed under the direction of captains Cook, Clerk and Gore, in the years 1776 to 1780,* 2ᵉ volume, page 213.

quement comme un balancier droit ; c'est aussi le seul pays où cet effet ait été un peu augmenté en faisant le balancier étroit au lieu de le faire rond. Il est joint à la pirogue par deux leviers courbes et obliques *a a*, taillés à huit pans, polis, et relevés à leur extrémité pour mieux retenir leur amarrage croisé ; ces leviers, qui ne diffèrent que par un renflement qui se trouve sur celui du mât du côté opposé au balancier, sont joints au corps par deux amarrages traversant le plat-bord, et par un troisième (*fig.* 9) passant sous une traverse *k*, assujettie à un renflement intérieur *m m*. Le corps est, du reste, entièrement semblable à celui des pirogues doubles, et quelquefois même plus effilé. Nous ignorons quelle était l'ancienne voilure de ces pirogues, qui maintenant emploient toutes la voile à livarde translitée à un gui ainsi qu'au mât ; celui-ci, qui repose au fond, est attaché au levier et soutenu de chaque côté par deux haubans qui y sont aussi amarrés, et par un étai qui embrasse l'avant ; toutes les pièces de la mâture sont en bois ordinaire, le bambou paraissant être très-rare dans ces îles. Le balancier se place au vent ou sous le vent, suivant le bord qu'on court ; car, quoique les extrémités soient presque semblables, ces pirogues ne virent pas comme les autres, et, sans rien changer à la voilure, elles conservent le balancier à bâbord, qu'il se trouve au vent ou sous le vent. Elles marchent très-bien, et, lorsque, le soir, une brise fraîche les ramène de la pêche, elles glissent sur l'eau avec rapidité, et obéissent légèrement à l'impulsion des vagues ; elles sont montées par cinq ou six hommes, qui gouvernent au moyen de la pagaie ordinaire (*fig.* 11), avec laquelle elles marchent aussi très-bien ; elles sont très-soignées, parfaitement polies, mais jamais peintes et rarement frottées d'huile. Il y en a de petites, dont la longueur n'excède pas 9 mètres, sans que les autres dimensions soient diminuées, non plus que celles du balancier, des leviers et de la voilure.

BATEAU DE PASSAGE.

Nous avons vu, à Honoouroou, quelques petits bateaux servant à transporter des passagers à bord des navires mouillés dans le port ; ils étaient d'une seule pièce (*pl.* 107, *fig.* 12 et 13), moins bien travaillés que les pirogues de pêche, mais beaucoup plus larges et plus plats ; leur avant, très-élancé, avait un taille-mer épais de 0ᵐ,03, mais ne continuant pas en dessous, ces bateaux n'ayant pas de quille. Le trou du banc de l'avant prouve qu'ils emploient quelquefois une voile, et une serre-banquière clouée permet de placer des bancs pour asseoir les passagers : cette pirogue, peinte en noir, ne portait rien qui fît penser qu'elle se servît d'avirons.

KAMTSCHATKA.

Nous n'avons pas encore parlé des bateaux de cette partie de l'Asie à cause de leur analogie avec ceux des îles Aléutiennes, ainsi que de la côte d'Amérique, et de leur dissemblance avec les constructions de la Chine et du Japon ; les voyageurs se sont rarement occupés des embarcations de ce pays, restées très-imparfaites, autant à cause des difficultés locales que du manque de matériaux ; aussi nous avons été heureux de trouver la description suivante dans le *Voyage en Sibérie* de M. Kracheninikou (1) : « Les canots des Kamtschadales, appelés Baïs dans leur langage, se font de deux manières et sont de formes différentes. Les uns, nommés Koiakhtaktims, qui ne diffèrent en rien de nos bateaux pêcheurs, ont la proue plus haute que la poupe, et les côtés plus bas.

« Les seconds, qu'on appelle les Taktous, ont l'avant et l'arrière de la même hauteur, les côtés recourbés

(1) *Voyage en Sibérie, contenant la description de Kamtschatka*, par M. Kracheninikou, professeur de l'Académie des sciences, à Saint-Pétersbourg, publié en 1768, 2ᵉ volume, chapitre v, page 34.

dans le milieu, ce qui les rend très-incommodes, car ils se remplissent d'eau dès qu'il fait un peu de vent. Les Kamtschadales ne se servent des Koïakhtaktious que sur la rivière du Kamtschatka, depuis sa source jusqu'à son embouchure, tandis qu'ils emploient les Taktous sur la mer orientale et sur celle de Pengina. Lorsque ces canots sont revêtus de planches, on les appelle Baïdares, et les habitants de la mer des Castors s'en servent pour aller à la chasse des animaux marins ; ils en fendent le fond, qu'ils recouvrent avec des fanons de baleine, et calfatent avec de la mousse ou de l'ortie brisée. Cet usage vient de ce qu'ils ont observé que les Baïdares qui n'ont point été fendus d'avance s'entr'ouvraient à la mer par la violence des vagues. Les Kouriles des îles et ceux qui habitent la pointe méridionale construisent leurs Baïdares avec une quille, et les revêtent aussi de planches avec des fanons de baleine en les calfatant avec de la mousse.

« Tous les habitants du Kamtschatka font leurs canots en bois de peuplier, mais les Kouriles sont obligés de se servir de celui que la mer jette sur leurs côtes, et que le vent pousse, à ce que l'on croit, des côtes du Japon et de l'Amérique.

« Les Kamtschadales septentrionaux, les Koriaques fixes et les Tchouktchis font leurs Baïdares avec des peaux de jeunes veaux marins, parce qu'ils n'ont pas de fer ni de bois propres à la construction.

« Ces canots leur servent à tous pour la pêche et pour transporter leurs provisions, chacun monté par deux hommes, dont l'un se place à la proue et l'autre à la poupe ; ils remontent les rivières avec des perches, mais cela est si pénible, que quelquefois, dans des endroits où le courant est rapide, ils restent près d'une demi-heure penchés et courbés sur leurs perches pour avancer de 2 ou 3 pieds. Cependant, malgré ces difficultés, les plus grands et les plus forts des Kamtschadales font, avec ces bateaux, 20 verstes de chemin, et 30 ou 40 quand ils ne sont point chargés ; ils traversent ordinairement les rivières en ramant debout comme les pêcheurs de Wolkhowa dans leur esquif.

« Les plus grands canots peuvent porter la charge de 30 à 40 ponds (440 à 635 kilog.) ; lorsque la charge est légère et qu'elle occupe un grand espace, si c'est, par exemple, du poisson sec, ils la transportent avec deux canots joints ensemble, sur lesquels ils font une espèce de pont avec des planches. La difficulté qu'ils éprouvent à remonter la rivière avec ces canots ainsi unis par un pont est cause qu'ils ne s'en servent communément que sur la rivière de Kamtschatka, dont le cours n'est pas si rapide, et ils descendent les autres rivières avec de simples canots. »

Plus loin, le même ouvrage ajoute (tome II, page 295) : « Les Américains ont beaucoup de coutumes semblables à celles des Kamtschadales ; ils vont sur mer avec des canots de 12 pieds de long (3m,89) ; l'avant et l'arrière sont pointus ; l'intérieur est fait de perches jointes par des morceaux de bois ; les peaux qui les enveloppent sont de veaux marins, teintes couleur cerise. »

ILES ALEUTIENNES.

Les canots employés au Kamtschatka et chez les peuples situés au nord, vers le détroit de Behring, ont aussi beaucoup de rapports avec ceux des îles Aléutiennes et de la partie nord de la côte d'Amérique, car des climats semblables, en reproduisant les mêmes besoins, offrent ordinairement les mêmes ressources. Nous regrettons vivement de n'avoir pu visiter ces pays, si différents de tous les autres, et vers lesquels l'Artémise se serait dirigée si les réparations si habilement exécutées à Taïti ne lui avaient fait manquer la saison favorable pour les reconnaître. Il nous a donc fallu avoir recours, pour le sujet qui nous occupe, à quelques documents des relations du capitaine russe Kotzebue et du capitaine Cook.

Le premier donne, dans l'album historique de son voyage, un bateau de Saint-Laurent, l'une des îles Aléutiennes (*pl.* 128, *fig.* 5, 6 et 7), dont malheureusement il n'indique pas l'échelle, mais dont le dessin montre clairement la forme et la disposition : une carcasse en tiges de bois réunies par des attaches et recouverte de peaux d'animaux amphibies forme ces embarcations légères, si usitées dans les pays où la rareté du bois a fait recourir à d'autres matériaux.

Le capitaine Cook a inséré dans son troisième voyage les pirogues de l'île Oonalaska (*pl.* 128, *fig.* 8 et 9), l'une des Aléutiennes voisines de la côte d'Amérique, et en parle en ces termes (1) : « Des vues politiques peuvent avoir engagé la cour de Russie à leur interdire les grandes pirogues, car il est difficile de penser qu'ils n'en aient pas eu autrefois de pareilles à celles que nous avons trouvées chez leurs voisins; cependant nous n'en avons aperçu de cette espèce qu'une ou deux qui appartenaient aux Russes. Les pirogues en usage chez ces naturels sont les plus petites que nous ayons vues sur la côte d'Amérique, et diffèrent peu dans leur construction : l'arrière se termine assez brusquement; l'avant est fourchu, et sa pointe supérieure se projette en dehors de l'inférieure, qui est au niveau de l'eau. Il est difficile de concevoir pourquoi ils ont adopté cette méthode, car la fourche est sujette à retenir tout ce qu'elle touche sur son chemin, et, pour remédier à cet inconvénient, ils fixent un bâton d'une pointe à l'autre. Leurs canots ont d'ailleurs la forme de ceux des Groenlandais et des Esquimaux : la charpente est composée de lattes très-minces, recouvertes de peaux de veaux marins; ces bateaux ont environ 12 pieds de long (3m.89), 1 pied ou 1 pied et demi (0m.30 ou 0m.46) de large au milieu, et 12 ou 14 pouces de profondeur (0m.30 ou 0m.35); ils peuvent, au besoin, porter deux hommes, dont l'un est étendu de toute sa longueur dans l'embarcation, tandis que l'autre occupe le siège ou le trou rond percé à peu près au milieu : ce trou est bordé, en dehors, d'un chaperon de bois, autour duquel est cousu un sac de boyaux qui se replie en s'ouvrant comme une bourse, avec des cordons de cuir dans la partie supérieure. L'insulaire assis dans le trou serre le sac autour de son corps, et ramène sur ses épaules l'extrémité du cordon afin de le tenir en place; les manches de sa jaquette serrent ses poignets; et comme elle est aussi attachée au cou, et que le capuchon est relevé par-dessus la tête, où il est arrêté par le chapeau, l'eau ne peut guère lui mouiller le corps ni entrer dans le canot; il a, de plus, un morceau d'éponge pour essuyer celle qui pourrait s'introduire; il se sert d'une pagaie à double pale, qu'il tient par le milieu avec les deux mains, et en frappant l'eau d'un mouvement vif et régulier, d'abord d'un côté et ensuite de l'autre, il donne une vitesse considérable au bateau en suivant une ligne droite. Lorsque nous partîmes d'Egoochshak pour aller à Samganoodha, deux ou trois pirogues marchèrent aussi vite que nous, quoique nous fissions 3 milles par heure.

« Leur attirail de pêche et de chasse est toujours dans leurs pirogues, sous des bandes de cuir disposées exprès; leurs instruments, tous de bois et d'os, sont bien faits, et ne diffèrent que par les pointes de ceux qu'emploient les Groenlandais et que Crantz a décrits; la pointe de quelques dards que nous vîmes ici n'a pas plus de 1 pouce de longueur, et Crantz dit que celle des dards des Groenlandais a 1 pied et demi. Cette peuplade harponne le poisson avec une grande adresse, à la mer ou dans les rivières; elle se sert aussi d'hameçons et de lignes, de filets et de verveux; les hameçons sont en os, et les lignes en nerfs. »

COTE NORD-OUEST D'AMÉRIQUE.

Le capitaine Cook rencontra des pirogues du même genre, aussi en peaux, sur la côte d'Amérique, à la rivière qui porte son nom, ainsi qu'à l'entrée du Prince-Guillaume, dont il décrit ainsi les embarcations (2) : « Ils ont

1. *A voyage to the Pacific ocean, etc.*, in the years 1776 to 1780. London, printed by W. and A. Strahan and T. Cadell; 2e volume, page 515.
2. *A voyage to the Pacific ocean, etc.*, in the years 1776 to 1780, 2e volume, page 371.

des canots de deux espèces, les uns grands et ouverts, les autres couverts et petits. J'ai déjà dit que nous comptâmes vingt et un hommes, outre les enfants, dans une de leurs grandes pirogues. J'examinai attentivement cette embarcation, et, après l'avoir comparée à la description que donne Crantz de la grande pirogue ou du canot des femmes du Groenland, j'ai reconnu qu'elles sont construites l'une et l'autre de la même manière, que les diverses parties se correspondent, que toute la différence consiste dans la forme de l'avant et de l'arrière, et en partie de celui-ci, qui ressemble un peu à la tête d'une baleine. La charpente est composée de pièces de bois minces, par-dessus lesquelles on étend, pour former le bordage, des peaux de veaux marins ou d'autres animaux. Je jugeai aussi que les petits canots sont à peu près de la même forme et des mêmes matériaux que ceux des Groenlandais et des Esquimaux; quelques-uns de ceux-ci, comme je l'ai déjà fait observer, portent deux hommes, et sont plus larges, en proportion de leur longueur, que les pirogues des Esquimaux; l'avant, qui se recourbe, ressemble un peu au manche d'un violon. »

PIROGUES DE TCHINKITANE.

En suivant la côte nord-ouest d'Amérique, vers le midi, nous trouvons, dans le voyage du capitaine Marchand, des renseignements sur les naturels de la baie Tchinkitané, nommée Norfolk-Bay par Dixon, et Baya Guadalupa par les Espagnols; il y séjourna plusieurs jours pour la traite des pelleteries, encore abondantes à cette époque, et il décrit ainsi les embarcations des naturels (1) : « Leur génie et leur industrie se montrent particulièrement dans la construction de leurs pirogues; celles qui sont destinées à l'usage d'une seule famille, composées, pour l'ordinaire, de sept à huit individus, ont 15 ou 16 pieds de longueur (4m,86 ou 5m,18) sur 2 et demi ou 3 de largeur; d'autres ont des dimensions beaucoup plus grandes, et portent jusqu'à quinze ou vingt personnes. Toutes sont prises dans un seul tronc d'arbre et ont une forme semblable; leurs deux extrémités, qui ne diffèrent point l'une de l'autre, ce qui doit donner à ces embarcations l'avantage de ne jamais virer de bord, sont très-aiguës et se terminent par un taille-mer de 1 pied à 15 pouces de saillie (0m,32 ou 0m,40), qui n'a pas plus de 1 pouce d'épaisseur. Ces deux extrémités, exhaussées par des planches proprement ajustées, sont plus élevées que le reste de la pirogue; des bancs établis très-près du fond sont disposés pour recevoir les rameurs, qui, lorsqu'ils sont assis, servent en quelque sorte de lest; les provisions, les hardes et tout le bagage sont arrangés dans la partie du milieu, où ils sont recouverts de peaux de bêtes et d'écorce d'arbre, qui servent également à couvrir les établissements temporaires qui sont formés au bord de la mer lorsque arrive la saison de s'occuper de la pêche, de sécher le poisson et de former l'approvisionnement qui doit servir à une partie de la subsistance pendant les mois d'hiver. Quoique la charge des pirogues soit considérable, puisque, indépendamment des hommes, elles portent les femmes, les enfants, les provisions, tous les ustensiles de ménage, tout ce qui sert à la pêche, tout le mobilier de la famille (car il paraît que, à l'exemple du sage, les Américains portent tout leur avoir avec eux), ces embarcations sont si minces et si légères, qu'elles conservent une vitesse surprenante. On n'est pas étonné de leur stabilité; malgré leur légèreté et le peu de largeur de la coque, elles n'ont pas besoin d'être soutenues par des balanciers, et jamais on ne les accouple. Les Tchinkitanéens n'ont point encore l'usage de la voile, mais on ne doute pas que, ayant connu, par l'exemple des Européens, combien ce secours est utile pour gagner du temps et épargner de la peine, ils ne tentent bientôt de l'appliquer à leurs pirogues : ils sont déjà exercés dans l'art de faire des tissus; un pas de plus suffit pour ajouter à leurs embarcations un mât et une vergue, et y adapter une voile. »

(1) *Voyage autour du monde en 1790, 91 et 92*, publié à Paris, imprimerie de la république, an VI, volume 2, page 71.

PIROGUE DE NOOTKA.

Le séjour de Cook à Nootka lui permit de voir les bateaux de cette partie de l'Amérique, dont il parle ainsi (1). « Leurs pirogues sont d'une construction simple, mais paraissent très-propres aux usages auxquels elles sont destinées. Les plus grandes, qui portent vingt personnes et quelquefois plus, sont faites d'un seul arbre, et beaucoup ont 40 pieds de long (12^m,20), 7 de large (2^m,11) et 3 de profondeur (0^m,91); du milieu aux extrémités elles se rétrécissent graduellement; l'arrière finit brusquement, suivant une ligne perpendiculaire ayant une petite bosse au sommet; mais l'avant élancé, en se relevant, se termine par une entaille s'élevant beaucoup plus haut que les côtés de la pirogue, qui suivent une ligne droite. La plupart sont dénuées d'ornements, mais quelques-unes ont des sculptures et sont décorées d'une rangée de dents de phoques disposée à leur surface, comme c'est l'usage aussi pour les masques et les armes ; quelques-unes ont une espèce de proue ajoutée comme un large taille-mer, sur lequel ils peignent la figure de quelque animal. Ils n'ont, dans l'intérieur, d'autres bancs ou siéges que des bâtons arrondis, un peu plus gros qu'une canne, placés à mi-profondeur. Ces pirogues sont très-légères; elles sont plates, mais larges, ce qui leur donne de la stabilité sans le soutien d'un balancier dont aucune d'elles n'est pourvue, différence remarquable entre la manière de naviguer des nations américaines et de celles qui peuplent l'Inde et l'océan Pacifique. Les pagaies, petites et légères, sont taillées à peu près comme une grande feuille, pointues au bout, plus larges au milieu, et se rétrécissant graduellement jusqu'au manche; leur longueur totale est d'environ 5 pieds (1^m,52). Les naturels ont acquis, par une longue habitude, beaucoup d'adresse pour les manier, car ils n'emploient pas encore les voiles. »

BAYDARQUES DE BODÉGA.

Les bateaux dont nous venons de nous occuper offrent une différence bien marquée avec tous ceux qui précèdent, et prouvent à quel point les hommes savent partout tirer parti de ce que la nature leur fournit. Dans les régions voisines du pôle, la végétation ne présente que peu de ressources ; plus on s'élève en latitude, moins on trouve d'arbres, jusqu'à ce qu'ils disparaissent tout à fait, et que le terrain ne soit plus couvert que par de la mousse; mais alors les dépouilles des animaux marins qui sont très-gros peuvent être utilisées, et fournissent aux habitants leur chair ainsi que leur graisse pour se nourrir, et leurs peaux pour se vêtir, couvrir leurs cabanes et faire des pirogues. Aussi toutes les parties de leurs corps sont-elles employées avec plus d'art peut-être qu'on n'en met, dans les pays chauds, à utiliser les végétaux ; car, dans ces climats si rigoureux et si ingrats, il faut tout prévoir pour la plus grande partie de l'année, construire des cabanes capables de supporter le poids de la neige, faire toutes les dispositions nécessaires pour vivre reclus pendant quelquefois plus de six mois, et surtout savoir conserver des aliments pour cette longue période; aussi l'industrie s'est-elle portée principalement sur les instruments de chasse et de pêche qui servent à attaquer des animaux redoutables, tels que les ours, ou à aller chercher sur les glaces les amphibies qui donnent le plus d'huile et les peaux les plus solides. Pendant la belle saison, lorsque l'eau débarrassée de sa couche de glace permet aux naturels de pêcher, ils amassent beaucoup de poisson, et, comme leur pays ne fournit pas de sel, ils n'ont d'autre moyen de conserver leurs aliments que de les fumer. Presque tous possèdent une finesse d'organes qui ne se trouve pas ailleurs ; ils savent découvrir leur proie d'aussi loin que les bêtes fauves, et parviennent seuls à tuer des animaux amphibies qui paraissent à peine quelques instants à la surface de l'eau avec une méfiance instinctive qui les rend fort difficiles à atteindre; telle est, entre autres, la loutre, très-recherchée à cause de son poil si fourni et si doux, et qu'on ne peut chasser que sur de petites pirogues à une seule place. Aussi les Européens prennent-ils des habitants de cette côte, surtout de ceux

(1) A voyage to the Pacific ocean, etc., in the years 1776 to 1780. London, printed by W. and A. Strahan and T. Cadell, 1784, 2, volume, page 327.

nommés Koulaques qu'ils protégeaient contre les autres indigènes, pour parcourir les baies et chasser sous leurs yeux; mais on a tellement traqué les animaux à fourrures, qu'on n'en trouve plus assez pour défrayer de pareilles expéditions, et l'on ne fait plus avec les naturels qu'une traite devenue si désavantageuse, qu'elle est presque abandonnée. Il n'y a que les Russes qui aient continué, parce qu'ils possèdent plusieurs établissements où ils rassemblent les pelleteries qu'ils vendent en Chine, où elles sont extrêmement appréciées. Ce commerce a répandu sur toute cette côte des objets de manufacture européenne qui, ayant en grande partie remplacé ceux que faisaient les indigènes, leur ont fait abandonner l'emploi des dents et des arêtes de poisson qu'ils savaient si bien utiliser. Ils sont maintenant couverts d'étoffes de laine, au lieu des peaux dont étaient formés leurs vêtements, pour lesquels ils déployaient une industrie très-remarquable; ils les cousaient au moyen de nerfs, avec une finesse dont nous approcherions difficilement, et se faisaient des chemises en vessie, avec lesquelles ils pouvaient être couverts d'eau sans être mouillés. Ces peuples n'ont cependant jamais inspiré d'intérêt, comme ceux auxquels la nature a tout donné, ceux-ci comme les riches font beaucoup de bruit pour leurs plaisirs, tandis qu'il font aux pauvres un long travail seulement pour subsister. Les habitants des latitudes élevées ont aussi repoussé les étrangers par leur extrême saleté, suite naturelle de leur genre de vie; ils sont couverts de débris d'animaux, et ne mangent guère que de la viande ou du poisson; le froid, rendant le contact de l'eau désagréable, les détourne de soins moins nécessaires chez eux que dans les pays chauds; et d'ailleurs, la graisse étant un des corps qui préservent le mieux du froid, ils s'habituent, dès l'enfance, à son odeur et la laissent séjourner sur leur personne d'une manière dégoûtante; constamment occupés d'arracher à la nature de quoi subsister, ils ont quelque chose de triste et de réservé, et ne peuvent charmer comme les peuples si gais et si aimables dont nous avons déjà parlé. Aussi les voyageurs qui les ont visités ont-ils intéressé plutôt par les dangers qu'ils ont courus dans leurs audacieuses expéditions que par le récit de ce qu'ils ont vu. Ces côtes n'ont point éprouvé autant de changement que le reste de l'Amérique, où toutes les traces du passé sont à peu près effacées; une partie des anciens usages s'y est conservée, et les pirogues s'y construisent toujours de la même manière, car il serait d'ailleurs difficile d'en faire de meilleures.

Nous avons été à même d'en mesurer une dans tous ses détails, au petit havre de Bodéga, à quelques milles d'un établissement militaire fondé par les Russes, pour alimenter leurs autres possessions, qui, situées plus au nord, sont privées de végétaux. Nous avons fait deux figures à part (pl. 138, fig. 11, 13 et 14) pour montrer la charpente intérieure formée d'une quille plate et légère q q, et de lisses rondes de 0m.018 de diamètre, attachées, par un de leurs bouts, à la pièce de l'avant g, dans laquelle elles sont encastrées, pour que leurs pointes ne percent pas la peau de l'enveloppe, et, par l'autre, à un étambot vertical h h. Elles sont tenues éloignées par de petits membres courbes élastiques de 0m.010 de diamètre, en dehors desquels sont la seconde et la quatrième lisse, ainsi que la quille, pour que la peau porte sur elle, en formant des arêtes longitudinales, au lieu de toucher les membres qui lui donneraient des saillies transversales nuisibles à la marche; les autres lisses passent en dedans pour ne pas trop multiplier les tiges sur lesquelles la peau s'appuie; elles sont toutes jointes aux couples par un petit amarrage rarement croisé, fait avec un nerf de 0m.002 ou une lanière large de 0m.003 ou 0m.004. Les membres viennent tous s'enfoncer de 0m.01 environ dans une pièce en sapin i i, plate et bien équarrie, qui suit le contour extérieur du haut du corps, et sert à soutenir toute la partie supérieure au moyen des traverses d d et b b, entrées dans des mortaises rectangulaires pratiquées dans i i, qui est ainsi une sorte de serre-banquière. Ces apports sont courbes, larges et plats aux extrémités, mais rétrécis et épais au milieu, où sont encastrées des pièces équarries m m, liées à l'étrave, ainsi qu'à la tête de l'étambot, dans l'angle formé par les deux serre-banquières i i; elles sont soutenues au milieu de leur longueur par des traverses d d, semblables à celles b b, sur lesquelles reposent des cercles c c en trois ou quatre morceaux maintenus latéralement par d'autres traverses b' b', ils servent à conserver un espace libre a, où se place un homme. L'avant a une forme singulière dont on ne peut expliquer la raison, car le double crochet qu'il forme doit retenir les herbes marines qui garnissent cette côte et qui, croissant sur des profondeurs de près de 30 mètres, couvrent de vastes surfaces de leurs rameaux filamenteux. Comme ces grandes herbes sont flottantes, elles peuvent retenir le bateau, et même le charger beaucoup s'il y a de la mer; il doit donc y avoir un motif que nous ignorons pour que cette forme soit adoptée sur presque toute la côte d'Amérique. La partie inférieure de cet avant *e e'* est une pièce pleine, aiguë en dessous ainsi qu'en avant, endentée sur la quille et s'élargissant vers le haut, où elle porte la pièce *g*, creusée à l'intérieur et supportant *f*, qui à sa base est divisée en deux branches pour se joindre à chacune des serre-bataquières *i i*. Cet avant est poli et ajusté d'une manière remarquable, ainsi que tout le reste de la charpente dans laquelle on conserve le plus de légèreté possible, en obtenant la solidité par la perfection du travail.

La membrure, dont la disposition vient d'être détaillée, est entourée de tous côtés par une enveloppe en peaux de veaux marins d'une couleur jaunâtre assez claire; les différentes parties en sont unies en superposant les cuirs, celui de l'avant étant placé en dessous, comme nos feuilles de cuivre à doublage, et en les cousant à fils croisés comme les bottes, avec des nerfs et non pas des tendons d'animaux amphibies. Ces coutures, fines et très-serrées, sont doubles et exécutées avec une adresse admirable; elles sont disposées, comme on le voit sur les figures 10 et 11, d'une manière régulière qui permet de n'en faire que très-peu en dessous. A l'avant, la peau suit les contours irréguliers des pièces *e e'* et *f*, et s'y applique parfaitement en laissant vide l'espace compris entre elles; les coutures de cette partie sont intérieures. La peau embrasse chaque trou *a*, et est serrée dans la jointure extérieure de son cercle qu'elle enveloppe complètement en se repliant à l'intérieur, où, terminée en dentelures, elle est percée de lanières introduites entre les membres, pour la serrer dans toutes les directions. La couture supérieure *o o* joint les deux peaux appliquées l'une contre l'autre, de manière à se relever en conservant plus de largeur à cette partie, pour qu'elle puisse céder lorsqu'elles se contractent par la sécheresse; mais, comme elles n'auraient pas ordinairement la tension convenable, on y supplée par des bandes intérieures *p p*, appliquées et cousues par un seul côté, au moyen de fils qui ne percent pas l'enveloppe; elles ont chacune près de leur bord libre des trous dans lesquels passe en zigzag une lanière servant à les lâcher ou à les serrer pour en régler la tension suivant la nature de l'atmosphère; cette espèce de compensateur est indispensable, car ces peaux, très-hygrométriques, feraient des plis en se détendant par l'humidité, tandis qu'elles se resserreraient dès que la Baydarque serait à terre, et par cette contraction elles écraseraient la charpente. Ces enveloppes ne sont pas tannées et doivent être constamment humectées d'huile animale pour ne pas sécher et se fendre.

Les pêcheurs se placent dans les trous *a*, les jambes allongées, et sont vêtus d'une chemise de vessies parfaitement cousues avec des nerfs dont beaucoup, longs de 0",10 ou 0",15, restant en dehors comme des soies de porc, recueillent les gouttes de la brume, et préservent le corps de cette eau froide. Cette chemise, souvent garnie de fourrure et de graisse, est attachée autour du trou, et quelquefois elle est recouverte par une espèce de sac en peau fixé autour de *a*: l'homme s'y introduit, la serre au cou et aux poignets de manière à ce que l'eau ne puisse entrer dans l'intérieur de la pirogue, avec laquelle il fait corps; il affronte ainsi les mers les plus vives, sans craindre d'être englouti, mais il lui faut une adresse extrême pour ne pas chavirer, et surtout pour se redresser, car la pirogue étant dépourvue de lest, et l'homme plus lourd qu'elle étant placé au-dessus, il s'ensuit que, s'il est renversé, il n'a d'autre ressource que sa pagaie pour se relever. Comme il ne peut bouger quand il est embarqué, il met tout ce qui lui est utile à sa portée, en l'introduisant sous les lanières transversales *p p*, attachées à d'autres très-courtes, cousues sur la peau; il a ainsi auprès de lui sa pagaie, ses harpons et ses ustensiles de pêche, dont la confection est très-remarquable.

La plupart des Baydarques sont plus petites que celle décrite ci-dessus, destinée à porter des passagers, qui, s'ils sont au nombre de deux, doivent se mettre dos à dos dans le trou du milieu, les canotiers se plaçant dans les deux autres. Les Baydarques à deux trous paraissent être les plus employées pour la pêche à Bodéga et aux environs ; mais, plus au nord, celles qui n'en ont qu'un sont préférées, et sont même les seules qui servent à chasser la loutre. Elles sont toutes construites de la même manière, avec la même carcasse, et les figures 20 et 21 suffisent pour en donner une idée complète et pour faire exécuter la Baydarque intermédiaire avec ses deux trous. L'une de ces dernières, offerte par le gouverneur de Bodéga, fut embarquée à bord de la frégate l'Artémise ; mais, préférant donner les deux extrêmes de ce genre singulier, nous ne l'avons point portée sur les planches. Ces embarcations ne marchent pas très-vite, car leur excessive légèreté les empêche de conserver l'impulsion à laquelle elles obéissent d'abord avec beaucoup de facilité. Elles ne gouvernent pas droit par la même raison ; il faut pagayer tantôt d'un côté, tantôt de l'autre, ce qui a fait adopter, dans plusieurs ports du nord, la pagaie double ou à deux pelles, chacune semblable à celle de la figure 15. Les naturels osent, sur ces frêles esquifs, aller attaquer la baleine et se livrer à cette chasse la plus hardie qu'il y ait, puisque l'homme, si petit et qui ne peut vivre dans l'eau, attaque ainsi chez lui le plus gros animal qui existe ; elle est réservée aux chefs, qui en tirent un grand honneur, surtout lorsqu'ils ont tué plusieurs baleines, dont ils utilisent presque toutes les parties du corps pour leurs lignes de pêche, leurs filets et leurs habitations.

Nous vîmes à Bodéga une grande embarcation à formes européennes, dont l'arrière plat était comme celui de nos canots ; la membrure, semblable, portait de larges serre-bauquières soutenant des bancs et une lisse, sur laquelle étaient plantés des tolets. Elle avait 10 ou 11 mètres de long sur 2m,50 ou 3 mètres de large ; et, au lieu de bordages, elle était enveloppée dans des peaux roidies en dedans de la lisse, de sorte que les extrémités n'avaient point de parties rentrantes. Ce bateau n'était qu'une copie des nôtres, modifiée suivant les ressources du pays ; aussi devons-nous peu regretter de n'avoir pu le mesurer.

Au midi de Bodéga s'étend la côte de Californie, dont la frégate l'Artémise visita quelques ports ; on n'y trouve plus les Baydarques ni les embarcations particulières au pays, et nous ne connaissons aucune description de celles qui sont en usage dans la mer Vermeille et sur une partie de la côte du Mexique.

PÉROU.

On a conservé au Pérou l'usage des radeaux construits par les anciens habitants, qui sont assez bien assortis aux localités pour être encore préférés à toute autre embarcation ; on en voit toujours un grand nombre à Guayaquil, descendant la rivière et naviguant sur la côte, ainsi que d'autres caboteurs qui n'offrent rien d'intéressant et ne sont que de petits navires européens mal construits. Les radeaux de Guayaquil, nommés Jaugadas (pl. 128, fig. 16, 17, 18, et pl. 129), sont en madriers d'un bois léger, appelé par les Espagnols balsa, d'où est venu le nom de Balse ; c'est un bois grisâtre, poreux quoique d'un grain très-fin, et si léger qu'un enfant en porte sans peine un tronçon de 3 à 4 mètres de long sur 0m,40 de diamètre. Pour former les radeaux, on équarrit grossièrement les madriers qu'on place les uns contre les autres, mais toujours en nombre impair, parce qu'il faut que celui du milieu a a soit le plus long ; on les attache avec des liures à des traverses b b du même bois, placées en dessus, qui supportent un pont c c de mauvaises planches, sur lesquelles on élève une cabane en joncs d d, couverte d'un toit de chaume de cocotier ; les dimensions de cette cabane dépendent de la nature de la cargaison, disposée sur le pont et maintenue au besoin par une balustrade de piquets attachés aux côtés. Nous avons vu quelques Jaugadas qui, ayant trois rangées de madriers serrés, dont deux longitudinales, et celle du milieu en travers, pouvaient porter de fortes charges ; lorsqu'il faut que la surface où reposent les marchandises soit un peu élevée au-dessus de l'eau, on met quelques pièces en travers et on bâtit dessus un pont supérieur sur lequel on les entasse. On conçoit combien, par leur nature même, ces radeaux et leurs cabanes doivent éprouver de modifications, et la planche 129 montre ce qu'ils sont ordinairement.

Les Jangadas n'ont qu'un mât formé de deux espars de bois de mangle attachés en bigues, appuyé sur les côtés et retenu par deux cordes partant de sa tête pour s'attacher à l'avant et à l'arrière ; sa longueur, qui n'a rien de fixe, n'est que des deux tiers ou des trois quarts de celle du radeau ; sur les rivières, elle est cependant beaucoup moindre. Une vergue flexible, dirigée par deux bras, quelquefois par deux balancines, et soutenue par une drisse rarement attachée à son milieu, porte une voile rectangulaire, en coton, d'une surface souvent considérable, qui peut être maîtrisée par des cargues et réduite par des ris ordinaires. Les dimensions des Jangadas varient beaucoup ; les plus grands ont 25 à 28 mètres de long sur 7 à 9 de large : ils portent 20 à 25 tonneaux, naviguent dans les rivières, descendent à Puna, et vont sur la côte de Payta ; ils se comportent bien sur cette mer et s'élèvent sur la lame avec assez de facilité. Il y en a aussi de disposés pour le transport des passagers, dont la cabane occupe presque toute la longueur.

Pour gouverner, ils ont des planches nommées gouarés, qui se coulent verticalement dans les intervalles près du madrier du milieu : on les enfonce plus ou moins à l'avant ou à l'arrière pour faire arriver ou lofer. Les Jangadas n'ont point d'autre manière de gouverner à la mer, mais nous ignorons si elle est aussi parfaite que le dit M. Lescallier dans un article de son *Traité du gréement*, extrait des *Voyages au Pérou* de don Juan de Ulloa. « Il n'est question que de les enfoncer plus ou moins et d'en placer un plus grand nombre à l'avant du radeau ou à l'arrière, pour faire venir au lof, arriver, virer de bord, venir au vent ou vent arrière, tenir la cape, en un mot faire toutes les évolutions nécessaires. Cette invention si simple, qui a échappé à l'imagination des peuples les plus policés de l'Europe, est due aux Indiens qui font machinalement cette manœuvre, sans en pénétrer la raison physique ; mais elle n'est pas difficile à comprendre.

« On doit regarder la direction d'un navire mû par le vent comme perpendiculaire à la voile, et la réaction directement opposée et égale à l'action ; la résistance que l'eau fait à la marche d'un bâtiment se fait aussi suivant une ligne perpendiculaire à la voile qui va du côté de sous le vent à celui du vent. D'ailleurs, le centre de gravité du bâtiment, supposé placé vers son milieu, pouvant être considéré comme son point ou axe, autour duquel on le fait tourner, il s'ensuit que, toutes les fois que l'on enfonce dans l'eau une ou deux de ces planches vers l'avant, cette planche (qui oppose une résistance à la réaction de l'eau, en raison composée de la surface et du carré des sinus des angles d'incidence) fera venir le radeau au lof, et que, par la même raison, on fera arriver le radeau en mettant une de ces planches vers l'arrière. Le même raisonnement fait concevoir que, le radeau étant garni d'un certain nombre de gouarés et faisant route, si on en retire une de la proue on le fera arriver, et si on en retire une de la poupe on le fera lofer.

« Le nombre de ces gouarés est de cinq ou six, et leur usage est si facile, que le radeau étant une fois en route, on n'en touche qu'une, la retirant ou l'enfonçant d'un ou 2 pieds pour gouverner. J'ai cru devoir faire un détail de cette espèce de bâtiment ; s'il avait été connu plus tôt en Europe, combien de naufrages auraient été moins funestes, et combien d'équipages, qui ont péri dans les flots, auraient pu se sauver en fabriquant à la hâte de ces Jangadas ! »

Nous n'avons pu observer assez ces ingénieux radeaux pour assurer qu'ils exécutent réellement toutes les évolutions, mais il nous paraît surtout étonnant qu'ils puissent virer de bord ; l'action des gouarés n'étant basée que sur la dérive, il est difficile de comprendre comment elle fait dépasser le lit du vent, parce que, au moment où le navire est dans cette direction, il ne peut continuer à tourner que par l'effort de l'eau sur un gouvernail, faisant un angle avec la direction dans laquelle il se meut encore. Du reste, ces radeaux naviguent sur une côte où les brises étant régulières exigent peu d'évolutions, et où le temps n'est jamais troublé par de grands vents.

Nous avons vu aussi, à Guayaquil, des pirogues de 8 à 12 mètres de long, trop grossières pour être portées sur les figures ; leur corps, d'une seule pièce sans forme déterminée, est exhaussé par des planches clouées : elles ont des voiles européennes, mais ce ne sont guère que de grands arbres creusés et à peine dégrossis, n'ayant pas la forme de nos canots et se servant d'avirons plutôt que de pagaies.

PIROGUES DU CALLAO DE LIMA.

Elles ressemblent assez à celles que nous avons mesurées au Callao de Lima (pl. 13 . fig. 1, 2, 3 et 4) dont le corps n'est qu'un tronc creusé, fortifié par quelques membres, et exhaussé par une fargue clouée à l'intérieur ainsi qu'aux planches qui bouchent l'avant et l'arrière ; elles n'ont ni bancs ni voiles, non plus que celles d'un seul morceau (fig. 5, 6 et 7), dont les extrémités sont plates en dessus, effilées en dessous, avec quelques renforts cloués au fond dans l'intérieur et des renflements latéraux pour les tolets.

BALSE DES INTERMEDIOS.

La côte du Pérou n'offre plus rien d'intéressant au midi de Lima : elle est dénuée de ports et battue par une houle continuelle venant du sud-ouest, à peine sensible en mer, mais déferlant avec force sur les plages ; cette partie de l'Amérique ressemble en cela à la côte d'Afrique, depuis le détroit de Gibraltar jusqu'au cap Vert, qui reçoit également une houle sourde arrivant de Terre-Neuve. Aussi dans tous ces pays les communications sont-elles très-difficiles, surtout devant les établissements ordinairement appelés ports intermedios, où l'on est souvent obligé d'employer un radeau nommé Balse (pl. 13, fig. 8 et 9), formé de deux longues outres en peau, fréquemment frottées d'huile et réunies par des coutures très-bien faites, dont l'une va d'un bout à l'autre et forme une arête, les cuirs étant appliqués l'un contre l'autre ; elles ont une extrémité relevée et plus étroite, près de laquelle est un trou a, garni en bois ou en cuivre, par lequel on souffle pour gonfler et que l'on bouche bien ensuite ; chacune des outres est jointe par plusieurs tours de corde à un des bâtons b c, réunis à un de leurs bouts par un amarrage, tandis que les autres sont tenus éloignés par une plate-forme d d, attachée sur b c, faite de petites tiges rondes réunies comme une claie par des liens en lanières de cuir. On met une natte sur ce treillage pour asseoir le passager, tandis que le canotier, placé sur des planches e e fixées sur b c, se sert d'une pagaie double (fig. 10), et manœuvre ce léger radeau au milieu des lames de la barre ; lorsqu'il veut l'emporter à terre, il débouche les outres, et le charge sur ses épaules. Ces Balses sont à peu près les Catimarons de l'Inde, mais elles sont plus légères encore et se tiennent plus élevées sur l'eau.

Lorsque la mer brise, elles seules peuvent aller à terre ; mais elles n'offrent aux passagers qu'un moyen de transport très-peu commode où l'on est toujours mouillé, ce qui fait regretter de ne pas trouver sur ces côtes les Chelingues de Madras, qui franchissent les barres aussi sûrement sans avoir les mêmes inconvénients.

CHILI.

Il y a si longtemps que les anciens habitants de la côte ouest d'Amérique ont été expulsés par les Espagnols, qu'il ne reste plus de vestiges de leur ancienne industrie, et que leurs canots, qui peut-être offraient des particularités curieuses, sont entièrement perdus : car, à l'époque où les établissements de cette partie de l'Amérique furent fondés, on ne venait y chercher que de l'or, et l'esprit d'investigation de notre temps n'existait pas encore. On n'a donc conservé presque aucun souvenir de ce qu'étaient ces pays, devenus depuis semblables à l'Europe, mais sur cette petite échelle des lieux éloignés des principaux centres de la civilisation ; aussi n'y trouve-t-on rien qui puisse intéresser un voyageur, notamment sur le sujet qui nous occupe.

Les seules embarcations qui ne soient pas européennes à Valparaiso sont des pirogues (pl. 130) creusées dans un tronc d'arbre mal arrondi et surmonté de fargues obliques, comme au Callao de Lima ; elles sont grossièrement construites, se servent de l'aviron, gouvernent avec la pagaie et n'établissent presque jamais de voile. Au midi, vers le port de la Conception, nous n'avons rencontré aucun canot particulier, et il en est probablement de même dans les derniers établissements situés plus loin sur l'île Chiloé.

Au delà de ces colonies, les peuples de la partie méridionale de l'Amérique sont restés indépendants à cause de l'âpreté du climat et du peu de valeur de ses productions; adonnés à la chasse, ils passent leur vie à cheval, poursuivant des animaux souvent difficiles à atteindre, mais jamais redoutables comme ceux qui pullulent en Afrique : ces hommes, célèbres par leur taille élevée, que les premiers voyageurs exagérèrent outre mesure, paraissent doux et tranquilles; ils sont actifs, vivent en tribus vouées à la vie nomade, qui a sans doute un charme particulier, car rien ne peut y faire renoncer les peuples qui l'ont adoptée. Cependant les Patagons ne paraissent pas avoir le caractère guerrier qui semble attaché à ce genre d'existence; ils ont bien accueilli les voyageurs que le hasard leur a fait rencontrer dans leurs excursions sur les bords du détroit de Magellan; ils ne paraissent pas séjourner plus volontiers sur les bords des baies, où cependant ils trouveraient une nourriture abondante, et n'ont pas tiré parti des ressources de la mer, si variées dans les hautes latitudes : aussi n'ont-ils construit aucune pirogue remarquable, à ce que fait du moins supposer le silence des voyageurs à ce sujet, et ce n'est que dans une ancienne relation hollandaise que nous avons trouvé une gravure mal exécutée, représentant des bateaux d'environ 4 mètres de long, relativement aux hommes dessinés à côté, et dont les extrémités se relevant en courbe, comme celles de la Nouvelle-Irlande, ont environ 1m,50 de haut. Elles ont des bancs appuyés sur une membrure qui, d'après des traits marqués à l'extérieur, paraît enveloppée de peaux cousues. Aucun détail n'étant donné sur le mode de construction de ces bateaux, nous n'avons pu en adopter les dessins.

En regard de la Patagonie est cet archipel compacte que l'on crut longtemps n'être qu'une seule terre, et qui, bordant le contour de l'extrémité de l'Amérique, s'étend au sud jusqu'au cap Horn sous le nom de Terre-de-Feu. Il est peuplé par une race aussi faible et aussi misérable que l'était celle de Van-Diémen, vivant sur un sol aride dont la végétation est tourmentée par les vents violents qui rendent ces parages redoutables; aussi les marins en évitent-ils l'approche et reconnaissent-ils rarement l'extrémité de ces terres malheureuses, lorsqu'ils passent d'un océan à l'autre. On n'a donc que peu de documents sur ces pays et sur les embarcations de leurs habitants, si toutefois ils ont des pirogues qui méritent ce nom.

RIO DE LA PLATA.

La côte orientale d'Amérique, baignée par l'océan Atlantique, est aussi très-peu fréquentée et paraît à peine peuplée par quelques tribus errantes, jusqu'à ce qu'en se rapprochant des pays chauds on arrive à ceux qui, favorisés par la nature, sont tombés au pouvoir des Européens, et ce n'est que vers le Rio de la Plata qu'on trouve une population civilisée. Elle est clair-semée sur un beau pays dont la principale richesse consiste dans le bétail plus abondant encore qu'en Californie, et dont les peaux fournissent la seule branche importante du commerce de ces contrées fertiles qui semblent prêtes à recevoir le surplus de notre population toujours croissante. Les désaccords récents du gouvernement argentin avec la France ont retenu longtemps une de nos escadres à l'embouchure orageuse du fleuve de la Plata; et pendant le blocus nos marins ont souvent été heureux de se servir des canots du pays, dont ils ont apprécié les bonnes qualités et la marche rapide pour les croisières pénibles qu'il fallut établir partout. Un des ingénieurs de la marine, M. Roger, en a relevé des plans exacts qu'il a eu la bonté de nous communiquer, et qui, ramenés à notre échelle habituelle, se trouvent sur la planche 132 (fig. 11, 12, 13, 14, 15, 16, 17, 18 et 19). M. Bolle, longtemps chef d'état-major pendant le blocus, nous a donné les détails suivants sur ces embarcations.

« Les baleinières de la Plata sont généralement employées, dans le pays, au transport des marchandises légères, comme les cuirs, les suifs et autres produits des Saladéros : leur faible tirant d'eau leur permet de pénétrer dans les Arroyos, ou affluents principaux des cours d'eau, si nombreux dans ce pays. Ces embarcations portent bien la voile, ont une belle marche vent arrière et largue, mais au plus près elles dérivent beaucoup. Pendant l'expédition française, on employa très-utilement les baleinières pour bloquer les divers points où les gens du pays portaient des marchandises et des munitions, et il est à remarquer que pas un accident attribué aux qualités nautiques de ces embarcations n'eut lieu; aussi, quoiqu'elles aient le désavantage d'éventer leur gouvernail avec une mer clapoteuse, un des officiers de l'Atalante n'en a pas moins essuyé sur l'une d'elles un coup de vent qui fit caler les mâts de hune de la frégate, et il estimait que nul canot de navire de guerre n'aurait pu y résister. On doit donc en conclure que ces baleinières tiennent parfaitement la mer, mais, quant à leur marche, on s'en était fait une idée exagérée, et, comparées aux canots des commandants de la Minerve et de l'Atalante, elles n'ont pu soutenir la lutte.

« Elles sont construites à clin, comme dans nos ports, avec une membrure très-légère, et, pour diminuer le poids des hauts, le milieu du plat-bord, situé entre les fargues des parties pontées de l'avant et de l'arrière, est rempli par une toile tendue au moyen d'un bout de ligne; cette disposition, qui élève le milieu, permet de faire plus de voile, diminue la largeur du bois au maître-couple, et, dès qu'on veut se servir des avirons, la toile est roulée et les tolets sont mis en place. Elles ont rarement deux mâts et portent des voiles très-bien taillées, dont la forme a ordinairement celle de la *fig.* 19. »

BRÉSIL.

Au nord de Rio de la Plata s'étend la côte du Brésil, dont la capitale Rio-Janeiro est située sur les bords de l'une des plus belles rades du monde, défendue par des batteries jadis redoutables. L'intérieur de la baie est parsemé d'îles aussi fertiles que le continent, où croissent en abondance tous les fruits des pays chauds, sans que ces avantages y soient achetés au prix des maladies terribles qui déciment ordinairement les blancs sous le ciel brûlant et humide des tropiques. Aussi les bords de la baie, couverts d'une végétation variée, sont parsemés de jolies habitations et offrent cet aspect riant que l'on voit rarement hors de l'Europe, et qu'animent de nombreuses embarcations; les plus grandes, en partie remplacées par un bateau à vapeur, transportent les passagers et vont surtout de la ville à Santo-Domingo, bourg répandu sur une longue plage du côté opposé de la rade: elles ont des formes effilées, beaucoup de largeur, peu de creux, et, lorsque la brise du large vient rafraîchir l'atmosphère, elles établissent deux hautes voiles à antennes en toile de coton (*pl.* 131), portées par des mâts assez courts. L'arrière du bateau est couvert d'un toit soutenu par des piliers entre lesquels l'air circule, et sur l'avant de cet espace destiné aux passagers se trouvent les bancs des rameurs nègres. Ces embarcations marchent aussi bien à l'aviron qu'à la voile sur la surface toujours tranquille de la baie, mais elles ne pourraient supporter le mauvais temps. Elles sont membrées et bordées, ont l'arrière pointu, et rien de particulier ne se montre dans leur construction un peu lourde.

Elles contrastent, par la finesse de leurs formes, avec de gros canots de transport (*pl.* 131), pointus sur l'arrière, solidement construits et souvent couverts par un toit de chaume, qui n'ont quelquefois qu'une voile carrée peu élevée et ne sont employés qu'au chargement des navires. La pêche est faite par de grandes pirogues d'un seul morceau, pourtant quelquefois très-larges, plates au milieu, effilées aux bouts, avec une quille rapportée ainsi que l'étrave et l'étambot, et quelquefois exhaussées par une fargue clouée. L'intérieur est fortifié par des courbes et garni de bancs; elles emploient des avirons, mais presque jamais de pagaies, et portent des voiles variées, toutes semblables aux nôtres. Ces pirogues ne sont, à bien dire, que des copies grossières de nos embarcations : leurs formes, taillées dans le bois plein, varient suivant les dimensions du bloc qu'on a employé; aussi sont-elles moins intéressantes peut-être pour le sujet qui nous occupe que des radeaux usités plus au nord.

On les nomme Jangadas, comme sur la côte opposée de l'Amérique, vers Guayaquil; ils sont formés de cinq pièces, dont la plus grande, placée au milieu, est relevée vers l'avant; toutes sont pointues, de sorte que le radeau est moins large aux extrémités; quelques attaches et des chevilles réunissent les madriers, et sur ceux du dehors sont plantés des piquets soutenant des bancs à environ 0ᵐ,50 de hauteur. Celui de l'avant est percé d'un trou pour le passage du mât, celui du milieu sert de siége; un troisième, situé derrière, est élevé à 1 mètre pour poser la voile lorsqu'elle est serrée; celle-ci est en toile, de la forme d'un triangle isocèle de 5 mètres de côté, et est jointe à un mât flexible long de 7 mètres, de sorte qu'elle ne descend pas jusqu'au pied; son fond est aussi rabanté à un gui dont la mâchoire porte sur le mât. Ces Jangadas emploient une espèce de driveur comme les Gonarés du Pérou : c'est une planche introduite dans la fente du madrier du milieu sur l'arrière du mât et retenue par une cheville; elle peut être changée de place et cependant ne doit pas servir à gouverner, car un grand aviron est attaché dans ce but au milieu de l'arrière. Ces radeaux, usités à Fernambouc, ont environ 7 à 8 mètres de long et 2ᵐ,60 de large.

Les canots du reste de la côte d'Amérique présentent peu d'intérêt et n'ont mérité l'attention d'aucun voyageur; en effet, ils ont été tellement modifiés, qu'il serait impossible de retrouver en eux les idées primitives des anciens habitants. Il en est à peu près de même dans le golfe du Mexique et dans les Antilles, où les pirogues ne sont plus, à bien dire, que des canots d'une seule pièce de bois.

GROENLAND.

La côte orientale de l'Amérique du Nord, occupée maintenant par une nation civilisée, n'offre que ce que nous voyons tous les jours dans nos ports, et ce n'est que vers les régions boréales dont le climat éloigne les Européens que l'on retrouve des hommes encore sauvages, ayant une industrie à part. On voit chez eux des bateaux en peaux, d'une construction entièrement semblable dans les détails à ceux de la côte ouest d'Amérique. Nous en avons relevé un plan exact au musée naval (pl. 130, fig. 14, 15, 16 et 17); la membrure, en petit bois flexible, est enfoncée dans une large serre-bauquière en sapin, dont la hauteur est de 0ᵐ,10, et qui soutient le cercle du trou dans lequel se met l'homme, ainsi que quelques traverses sur lesquelles la peau ne porte cependant pas. Cette Baydarque est très peu profonde, et doit exiger une adresse extrême pour la manœuvrer, ainsi qu'on peut le voir par les détails suivants, traduits de l'ouvrage de Crantz, qui décrit avec précision l'existence extraordinaire de ces populations (1). Il donne en même temps des dessins que nous avons insérés, quoiqu'ils ne soient pas relevés exactement.

« Le plus grand, ou canot des femmes, est l'Umiak (pl. 130, fig. 20, 21), ayant communément 6, 8 ou 9 brasses de long (10ᵐ,98, 14ᵐ,64 ou 17ᵐ,37), 4 à 5 pieds de large (1ᵐ,22 à 1ᵐ,52) et 3 de profondeur (0ᵐ,91); il se rétrécit en pointe à chaque extrémité; il est à fond plat, et fait de membres minces larges d'environ trois doigts, liés en bas par des os de baleine et couverts avec de la peau de phoque tannée. Deux tiges prolongent les côtés parallèlement à la quille, et se joignent à l'avant et à l'arrière; des pièces minces placées en travers enfoncent dans des mortaises pratiquées dans ces trois pièces; des tiges plus courtes sont fixées aux premières pour soutenir le plat-bord, et comme elles peuvent être poussées par la pression des bancs des rameurs, dont le nombre est de dix ou de douze, elles sont cerclées en dehors par deux lisses de plat-bord. Les membres ne sont pas liés par des clous de fer qui rouilleraient et perceraient l'enveloppe de peau, mais par des chevilles de bois ou d'os de baleine. Les Groenlandais font leur travail sans ligne ni équerre, prenant cependant les proportions avec beaucoup d'exactitude; les seuls outils qu'ils emploient pour cet ouvrage comme pour tout autre sont

(1) The history of Greenland including an account of the mission carried on by united Brethren in that country, from the German of David Crantz, London, printed for Longman, Hurst, Rees, Orme and Brown, Paternoster row, 1820, 1 vol., page 137.

une petite scie, un ciseau qui, lorsqu'il est fixé à un manche de bois, sert de hachot, une petite vrille et un couteau de poche pointu. Dès que la carcasse du bateau (*fig.* 41) est faite, les femmes la couvrent avec de la grosse peau de phoque, encore assez molle pour être appliquée, et elles calfatent les interstices avec de la vieille graisse, de sorte que ces bateaux font moins d'eau que ceux en bois, les coutures se gonflant dans l'eau ; toutefois ils demandent une nouvelle enveloppe presque tous les ans.

« Ils sont ramés par des femmes ordinairement au nombre de quatre, dont l'une tient le gouvernail ; il serait scandaleux qu'un homme se mêlât de cet ouvrage, à moins que ce ne fût dans un danger imminent.

« Les avirons sont courts avec une large pelle, et retenus sur le plat-bord par des coches garnies de peau. A la tête du bateau, on déploie une voile faite d'intestins cousus ensemble, haute de deux aunes anglaises (1m,8) et large de 3 (2m,3). Les riches Groenlandais font les leurs en belle toile blanche rayée de rouge ; mais ils ne peuvent faire route que vent arrière, et même il leur serait impossible de lutter avec un canot européen : ils ont cependant l'avantage de pouvoir marcher plus vite à l'aviron contre le vent ou avec le calme. Les femmes entreprennent dans ces bateaux des voyages de quatre à huit cents milles, le long de la côte du nord au sud, avec leurs tentes, tous leurs biens, et dix à vingt personnes ; des Kajaks montés par des hommes les accompagnent, brisant l'effort des vagues, lorsqu'elles s'élèvent, et en cas de besoin tenant le canot en équilibre avec les mains. Ils font ordinairement trente milles par jour, et, lorsqu'ils campent la nuit sur le rivage, ils déchargent leurs canots, les renversent et les couvrent de pierres pour les retenir contre la force du vent. Si l'état de la côte les empêche de s'avancer par mer, six ou huit d'entre eux transportent le bateau sur leurs têtes jusqu'à un endroit navigable. Les Européens ont aussi construit sur ce modèle des embarcations qu'ils ont trouvées préférables, dans beaucoup de cas, à leurs lourdes chaloupes.

« Le petit canot d'homme, ou Kajak (*pl.* 14, *fig.* 22 et 23) (prononcez *Katak*) est long de six aunes (5m,46) et taillé comme une navette de tisserand ; le milieu n'a pas un pied et demi de large (0m,46), et à peine un pied de profondeur (0m,30). Il est construit de longues lisses, avec des cercles en travers, fixés par des os de baleine ; renfermé dans une peau de phoque, et ses deux extrémités sont terminées par des os, à cause des frottements auxquels elles sont exposées parmi les rochers. Au milieu de la couverture de peau du Kajak est un trou rond, avec un anneau de bois ou d'os : le Groenlandais s'y accroupit sur une fourrure douce ; le bord du trou s'élève jusqu'à ses hanches, et il relève sa fourrure ou grand habit en le serrant si bien autour de lui que l'eau ne peut pénétrer dans le bateau. Ce vêtement est aussi attaché autour de son cou et de ses bras par des boutons en os ; le dard de son harpon est à ses côtés, passé sous une des courroies ; sa ligne est roulée devant lui, et la vessie est derrière. Il saisit de ses deux mains son pautik ou aviron, qui est en sapin solide, bordé de métal à ses extrémités, et d'os sur ses côtés, et il frappe l'eau vivement, régulièrement et en mesure. Ainsi équipé, il va chasser les phoques et les oiseaux de mer, aussi fier que le commandant du plus grand vaisseau de guerre.

« Un Groenlandais dans son Kajak présente vraiment un spectacle singulier et agréable, et son costume de zibeline, brillant de rangées de boutons d'os, lui donne un aspect splendide. Il rame avec une extrême célérité, et, quand il est chargé de lettres d'une colonie pour l'autre, il fait quinze à seize lieues dans un jour ; il ne craint pas la tempête, tant que son navire peut porter son hunier, brave les vagues montueuses, au-dessus desquelles il s'élance comme un oiseau, et même, lorsqu'elles l'ensevelissent complétement, il reparaît bientôt couvert d'écume. Si un brisant menace de le renverser, il se soutient avec sa rame, ou, s'il est culbuté, il se remet en équilibre par un mouvement de sa pagaie ; mais, s'il la perdait, ce serait pour lui une mort certaine, à moins qu'un prompt secours ne lui arrivât.

« Quelques Européens sont parvenus, à force d'exercice, à manœuvrer assez bien le Kajak dans une traversée de beau temps, mais ils s'exposent rarement à aller à la pêche, et sont tout à fait perdus dans les situations dangereuses. Les Groenlandais possèdent dans leur manœuvre une dextérité qui leur est propre et qui excite un effrayant intérêt dans le spectateur; car cet exercice est si dangereux, que tout leur art ne peut souvent les empêcher de périr. Il ne sera pas sans intérêt de rapporter quelques-unes des manœuvres par lesquelles les jeunes gens arrivent à cette adresse extraordinaire. J'ai observé dix manières différentes, et il y en a probablement plusieurs autres qui m'ont échappé.

« 1. Le rameur appuie alternativement les deux côtés de son corps sur l'eau, en conservant son équilibre avec son pautik, pour éviter d'être totalement renversé, puis reprend sa position naturelle.

« 2. S'il se renverse entièrement, de manière à ce que sa tête pende perpendiculairement en dessous, et, par un mouvement du pautik de chaque côté, il se remet droit. Dans ces accidents, qui sont les plus communs et qui ont lieu fréquemment avec une grosse mer, le Groenlandais est supposé avoir le libre usage de sa rame; mais, en chassant les phoques, il peut facilement l'embrouiller dans les courroies et les cordes, ou même la perdre tout à fait : il est donc indispensable de se prémunir contre ces accidents.

« 3. En conséquence, ils engagent un des bouts du pautik sous les lanières attachées en travers sur le kajak, le renversent et se relèvent eux-mêmes par un mouvement vif de l'autre bout de la rame.

« 4. Ils saisissent un des bouts avec leur bouche, et meuvent l'autre avec la main, de manière à se relever.

« 5. Ils tiennent le pautik avec les deux mains en travers sur la nuque, ou

« 6. Ils le fixent derrière le dos, le chavirent et le meuvent dans cette position avec leurs deux mains, jusqu'à ce qu'ils se relèvent et reprennent leur équilibre.

« 7. Ils le mettent par-dessus l'épaule, et, en le traînant avec une main en avant et l'autre en arrière, se remettent sur l'eau.

« Ces manœuvres ont rapport aux cas où le pautik est embarrassé, mais il peut aussi se perdre tout à fait, et c'est le plus grand malheur qui puisse arriver à un canotier de kajak.

« 8. Ainsi un autre exercice est de tenir le pautik sous le fond du kajak, avec les deux mains et la face appuyées sur le couvercle; l'homme fixé de cette manière chavire le bateau et le relève en ramant l'aviron qui reste alors à la surface au lieu d'être en dessous.

« 9. Il lâche l'aviron, et le rattrape lorsqu'il est sous l'eau.

« 10. Si la rame est perdue et trop loin pour être saisie, il cherche, pour se relever, à se pousser en frappant l'eau avec le manche du harpon, d'un couteau, ou même avec la paume de la main; mais cela réussit rarement.

« Les jeunes gens rivalisent d'adresse et d'agilité au milieu des brisants et des roches sous l'eau, tantôt emportés entre deux vagues, vers les rochers, tantôt renversés ou enterrés sous l'écume. A cette rude école, ils s'initient à ces jeux périlleux, apprennent à défier les plus fortes tempêtes, et à conduire leur barque à terre malgré la fureur des éléments.

« Lorsqu'ils sont renversés à la mer et privés de tout secours, ils sortent de leur kajak, et appellent à leur aide; si personne ne vient, ils s'attachent eux-mêmes à leur bateau, pour que leur corps puisse être retrouvé et enterré.

« Tous les Groenlandais ne parviennent pas à ce degré d'habileté, et il y a beaucoup de chasseurs de phoques qui, quoique ayant de l'expérience, ne peuvent pas se sauver, et périssent quand ils sont renversés. »

Dans le second volume (page 203), le même ouvrage donne encore quelques détails : « Pendant l'hiver, les canots de femmes (Umiaks) sont placés près de la mer, renversés et soutenus par des perches, et en dessous sont renfermés les kajaks, les supports des tentes et les ustensiles de pêche. Les canots de femmes sont le moyen de transport le plus dispendieux et le plus difficile à entretenir, parce qu'il faut, tous les ans, les recouvrir de nouvelles peaux, et que la membrure exige des réparations continuelles, en sorte que chaque famille peut à peine en avoir un. Parmi nos Groenlandais il n'y a que trente-deux familles qui en possèdent, les autres les empruntent à leurs amis; mais chacun doit avoir son Kajak, avec tous les accessoires nécessaires, afin de pouvoir se procurer au moins du poisson et du gibier pour subsister, s'il est incapable de chasser les phoques. »

Les descriptions que nous venons de terminer font connaître presque tous les navires étrangers aux nations civilisées, et montrent combien les idées sur les meilleurs moyens d'affronter la mer ont été variées : ces longs détails pourront, malgré leur monotonie, intéresser quelques personnes désireuses de connaître ce que font les peuples moins avancés que nous, et les singularités qu'elles y trouveront leur suggéreront peut-être quelques-unes de ces applications dont l'utilité n'est appréciée que lorsqu'un regard clairvoyant les découvre et les modifie suivant le but. Nous avons bien peu à apprendre en matière de navigation, et nous sommes arrivés si près de la perfection, que depuis longtemps rien ne change dans notre système de construction et de voilure, et que les améliorations se bornent à des dispositions plus ou moins commodes pour la manœuvre ou pour le bien-être des personnes embarquées. Il n'en est pas moins intéressant, peut-être, d'examiner ces essais ingénieux, et surtout de les conserver à l'avenir; car vers une époque peu éloignée il ne restera de la plupart de ces pirogues d'autres traces que ces plans, et nous nous estimerons heureux si alors on apprécie le long travail qui en aura conservé le souvenir.

FIN

IMPRIMERIE DE MADAME VEUVE BOUCHARD-HUZARD, RUE DE L'ÉPERON, 5.

www.ingramcontent.com/pod-product-compliance
Lightning Source LLC
Chambersburg PA
CBHW071846200326
41519CB00016B/4255